教育部高等学校航空航天类专业教学指导委员会推荐教材

高等学校规划教材·航空、航天与航海科学技术

振动与噪声控制基础

王乐　杨智春　郭宁　编

西北工业大学出版社

西　安

【内容简介】 本书内容涉及振动与噪声两个独立学科的基础理论，重点突出振动与噪声控制的基本理论、基本原理和基本方法。本书共9章，第1章对振动及噪声的物理现象、振动及声学的研究简史、振动控制理论与方法及噪声控制理论与方法分别简要介绍，第2～5章分别介绍结构振动的基本理论及相关振动控制方法，第6～9章分别介绍声学与噪声的基本理论及相关噪声控制方法。

本书可作为高等学校航空航天、机械工程和土木工程等专业本科高年级学生的教材，也可供从事振动与噪声控制有关工作的工程技术人员阅读、参考。

图书在版编目(CIP)数据

振动与噪声控制基础 / 王乐，杨智春，郭宁编. —西安：西北工业大学出版社，2020.8
高等学校规划教材. 航空、航天与航海科学技术
ISBN 978-7-5612-6700-4

Ⅰ. ①振… Ⅱ. ①王… ②杨… ③郭… Ⅲ. ①振动控制-高等学校-教材②噪声控制-高等学校-教材 Ⅳ. ①TB535

中国版本图书馆 CIP 数据核字(2019)第265264号

ZHENDONG YU ZAOSHENG KONGZHI JICHU

振动与噪声控制基础

责任编辑：孙 倩　　**策划编辑**：何格夫
责任校对：王 静　　**装帧设计**：李 飞
出版发行：西北工业大学出版社
通信地址：西安市友谊西路127号　　邮编：710072
电　　话：(029)88491757，88493844
网　　址：www.nwpup.com
印 刷 者：兴平市博闻印务有限公司
开　　本：787 mm×1 092 mm　1/16
印　　张：11.375
字　　数：298千字
版　　次：2020年8月第1版　2020年8月第1次印刷
定　　价：42.00元

前　言

随着科学技术和国民经济的快速发展，物质生活水平不断提高和技术产品不断革新，人们对生活质量和产品质量提出了更高的要求，希望工作、学习和生活在一个安静、舒适的环境中。为了提高产品质量，许多工业生产设备和仪器也要求有一个安静的工作环境。因此，振动环境与噪声环境作为影响人类生活和工作的两大环境因素，越来越引起人们的重视，从劳动者保护或提高产品竞争力的角度看，低振动环境、低噪声环境是保护劳动者生产环境的需要，低振动产品、低噪声产品会给企业带来巨大的经济效益和强大的竞争力。因此，掌握结构振动与噪声控制的基础理论和技术，不但是提高大学生综合素质、扩大知识面的需要，而且也是从事设计研究、产品开发以及环境治理与管理人员的必备技术基础。

本书的内容涉及振动与噪声两个独立学科的基础理论，同时也涉及现代控制技术的一些基本理论和方法。考虑到学时的限制，在编写时将重点放在基本理论、基本原理和基本方法上，突出介绍振动与噪声控制工程中的基本概念和解决减振降噪问题的具体方法，同时力求文字简练，概念清晰，尽量避免烦琐的公式推导，其目的是使初学者在有限的时间内，更多地掌握解决振动与噪声控制问题的基础理论、方法和技术。

本书共9章，由王乐、杨智春和郭宁合作编写完成。第1章对振动及噪声的物理现象、振动及声学的研究简史、振动控制理论与方法及噪声控制理论与方法分别进行简要介绍；第2章介绍结构振动的基础理论；第3章详细介绍阻尼减振、隔振、吸振与缓冲的理论与方法；第4章介绍可应用于振动控制领域的结构动力学优化设计；第5章对应用现代控制理论控制结构振动的主动及半主动振动控制技术进行初步的介绍；第6章简要介绍声学噪声的一些基本理论和相关知识；第7、8章分别详细介绍噪声源控制技术、吸声、消声与隔声的原理与方法；最后第9章简要介绍当前仍在进行研究的噪声主动控制技术及工程应用实例。

本书适合于高等学校航空航天、机械工程、土木工程等工科专业本科三、四年级学生24学时的课程教学，也可根据实际的学时安排，对内容进行取舍。

编写本书参阅了相关文献资料，在此对其作者表示衷心的感谢。本书的出版得到了西北工业大学规划教材项目的资助，在此表示真挚的谢意。南京航空航天大学陈国平教授、同济大学宋汉文教授、上海交通大学胡士强教授、西北工业大学周杰教授以及北京强度环境研究所程昊研究员仔细审阅了全稿，并提出很多宝贵的意见，特此致谢。

由于水平有限，书中不妥之处在所难免，敬请广大读者指正！

编　者

2020年4月

目　　录

第 1 章　振动与噪声概述

1.1　振动与噪声的物理现象

振动指物体经过它的平衡位置所做的往复运动。对弹性结构而言，结构的振动是指结构围绕其平衡位置所产生的往复弹性变形运动。振动现象广泛存在于自然界中，在人们的生产和生活中几乎处处都可以观察到振动现象。对于自然界，振动运动包含于声、光和热等物理现象中。对于我们的身体而言，耳膜的振动、声带的振动使我们能用语言进行交流。不同乐器通过振动能产生各种美妙动听的音乐，使生活更加多彩。在工程技术领域中，振动现象更是随处可见，如建筑物受到风或地震激励产生的振动，车辆在行驶时由于路面不平坦而产生的振动，飞机在飞行时受到阵风激励产生的振动，各种旋转机械由于质量不平衡而产生的振动，等等。

噪声本质属于一种声音，其研究属于声学范畴。在人们的生活与工作环境中，有人为活动制造出来的声音，如说话声、歌声、演奏各种乐器的音乐声、机器的运转声和车辆的行驶声，也有自然界本身的声音，如鸟鸣声、动物的叫声、风雨雷电声和海浪声等。这些声音，有的是人们在生活中进行思想交流或精神享受所必须的，如说话声、唱歌声和音乐声；有的是人们在生产和建设中产生的，如建筑机械、加工机床工作时产生的声音，这些声音会干扰人们的生活和工作，甚至危害到人体的健康，是人们不需要的。一般来讲，那些不是人们正常生活和工作所需要的声音或使人感到不舒适、不愉悦的声音称为噪声。噪声对人类生活和生产环境造成的影响称为噪声污染，它是当今世界上三大公害之一环境污染的一种。噪声污染主要是人为活动造成的，按照其产生的根源，又可以分为生活噪声和工业噪声两大类。

1.2　振动及声学的研究简史

在系统学习振动与噪声控制之前，有必要简单了解一下振动及声学的研究简史。本节将从振动及声学研究的起源、振动及声学理论的确立与发展简要介绍振动及声学的研究简史。

1.2.1　振动及声学研究的起源

人类对振动及声学的研究最先起源于一些乐器，如笛子、鼓等，人们从艺术角度建立了振动与声音的相关规则，但还没有发展成为一门科学。

我国是世界五大文明古国之一，据文献记载和考古发现，我国在振动及声学知识的积累上有很长的历史，对振动及声学研究的起源有重要的贡献：河南舞阳贾湖出土的 8 000 年前的 16 支骨笛；浙江余姚河姆渡出土的 7 000 年前的陶埙；公元前 1 000 多年，商代铜饶已有十二音律中的九律，并有五度协和音程的概念；据《诗经》记载，到春秋时期我国乐器已有 29 种之多；《周易》上记录的“同声相应”可以说是对共振现象最早的观察和记录；湖北随县出土的战国时期的 64 件编钟；战国时期管仲（约公元前 723—前 645 年）的著作《管子·地员》介绍了乐律的“三分损益”法；公元 132 年，张衡（78—139 年）发明了全球第一台地震仪，来监测地震的时间及方向；南朝时期，刘敬叔（约 390—471 年）所著的《异苑》中介绍了古人对共振知识的了解和改变共振的经验。

国外对振动及声学的研究略晚于我国，主要集中在古希腊和古罗马等国家。古希腊人毕达哥拉斯（Pythagoras，约公元前 580—前 500 年）通过“测弦器实验”表明短弦的长度如果是长弦的一半，其音调会比长弦的音调高八度音节；大约公元前 350 年，古希腊人亚里士多德（Aristotle，公元前 384—前 322 年）撰写了关于音乐及声音的著作；大约公元前 320 年，古希腊人亚里士多塞诺斯（Aristoxenus，约公元前 4 世纪）撰写了名为 *Elements of Harmony* 的著作；大约公元前 300 年，古希腊人欧几里得（Euclid，公元前 330—前 275 年）撰写了名为 *Introduction to Harmonics* 的著作；大约公元前 20 年，古罗马人维特鲁斯（Vitruvius，约公元前 80 年—15 年）撰写了描述剧院声学特性的著作 *De Architectura Libri Decem*。

1.2.2 振动及声学理论的确立与发展

随后的一千多年，振动与声学的理论发展都仍停留在现象观察及应用范畴，例如公元 1088 年沈括（1031—1095 年）在《梦溪笔谈》中记录了频率为 1∶2的琴弦共振调音试验。直到 16—17 世纪，振动与声学的研究才逐渐从现象观察及应用发展到了理论研究。我国明朝朱载堉（1536—1611 年）在其著作《乐律全书》中最先提出了“十二平均律”，把八度音分成十二个半音，比西方国家的理论足足早了 52 年。后来，“十二平均律”被传教士带到了西方，约翰·塞巴斯蒂安·巴赫（Johann Sebastian Bach，1685—1750 年）据此制造了世界上第一架钢琴。现代乐器十有八九都是用“十二平均律”来定音的，它被西方普遍认为是标准调音。

在我国明朝朱载堉之后，意大利人伽利略·伽利雷（Galileo Galilei，1564—1642 年）通过大量的单摆试验，于公元 1638 年发表了名为 *Discourses Concerning Two New Sciences* 的著作，描述了单摆振动的频率与其长度相关，介绍了共振现象，也弄清了弦的频率、长度、张力及密度之间的关系。其实在伽利略·伽利雷发表著作之前，法国人马兰·梅森（Marin Mersenne，1588—1648 年）在公元 1636 年就发表了名为 *Harmonicorum Liber* 的著作，他同样测量了一个长弦的振动频率，进而利用该频率来预测一个同密度、同张力短弦的振动频率。通常认为，马兰·梅森发现了弦的振动规律（因其论文发表较早），但声望归于伽利略·伽利雷（因其论文投稿较早）。

英国人罗伯特·胡克（Robert Hooke，1635—1703 年）也进行了相关试验，发现了弦的振动频率及音调之间的关系。法国人约瑟夫·索弗尔（Joseph Sauveur，1653—1716 年）完整地进行了系列试验研究，创造了“acoustics”一词来表示声音科学，观察到了模态振型〔英国人约翰·沃利斯（John Wallis，1616—1703 年）也同时独立发现〕，发现振动的张力弦在一些点没有运动（称之为节点，nodes），而另一些点振动很剧烈（称之为环点，loops），也发现这些具有节点的张力弦的振动频率（谐频）比没有节点的张力弦的振动频率（基频）要高，且谐频是基频的倍数，还发现张力弦振动时同时可包含多个谐频。

英国人艾萨克·牛顿（Isaac Newton，1643—1727 年）于 1686 年发表了其不朽论著 *Math-*

ematical Principles of Nature Philosophy，描述了万有引力、三大运动定律及其他发现，其中牛顿第二运动定律是建立振动方程的基础。英国人布鲁克·泰勒（Brook Taylor，1685—1731年）于公元 1713 年建立了振动弦的理论解，其理论固有频率与伽利略·伽利雷及马兰·梅森实测固有频率完全一致。随后，瑞士人丹尼尔·伯努利（Daniel Bernoull，1700—1782 年）、法国人让·勒朗·达朗贝尔（Jean Le Rond d'Alembert，1717—1783 年）、瑞士人莱昂哈德·欧拉（Leonard Euler，1707—1783 年）等人利用在运动方程中引入局部求导，改进了布鲁克·泰勒的求解方法。同时，丹尼尔·伯努利于 1755 年利用动力学方程证明了弦振动时同时包含了多个谐波的可能性（即模态叠加），基恩·达朗贝尔和莱昂哈德·欧拉对此有所怀疑，直到1822 年，法国人让·巴普蒂特·约瑟夫·傅里叶（Jean Baptiste Joseph Fourier，1768—1830年）在其著作 *Analytical Theory of Heat* 中，验证了该表达式的准确性。另外，莱昂哈德·欧拉及丹尼尔·伯努利分别于 1744 年及 1751 年研究了不同约束方式的薄梁振动问题，他们的方法称为欧拉·伯努利梁理论（即薄梁理论）。法国人约瑟夫·拉格朗日（Joseph Lagrange，1736—1813 年）在 1759 年建立了弦振动的解析解，假定弦是由有限多个等间隔的质量块组成的，出现的独立振动频率的数量等于质量块的数量，当质量块数量趋于无穷时，获得的独立振动频率与弦的谐振频率相等。

法国人查尔斯·库仑（Charles Coulomb，1736—1806 年）于 1784 年进行了关于“一个由导线悬挂金属圆柱组成的扭摆”的理论及试验研究，推导出运动方程，并通过积分求解，发现其摆动周期与扭转角无关。德国人恩斯特·弗洛伦斯·弗里德里希·克拉迪尼（Ernst Florens Friedrich Chladni，1756—1827 年）于 1802 年开展了一项研究板振动的试验，即在振动的板上撒上沙子以观察其模态振型，是一种简单有效且直观的观察振型的方法（此方法称为沙型法，一直使用到今天）。法国人苏菲·日尔曼（Sophie Germain，1776—1831 年）先后三次参加了由法国科学院于 1811 年、1813 年以及 1815 年开展的关于解释板振动现象的竞赛，第一次约瑟夫·拉格朗日发现她的推导有错误，第二次苏菲·日尔曼修正了推导的错误但没有对其假设进行物理解释，第三次虽然评委对其理论并不是完全满意但苏菲·日尔曼最终因此获奖，之后发现她的微分方程是正确的，仅边界条件有误，振动板准确的边界条件于 1850 年由德国人古斯塔夫·罗伯特·基尔霍夫（Gustav Robert Kirchhoff，1824—1887 年）给出。

法国人西莫恩·丹尼斯·泊松（Simeon Denis Poisson，1781—1840 年）研究了对理解鼓振动很重要的矩形膜的振动问题。德国人鲁道夫·弗里德里希·阿尔弗雷德·克莱布希（Rudolf Friedrich Alfred Clebsch，1833—1872 年）于 1862 年基于鼓面的振动现象，研究了圆形膜的振动问题。英国人瑞利爵士（Lord Rayleigh，1842—1919 年）于 1877 年发表了关于声学理论的论著 *The Theory of Sound*，该论著在今天仍被认为是声与振动领域的经典著作，其最重要的贡献是利用能量守恒原理发现了保守系统振动的基频计算方法，即瑞利法。该方法的扩展方法瑞利-利兹法可用于计算多自由度振动系统的多阶固有频率。

进入近代以后，振动与声学的研究更加侧重于工程应用，例如，德国人赫尔曼·弗拉姆（Hermann Frahm，1867—1936 年）于 1902 年设计轮船螺旋桨轴时，意识到扭转振动的重要性，并对其进行了专门的研究。此外，他还于 1909 年提出了利用额外的次级弹簧-质量系统来消除主系统振动的动力吸振器（Frahm 吸振器）。斯洛伐克人奥雷尔·博莱斯拉夫·斯托多拉（Aurel Boleslav Stodola，1859—1942 年）研究了梁、板及膜的振动，提出了一种分析梁振动的方法，同样适用于涡轮叶片的振动研究。瑞典人卡尔·古斯塔夫·帕特里克·德·拉瓦尔

(Karl Gustaf Patrik de Laval,1845—1913 年)利用竹鱼竿代替高速涡轮中的钢轴,提出了一种解决不平衡旋转圆盘振动问题的实用方法(即现代柔性轴技术前身),不仅消除了不平衡引起的振动,还可以承受高达 100 000r/min 的转动。美籍乌克兰人斯蒂芬·铁木辛柯(Stephen Timoshenko,1878—1972 年)通过考虑转动惯量及剪切变形,改进了梁振动理论,提出了铁木辛柯梁理论(即厚梁理论)。美国人雷蒙德·大卫·明德林(Raymond David Mindlin,1906—1987 年)通过考虑转动惯量及剪切变形,研究了厚板振动理论。

随着数学及物理学研究的进展,非线性振动研究也逐渐被重视。法国人亨利·庞加莱(Henri Poincaré,1854—1912 年)于 1892 年建立了近似求解非线性力学问题的摄动法。俄罗斯人亚历山大·李雅普诺夫(Aleksandr Lyapunov,1857—1918 年)于 1892 年建立了适用于多种类型动力学系统的现代稳定性理论基础。荷兰人巴尔萨泽·范德波尔(Balthasar van der Pol,1889—1959 年)及格奥尔格·杜芬(Georg Duffing,1861—1944 年)为非线性振动理论带来了第一个确定解,并强调了其在工程领域的重要性。目前大多关于非线性振动的实际应用,都利用了巴勒斯坦人阿里·哈桑·纳非(Ali Hasan Nayfeh,1933—2017 年)建立的摄动理论。

随机振动也广泛地存在于工程实际中,例如地震、风、海浪和载运工具等。虽然德国人阿尔伯特·爱因斯坦(Albert Einstein,1879—1955 年)在 1905 年就注意到布朗运动这一特殊的随机振动,但直到 1930 年都没有进行任何研究。英国人杰弗里·英格拉姆·泰勒(Geoffrey Ingram Taylor,1886—1975 年)在 1920 年引入了相关函数,美国人诺伯特·维纳(Norbert Wiener,1894—1964 年)和苏联人亚历山大·辛钦(Aleksandr Khinchi,1894—1959 年)在 1930 年代引入了谱密度方法,通常称为维纳-辛钦理论(Wiener - Khinchin Theorem)。该理论开辟了随机振动理论研究的新篇章。

1940 年以前,关于工程结构的振动研究都采用了很粗糙的模型(仅包含很少的自由度)。从 20 世纪 50 年代开始,随着高速电子计算机的发展,人们已经可以处理适度复杂的系统,以获得复杂振动系统的近似解。与此同时,随着有限元方法的发展,人们已经可以处理包含成千上万个自由度的复杂系统的振动问题,形成了现代研究复杂系统振动问题的数值方法。

1.3 振动控制简介

1.3.1 振动的利弊

任何事物都是一分为二的,振动现象在生活中和工程技术领域里也都有利有弊。在很多情况下振动都被人们当作一种有害的物理现象,采取各种方法来消除振动这种不利因素。振动对生活和生产的不利方面表现在:车辆的振动会降低乘座品质,影响乘客的舒适性;仪器设备的振动会降低其使用性能;机械加工的振动会降低加工精度;结构的振动不仅会造成结构的疲劳损伤累积和加速结构部件的磨损,而且甚至会导致结构毁坏事故的发生,如结构的共振、飞行器的颤振等会引发结构的强度破坏,以及结构的过度振动会带来结构的振动疲劳破坏。

近几十年来,对振动利用的研究也越来越多,除了各种乐器是利用了振动发声的原理外,人们还通过对振动的研究,研制出了许多利用振动的生产设备和生活用品,例如,振动筛选、振动研磨、振动沉桩、振动压实以及振动按摩、振动提示等。这些振动利用的研究成果极大地减小了人们的劳动强度,提高了生产效率,给生活带来乐趣和方便。对振动利用的研究已经形成了“振动利用工程”这一分支领域，并在人们的生活和工业生产中获得了大量应用。可以预见，将来人们的生产和生活中，振动利用成果的应用会越来越多。

1.3.2 振动的利用与控制

广义上讲，振动控制的工程含义就包括振动利用和振动抑制。

通常，振动利用是指利用振动的理论、原理和方法，设计出特定的振动结构或振动机械，来实现某种生活或工程的目的，如各种乐器就是生活中振动利用的范例，工程中的振动利用包括振动粉碎、振动钻孔、振动筛选和振动压实等，基于振动的结构健康监测技术就是利用结构的振动响应信号来监测结构的健康状态，振动康复医疗技术更是振动利用工程与医学结合的最新应用，等等。

振动抑制则是指根据振动的理论、原理和方法，对已有的机械或结构系统进行修改设计或设计一个附加的新系统，来消除不需要的振动响应或降低振动响应的水平，以保证结构系统的正常工作，充分发挥其功能，延长其使用寿命。同时，对某些结构系统，振动控制的目的是要通过设计附加系统或改进现有结构的参数，使结构处于动态稳定范围内，不会发生失稳性振动（如飞机的颤振）。通常控制结构失稳性振动的问题也称为振动稳定性控制。

狭义上的振动控制就是指振动抑制，其控制方法可以分为三类：振动的被动控制、振动的主动控制和振动的半主动控制。其中振动的被动控制是振动控制中的经典方法，也是目前工程领域使用最广泛、应用最成熟的方法，而振动的半主动控制则是近些年来发展起来的一类方法。

按所采用的控制振动的具体途径，振动控制方法又可以分为以下五种：

（1）消振。即消除或削弱振源，这是一种治本的方法。消除了振源，振动响应自然得到控制。采用消振方法控制振动，还有节省能源、一劳永逸的优点。例如，对不平衡转子引起的振动，通常采用动平衡方法来消除或减弱由于转子质量不平衡引起的激振力；对于流体卡门涡引起的高烟囱、热交换器等的振动，可以采用加扰流器的方法来破坏卡门涡的形成，以消除或减弱旋涡激振源；在飞机设计中，采用扰流片来减弱跨声速飞行时机翼表面激波的强度，从而控制舵面的嗡鸣（一种舵面单自由度颤振）；为了消除机床切削时车刀的颤振，可以通过加冷却剂的方法，减小切削时车刀与工件间的摩擦力，破坏切削颤振的形成条件。

（2）隔振。在振源和被控对象之间串连一个称为隔振器的子系统（通常由弹簧和阻尼器组成），来减小受控对象的振动响应。如飞机座舱内的仪表通过隔振器安装在机体上，以减小机体振动向仪表的传递；将动力机械的基座通过隔振器与基础相连，减小机械运转时传递给基础的激振力等。

（3）阻振。即阻尼减振，从能量的观点看，阻振方法是以消耗振动能量为手段的振动控制方法。通过在振动系统中添加阻尼器或粘贴连续分布的阻尼材料层，来消耗系统的振动能量以达到减小振动响应的目的。如在汽车座舱壁板上粘贴阻尼材料来消除汽车行驶时由于路面不平引起的振动响应；在悬索桥的拉索上安装阻尼器以减小拉索在风激励下的振动响应等。

（4）吸振。又叫动力吸振，即在受控振动系统上安装一个由质量-弹簧-阻尼器组成的子系统，利用受控振动系统和附加子系统组成的新系统的反共振现象来减小受控振动系统的振动响应。如在飞机机体上安装动力吸振器来减小机体结构的振动；在高层建筑上安装阻尼动力吸振器（又称调谐质量阻尼器，Tuned Mass Damper，TMD）来减小风振或地震响应；在高压传输线上用动力吸振器来减小气流的涡激振动响应等。

(5)结构动力学修改或结构动力学优化设计。外激励引起的振动响应,除了与振源有关外,与结构的动力学特性也同样有关,因此可以通过对受控对象的动力学特性参数进行修改或设计,来使结构的振动满足预定的要求。这是不需要任何附加子系统的振动控制方案,具有全局抑振的优点。对于已有结构,它实际上是一个结构修改问题,通过改变受控振动结构的惯性、刚度及阻尼分布来减小已知激励下振动系统的响应。而对处于设计阶段中的结构,它实际上是一个结构动力学优化设计的问题,按一定的规律设计结构的惯性分布、刚度分布和阻尼分布,使其在已知激励下的振动响应最小。

上述阻振、隔振和吸振方法,又有被动与主动两种实现途径。到目前为止,振动主动控制是振动控制领域中仍然处于研究发展中的一种新方法,是目前振动控制工程领域的研究热点之一。近期它又与新兴的智能材料结构技术相结合,发展出了许多新颖的技术实现途径。

狭义的振动主动控制是指利用反馈技术,根据振动响应主动产生控制力作用在结构上,达到控制振动响应的目的。广义的振动主动控制除了施加主动控制力的控制途径外,还包括根据振动响应,主动去改变系统的刚度、阻尼甚至惯性分布来减小振动,具体可以通过主动阻尼减振、主动隔振和主动吸振技术途径来实现。这些技术途径由于不直接产生作用在系统上的主动作用力,为了与狭义的振动主动控制技术相区别,在振动控制工程中,也称为振动半主动控制技术。振动半主动控制的实质是根据振动响应去主动改变振动系统的惯性、刚度或阻尼参数,需要的外界能量相对较少,使得振动半主动控制成为振动控制领域一种有效而实用的方法,近年来在结构振动控制特别是振动稳定性控制中获得了广泛的应用。

1.4 噪声控制简介

1.4.1 工业噪声与生活噪声

通俗地讲,当声音的音量超过一定值或声音使人感到不愉悦时就成为噪声。

在工业生产活动中产生的工业噪声可以划分为空气动力噪声、机械噪声和电磁噪声。空气动力噪声是直接由气体振动而产生的。气体中有了涡流或发生了压力突变等,就会引起气体的振动而引发空气动力噪声,如通风机、空气压缩机、鼓风机和汽笛向大气中排放空气时所产生的噪声,均属于空气动力噪声。机械性噪声是由于固体结构发生振动激发其周围的空气振动而引起的,如各种工业机械在受到撞击、振动、摩擦等激励时,其结构部件发生振动,从而激发空气振动产生噪声。如车床、纺织机械、传动齿轮箱和机舱壁板等产生的噪声,这种由于固体结构振动而向外辐射的噪声又称为结构声。电磁噪声是由于磁场脉动、磁致伸缩引起电器部件振动而发出的声音,如发电机和变压器产生的噪声等。

人们在日常生活中也会造成噪声污染,如行驶车辆的发动机和喇叭产生的噪声,房屋装修时各种机械工具产生的噪声。在需要安静的场合或时候,大音量播放音乐和歌曲、大声喧哗也是一种生活噪声。

1.4.2 噪声的危害

生活噪声虽然不会立刻损害人的健康,但是它对人们的生活产生干扰,影响睡眠和休息,破坏生活环境的安宁。而工业噪声除了会造成工作场所的噪声污染，干扰人们的工作外，大量的、高强度的工业噪声还会影响和损坏人的听力，甚至引起神经系统、消化系统和心血管系统的疾病。

噪声对人体健康的直接危害是对听力的损伤。人们常说的“十铆九聋”就是指在工厂铆接车间强烈的噪声环境中工作一定时间，会出现听力下降的现象，医学上称为听觉疲劳，但到安静场所停留一段时间后，听力又会恢复原状，医学上称为听觉适应。长期的听觉疲劳会造成噪声性耳聋或噪声性听力损失。根据国际标准化组织（International Organization for Standardization，ISO）于 1964 年规定的标准，以 500Hz、1 000Hz、2 000Hz 听力损失的平均值超过 A 声级 25dB 为听力损失的临界值。噪声性耳聋主要由高频声强刺激造成，以 4 000Hz 的噪声最为明显，然后扩展到 3 000Hz 和 6 000Hz，随后到 2 000Hz 和 8 000Hz，在 250Hz 以下，噪声对听力的影响较小。

噪声除了对人听力有危害外，还影响人的中枢神经，使大脑皮层兴奋和抑制平衡失调，导致条件反射异常，产生耳鸣、失眠和头晕等症状，强噪声甚至会使交感神经紧张，引起心率不齐、血管痉挛等现象。长期在噪声环境下工作，还会导致视觉器官的损害，产生视力减退、恶心等症状。此外，噪声会影响人的消化机能，引起胃功能紊乱，引起紧张而使肾上腺素增加，使心率改变、血压升高。同时研究表明，噪声对人体的内分泌系统和血象也有影响，特别是噪声对人的语言及心理的影响也相当显著。当噪声达到 A 声级 65dB 以上，就必须提高嗓门才能交谈。噪声对人心理的影响主要是引起烦恼，这是由于噪声干扰了交谈和休息，特别是噪声对睡眠的影响显著，使人感到烦躁和易怒，工作效率降低。统计结果表明，40dB 的连续噪声可以使 10％的人睡眠受到影响，70dB 的噪声可影响 50％的人睡眠，而 40dB 的突发噪声可使 10％的人从沉睡中惊醒，60dB 的突发噪声可使 70％的人惊醒。

噪声对环境的危害是造成环境污染，在所有的公害中，噪声看不见摸不着，污染面最大，也最不容易躲避。工业噪声除了造成工作区的环境污染外，还会殃及周围居民区，严重影响人们的休息和健康。

噪声污染除对人体健康造成危害外，还会影响仪器设备的正常工作，甚至造成仪器设备的失效或声疲劳破坏。噪声对于一般仪器设备的损害主要是引起仪器设备的壳体振动，振动传输到内部元件上，使其产生振动而损坏。统计发现，对于电子仪器，当噪声级超过 135dB 时，连接部位的错动、引线的抖动、微调电位器和电容器的移位等，会使仪器发生故障，当噪声达到 150dB 时，一些电子元件有可能失效或损坏。

对于机械结构，当噪声特别强烈时，会在声频交变载荷的作用下产生疲劳断裂，即发生所谓的声疲劳现象。它是结构因声激发而产生的声致振动。这是一种宽频带随机振动，引起累积性疲劳损伤，如飞机发动机喷口附近机身蒙皮就可能因声疲劳而发生破坏。

对于建筑结构，一般的强噪声不会对其造成危害，但当噪声强度达到 140dB 时，对轻型建筑物开始有破坏作用。飞机超声速飞行时，其周围的空气受到急剧的扰动而产生激波。当该激波通过地面观察者时，会听到类似爆炸的声音，称为音爆或轰声，轰声的持续时间，歼击机一般在 100ms 左右，大型超声速飞机在 350ms 左右。当飞行高度较低时，轰声会造成地面建筑物的门窗损伤，甚至使墙面开裂、烟囱倒塌。

本书中涉及的噪声控制内容，主要是对环境噪声的控制。

1.4.3 噪声的控制

一般地讲，噪声控制的目的，就是要获得适当的声学环境，将噪声水平限制在允许的范围内，因此噪声控制又称为“降噪”。从环境保护的角度考虑，噪声控制的目的主要是研究噪声对人的影响和对人的保护。从结构安全的角度讲，噪声控制的目的是减少强噪声对仪器、设备功能的影响和抑制强噪声造成结构的声疲劳破坏。对生活噪声的控制主要是为人们营造一个舒适的生活环境，对工业噪声的控制主要是为了提供一个良好的工作环境和设备使用环境。对于许多工业产品，如各种生活电器、交通工具和工程机械等，低噪声水平已经成为衡量产品质量的一个指标。

特别要指出的是，在人们的生活和工作中，噪声控制的目的并不要求噪声水平越低越好。从生理学研究的结果知道，一个人长期生活在无声无息的环境中，思维活动会出现障碍，甚至会引发神经错乱。对工业环境噪声控制来讲，采取噪声控制措施时，不仅要考虑到技术实施的可行性，而且要考虑到经济合理性，对噪声的控制程度，只要达到允许的标准即可。

另外，噪声也有可利用的一方面。例如，在一些特殊场合，适当增加噪声可以减少干扰或者达到掩盖谈话内容的目的。例如，医院候诊室、保密谈话室或保密会议室内，建立均匀的A声级50dB左右的白噪声场，室内谈话者因距离较近，相互可以听到，室外的人则因谈话声被白噪声湮没而听不到。

从技术角度讲，噪声控制可以从三方面采取措施：噪声源控制、噪声传播途径控制和噪声受者的保护。广义上说，噪声源是振动的固体和流体，传播途径可以是通过固体或通过空气传播声音，而噪声受体可能是人，也可能是仪器设备或结构。噪声控制的技术实现可以是消除噪声源、切断噪声传播途径或对噪声受体采取保护性措施，如对人员采用个人防护设备(耳罩、隔声间等)，对仪器设备采取隔声设计等。

(1)噪声源控制。噪声源控制是噪声控制中最根本也是最有效的手段。减少振动、减少摩擦、减少碰撞以及改变气流等都可以有效减少噪声输出。工业生产中的机器和交通运输的车辆是主要的环境噪声源，通过采用低噪声设备和改进加工工艺，提高零部件加工精度和设备安装技术，可以减少机器和车辆本身的振动和噪声，使发声体成为不发声体，或使声辐射率降低，从而解决噪声源污染问题。例如，常规的铆接和锻压都是强烈冲击噪声源，采用无声铆接和无声锻压技术，就可以降低噪声。此外，从政策法规上限制噪声源设备的使用，如禁止鸣笛、限制设备开机时段等都可以有效减少噪声源污染问题。

(2)传播途径控制。噪声传播途径控制是最常用的方法，因为噪声源的控制，特别是事后的噪声源控制，往往会有技术和经济上的困难，而在传播途径上却有相对大得多的技术发挥空间。传播途径控制包括在噪声传播途径上阻断和屏蔽噪声的传播，或使噪声的能量随传播距离衰减。这包括总体规划上的合理布局，使强噪声源远离居住区或利用自然屏障等，也可以采取局部声学技术如消声、隔声、吸声、隔振和减振等技术，以及建立隔声屏、隔声罩和隔声间等措施，这些技术措施往往可以在不影响设备工作的情况下，起到事后补救的作用并收到良好的效果，噪声传播途径的控制在一定程度上也是最体现噪声控制技术水平的一个方面。

(3)噪声受者的保护。在噪声源多而噪声受者少，或降低噪声的措施不经济、技术上难以实现的情况下，可以采用对噪声受者进行保护的手段。如在噪声环境中的操作人员可以佩带隔声耳罩或在隔声间内进行操作，缩短在噪声环境中的工作时间。对灵敏设备则采用隔声设计，使其在噪声环境中能正常工作。

1.5　振动控制与噪声控制的异同

振动与声学虽分属于不同的学科，但声音（噪声）是由物体的振动而产生的，且很多情况下噪声与振动相互影响、相互传递。例如，机器的振动会向外辐射噪声，噪声会引起周围建筑结构的振动，建筑结构的振动又会向外辐射噪声；又如，飞机发动机的振动会向外辐射噪声，噪声会引起飞机壁板的振动，飞机壁板的振动也会向外辐射噪声。

噪声的控制途径主要包括噪声源控制、噪声传播途径控制、噪声受者的保护。振动的控制途径主要包括消振、隔振、阻振、吸振及动力学优化设计。通常认为，消振是对振源的控制，隔振及阻振是对振动传播途径的控制，吸振既可以针对振源也可以针对待减振对象，而动力学优化设计可以同时考虑振源、传播途径以及减振对象。可以看出，不管是振动控制还是噪声控制，其本质都是通过控制振源/噪声源或修改传播路径或保护减振/降噪对象，以控制振动/噪声的能量在介质之间的传播，以使得待控制对象满足振动/噪声水平要求。与此同时，根据介质中的能量传递特性，当噪声来源于结构振动时，若结构振动水平得到有效控制，噪声水平一般也会有所下降；反之，当结构振动来源于噪声激励时，若噪声水平得到了有效控制，结构振动水平一般也会有所下降。

振动控制与噪声控制又有着显著的差异。首先，在研究对象上，振动控制是针对结构振动的控制，而噪声控制是针对环境噪声的控制，环境噪声不仅可能是来源于结构振动产生的机械噪声，也可能是气动噪声或是电磁噪声。其次，在研究方法上，振动控制是基于结构振动理论，通过修改或设计结构的质量、刚度及阻尼分布来实现，而噪声控制是基于声学理论，通过修改或设计待控制对象的声学特性来实现，同时某些情况下的噪声控制还可以通过相关法律法规来约束。最后，从研究目标来说，振动控制的目标是将结构振动水平控制到一定程度，以保证结构正常工作，充分发挥其功能，延长其使用寿命，而噪声控制的目标是将环境噪声水平控制到一定程度，来提供良好的工作环境和设备使用环境，并减少强噪声对仪器、设备功能的影响和抑制强噪声造成结构的声疲劳破坏。

思考与练习题

1. 列出几种生活或生产中有利的振动及噪声现象，并简述其产生过程。

2. 列出几种生活或生产中有害的振动及噪声现象，并简述其产生过程。

3. 根据振动与声学的研究简史，总结振动与声学研究的发展过程。

4. 搜集我国古代关于振动与声学现象的观察、解释或利用的相关文献资料，并对其进行总结归纳。

5. 简述振动控制的五种具体途径，并分别给出相关应用实例。

6. 简述工业噪声的种类，并以航空航天领域为例，列举相关噪声及其危害。

第2章　结构振动理论基础

2.1　离散系统概述

结构振动理论是振动控制研究的基础。任何结构，都具有惯性和弹性，因而都构成一个振动系统。振动系统可分为两大类：离散系统和连续系统。连续系统具有连续分布的参数，但可以通过适当的方法如有限元方法转化为离散系统。按照描述系统运动所需的独立坐标数目来划分，振动系统可分为有限自由度系统和无限自由度系统。前者与离散系统相对应，后者与连续系统相对应。

离散系统由集中参数元件组成，它们是理想化的、高度简化的力学模型。典型的离散系统一般包含三种集中参数元件：惯性元件、弹性元件和阻尼元件。要组成一个离散振动系统，惯性元件和弹性元件是必不可少的。

典型的惯性元件是质量块，表示质量块大小的度量是质量，质量的单位为 kg，当质量块 m 沿 x 轴作直线运动时，根据达朗贝尔原理，质量块的惯性力 F_m 与质量块的加速度之间的关系为

$$F_m = -m\ddot{x} \tag{2.1.1}$$

式中，负号表示惯性力的方向与加速度方向相反。

典型的弹性元件是弹簧，表示弹簧弹性大小的度量是弹簧的刚度系数或弹性系数 k，弹性系数的单位为 N/m。当弹簧两端产生的位移差（即弹簧的变形）为 x 时，弹簧的弹性恢复力 F_x 与弹性系数之间的关系为

$$F_x = -kx \tag{2.1.2}$$

式中，负号表示弹性恢复力的方向与弹簧的变形方向相反。

典型的阻尼元件通常用阻尼器来表示，在对振动系统进行理论分析时，通常采用线性阻尼或黏性阻尼模型来表示。黏性阻尼器的阻尼力 F_{d} 与阻尼器两端的运动速度差成正比，比例系数就是黏性阻尼器的阻尼系数 c，它反映了阻尼器的阻尼水平，黏性阻尼系数的单位是 N·s/m，黏性阻尼力 F_{d} 可表示为

$$F_{\mathrm{d}} = -c\dot{x} \tag{2.1.3}$$

同样，负号表示黏性阻尼力的方向与阻尼器两端的运动速度差的方向相反。

在结构振动系统中，质量、弹性系数和阻尼系数是表示振动系统特性的三个基本物理参数。由一个质量块、一个弹簧和一个阻尼器就组成了一个最简单、最基本的完备振动系统，当只考虑质量块沿弹簧伸缩方向的振动运动时，由于描述这个系统的运动只需要一个独立的坐标，所以称其为单自由振动系统，简称单自由度系统。离散系统的振动运动，在数学上用一个

常微分方程来描述。由于侧重点不同，本章仅介绍离散系统振动的基本概念、基本原理和基本方法，当然它们也可以拓展运用到连续系统的振动分析中。

2.2　单自由度系统的自由振动

2.2.1　自由度的概念

为了建立振动系统的数学模型——振动微分方程，首先必须建立一个描述系统运动的坐标系。描述一个振动系统运动状态的独立坐标，称为这个系统的自由度，而确定一个振动系统运动状态所需的独立坐标数目，就是该振动系统的自由度数。

当一个空间质点作自由运动时，确定其运动状态需要三个独立的坐标，它的自由度数为3，对于一个空间刚体质量块，由于刚体运动可以分解为随质心的平动和绕质心的转动，描述其在空间的运动需要确定其沿直角坐标 x,y,z 的三个平动位移和绕 x,y,z 轴的三个转角，所以其自由度数为 6。当一个质量块被约束在只能沿某一个坐标轴如 x 轴方向振动时，则只需一个坐标 x 就能确定其位置，所以它的自由度数为 1，只有一个自由度的系统又称为单自由度系统。

2.2.2　自由振动

所谓自由振动，是指系统受到初始扰动后，仅靠弹性恢复力来维持的振动。在无阻尼的情况下，系统的自由振动(响应)是简谐运动。简谐运动在数学上可以用正弦函数或余弦函数来表示。简谐运动是振动最基本的形态，也简称为谐振动。下面通过建立一个无阻尼单自由度系统的振动方程，并解出其自由振动运动的数学表达式，来进一步说明单自由度系统自由振动的特征和性质。

2.2.3　无阻尼系统

只由惯性元件和弹性元件组成的振动系统称为无阻尼系统，它是最基本、最简单的振动系统，也是理想化的振动系统。无阻尼单自由度系统的力学模型如图 2.2.1 所示，为方便起见，取系统的静平衡位置作为坐标原点，以 x 为质量块由静平衡位置算起的垂直位移，并假定向下为正，在时刻 t，质量块的位移为 $x(t)$，由牛顿第二定律可得

$$mg - k(\delta_{st} + x) = m\ddot{x} \tag{2.2.1}$$

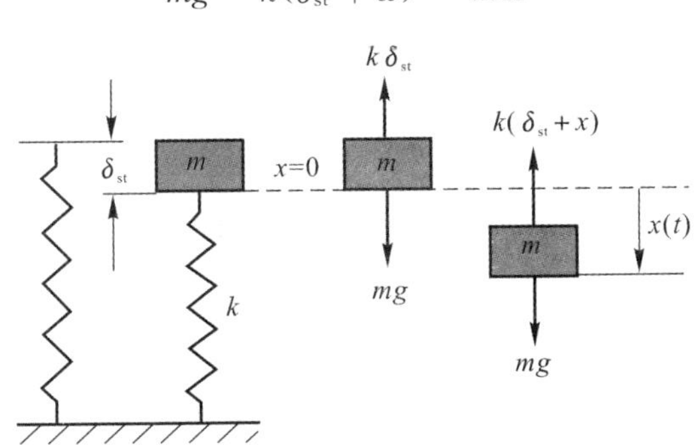

图 2.2.1　无阻尼单自由度系统

δ_{st} 为弹簧在质量块重力作用下的静变形，即 $\delta_{st} = mg/k$，从而有

$$m\ddot{x} + kx = 0 \tag{2.2.2}$$

它描述了质量块 m 在时刻 t 的运动规律，在数学上它是一个二阶常系数线性微分方程。记圆频率 $\omega_n = \sqrt{k/m}$，则式(2.2.2)写为

$$\ddot{x} + \omega_n^2 x = 0 \tag{2.2.3}$$

由常微分方程理论可知，式(2.2.3)的通解(振动响应)可表示为

$$x(t) = B\sin \omega_n t + D\cos \omega_n t \tag{2.2.4}$$

常数 B 和 D 由系统的初始条件来决定。所谓初始条件，就是在初始 $t=0$ 时刻，质量块 m 的初始位移和初始速度，即

$$x(0) = x_0, \quad \dot{x}(0) = \dot{x}_0 \tag{2.2.5}$$

将式(2.2.5)代入式(2.2.4)可以确定：

$$B = \dot{x}_0/\omega_n, \quad D = x_0 \tag{2.2.6}$$

由此得到

$$x(t) = \frac{\dot{x}_0}{\omega_n}\sin \omega_n t + x_0 \cos \omega_n t \tag{2.2.7}$$

或改写为

$$x(t) = A\sin(\omega_n t + \varphi) \tag{2.2.8}$$

式中

$$A = \sqrt{x_0^2 + \left(\frac{\dot{x}_0}{\omega_n}\right)^2}, \quad \varphi = \arctan \frac{\omega_n x_0}{\dot{x}_0} \tag{2.2.9}$$

由于在数学上，正弦函数又称为简谐函数，无阻尼单自由度系统的自由振动响应是简谐的运动，所以称其为简谐振动，其随时间的变化图形(称为振动响应的时间历程)如图 2.2.2 所示。由式(2.2.9)知，简谐振动的最大幅值为 A，称为振幅，其国际标准单位为 m(米)，ω_n 称为振动的圆频率(或角频率)，其国际标准单位为 rad/s(弧度/秒)，$\varphi \in [0, 2\pi)$ 称为初相角(或初相位)，其国际标准单位为 rad(弧度)。振幅、圆频率和初相位是确定一个简谐振动的三个要素，我们看到，无阻尼系统自由振动的振幅保持不变，即为等幅振动。

圆频率 ω_n 与初始条件无关，只与系统的质量 m 和刚度系数 k，即系统的固有参数有关，称为系统的固有振动频率，简称固有频率。显然，系统的质量 m 越大或刚度系数 k 越小，则固有频率 ω_n 越低，反之亦然。由式(2.2.8)可见，当相角 $(\omega t + \varphi)$ 每增加 2π，x 值就重复一次，即简谐振动是周期性运动，振动重复一次所需的时间称为振动的周期。记周期为 T，其国际标准单位为 s(秒)。显然有

$$T = \frac{2\pi}{\omega_n} = 2\pi\sqrt{\frac{m}{k}} \tag{2.2.10}$$

周期的倒数，即单位时间(1s)内振动运动重复的次数称为频率，记为 f，其国际标准单位为 Hz(赫兹)。圆频率与频率之间相差一个常数 2π，即

$$\omega_n = 2\pi f \tag{2.2.11}$$

显然，频率越高，周期越小，频率越低，周期越长。在振动分析时，只要不引起混淆，圆频率有时也可简称为频率，只通过其单位来区分。

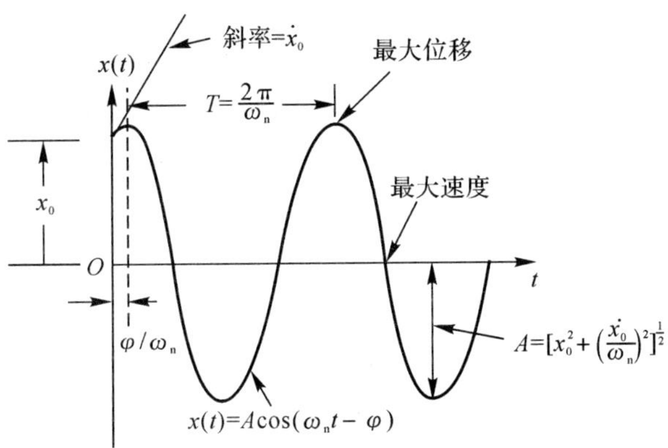

图 2.2.2　简谐振动时间历程

2.2.4　有阻尼振动系统

当系统中存在阻尼时(为简便,考虑线性阻尼情况),如图 2.2.3 所示,按照对无阻尼单自由度系统的分析方法,由牛顿第二定律可以容易地写出有阻尼单自由度系统自由振动方程:

$$m\ddot{x}+c\dot{x}+kx=0 \tag{2.2.12}$$

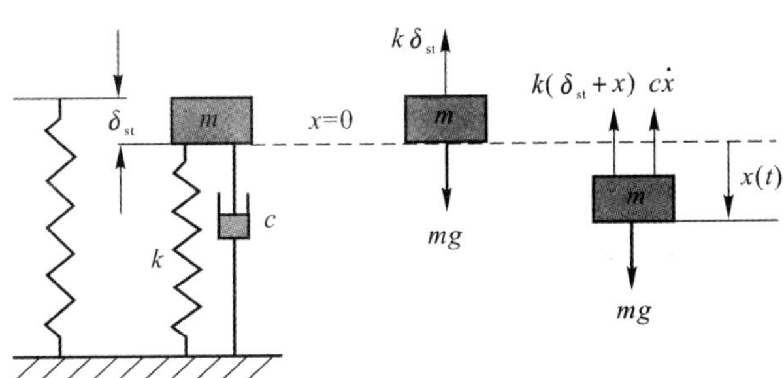

图 2.2.3　有阻尼单自由度系统

引入参数:

$$\omega_n=\sqrt{\frac{k}{m}},\quad \zeta=\frac{c}{2\sqrt{mk}} \tag{2.2.13}$$

式(2.2.12)改写成

$$\ddot{x}+2\zeta\omega_n\dot{x}+\omega_n^2x=0 \tag{2.2.14}$$

式中,ω_n 就是系统无阻尼时的固有振动频率;ζ 称为阻尼比,又叫阻尼因子或阻尼率。根据微分方程理论,式(2.2.14)对应的特征方程为

$$s^2+2\zeta\omega_n s+\omega_n^2=0 \tag{2.2.15}$$

它的两个根为

$$\left.\begin{matrix}s_1\\ s_2\end{matrix}\right\}=(-\zeta\pm\sqrt{\zeta^2-1})\,\omega_n \tag{2.2.16a}$$

根据微分方程解的理论可知,只有当 $\zeta<1$ 时,式(2.2.14)的解才有振荡特性,即有阻尼

单自由系统的运动才是振动运动。对应于 $\zeta=1$ 时的阻尼系数称为临界阻尼系数，记为

$$c_c = 2\sqrt{mk} \tag{2.2.17}$$

它只与质量和刚度系数有关，是系统的一个固有参数。由此可知阻尼比的物理意义为阻尼系数与临界阻尼系数之比，有

$$\zeta = \frac{c}{c_c} \tag{2.2.18}$$

因此，阻尼比也称为相对阻尼系数。

当 $\zeta<1$ 时，称为亚临界阻尼，则有

$$\left.\begin{matrix} s_1 \\ s_2 \end{matrix}\right\} = (-\zeta \pm \mathrm{j}\sqrt{1-\zeta^2})\,\omega_n = -\zeta\omega_n \pm \mathrm{j}\,\omega_d \tag{2.2.16b}$$

式中，$\mathrm{j}=\sqrt{-1}$ 为虚数单位，$\omega_d=\sqrt{1-\zeta^2}\,\omega_n$ 称为阻尼自由振动频率，工程中也称其为有阻尼固有振动频率，简称为有阻尼固有频率。

式(2.2.14)的通解可以写成：

$$x(t) = \mathrm{e}^{-\zeta\omega_n t}(B\cos\omega_d t + D\sin\omega_d t) \tag{2.2.19}$$

或

$$x(t) = A\,\mathrm{e}^{-\zeta\omega_n t}\sin(\omega_d t + \psi) \tag{2.2.20}$$

代入初始条件 $x(0)=x_0$，$\dot{x}(0)=\dot{x}_0$，得到

$$x(t) = \mathrm{e}^{-\zeta\omega_n t}\left(x_0\cos\omega_d t + \frac{\dot{x}_0+\zeta\omega_n x_0}{\omega_d}\sin\omega_d t\right) \tag{2.2.21}$$

或

$$x(t) = \sqrt{x_0^2 + \left(\frac{\dot{x}_0+\zeta\omega_n x_0}{\omega_d}\right)^2}\,\mathrm{e}^{-\zeta\omega_n t}\sin\left(\omega_d t + \arctan\frac{\omega_d x_0}{\dot{x}_0+\zeta\omega_n x_0}\right) \tag{2.2.22}$$

有阻尼单自由度系统的自由振动响应时间历程曲线如图 2.2.4 所示，它的振幅随时间逐渐减小，称这种振动为“衰减振动”。显然，其振幅随时间按指数规律衰减。值得注意的是，阻尼系统的衰减振动已不具有周期性，但仍具有等时性，用其有阻尼固有频率 $\omega_d=\sqrt{1-\zeta^2}\,\omega_n$ 来描述这种等时性。

习惯上，也称

$$T_d = \frac{2\pi}{\omega_d} = \frac{2\pi}{\omega_n\sqrt{1-\zeta^2}} \tag{2.2.23}$$

为衰减振动的周期。衰减振动响应的任意两个相差 T_d 时刻的幅值之比为常数，其自然对数 δ，称为衰减振动幅值的对数衰减率，即

$$\delta = \ln\frac{x_i}{x_{i+T}} = \ln \mathrm{e}^{\zeta\omega_n T_d} = \zeta\omega_n T_d \tag{2.2.24}$$

由式(2.2.23)及式(2.2.24)可得到对数衰减率与阻尼比的关系为

$$\delta = \frac{2\pi\zeta}{\sqrt{1-\zeta^2}} \tag{2.2.25}$$

从而可以用测量得到的系统衰减响应的对数衰减率来求出系统的阻尼比。对数衰减率与阻尼比的关系曲线如图 2.2.5 所示，可以看出当 $\zeta \ll 1$ 时：

$$\delta \approx 2\pi\zeta \tag{2.2.26}$$

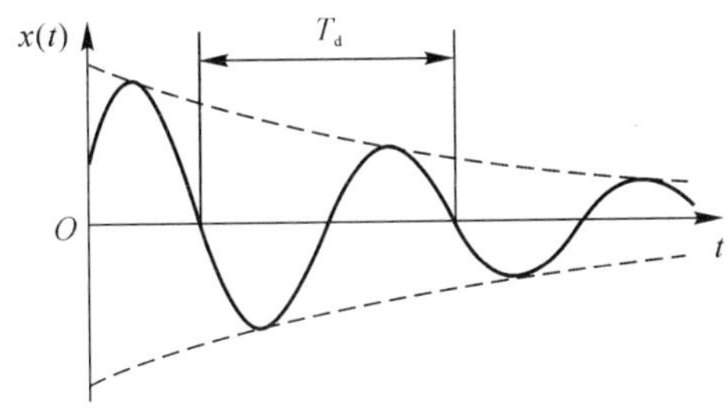

图 2.2.4　亚临界阻尼系统振动时间历程

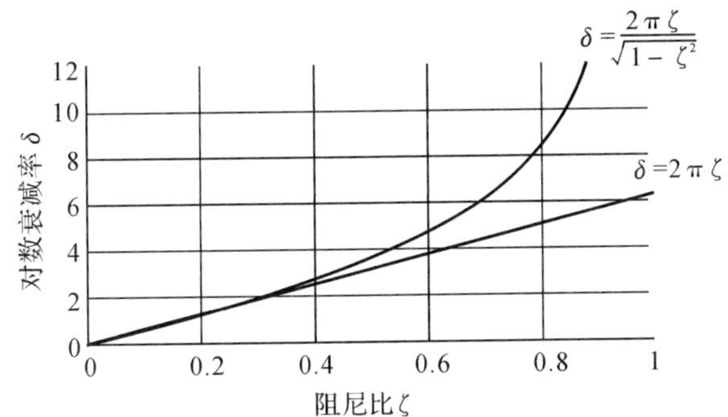

图 2.2.5　对数衰减率与阻尼比的关系曲线

2.3　单自由度系统的强迫振动

前面讲述的单自由度系统自由振动响应，是系统在初始扰动(初始条件)终了时刻开始发生的振动，初始扰动不是持续的。系统的自由振动频率(无阻尼固有频率或阻尼自由振动频率)只决定于系统的物理参数(质量、刚度系数和阻尼系数)，而与初始条件无关。当系统受到外界持续的激励时，系统的振动称为强迫振动。外激励的类型可分为简谐激励、周期激励和非周期激励。

2.3.1　简谐激励作用下的强迫振动

对于机械结构系统，产生简谐激励有三种典型的情况：简谐力、旋转不平衡质量和基础或支承的简谐运动。

1. 简谐激励力作用下的强迫振动

简谐激励力作用下单自由度振动系统的力学模型如图 2.3.1 所示。由牛顿第二定律可以建立其振动微分方程为

$$m\ddot{x}+c\dot{x}+kx=F_0\sin\omega t \tag{2.3.1}$$

式中，F_0 为激励力幅值；ω 为激励频率。式(2.3.1)为一个非齐次常系数微分方程，在 $t=0$ 时刻的初始条件为 $x(0)=x_0$，$\dot{x}(0)=\dot{x}_0$。根据常微分方程理论，式(2.3.1)的解由对应齐次方程的通解 x_h 和非齐次方程的一个特解 x_s 构成。

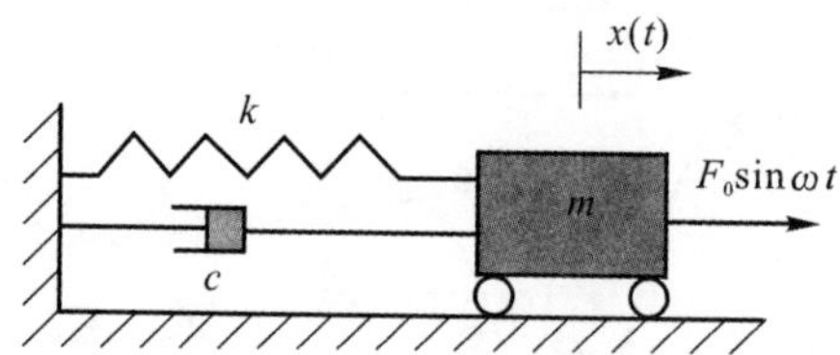

图 2.3.1 受简谐激励的单自由度系统

由前一节可知,式(2.3.1)对应的齐次方程的通解为

$$x_h(t) = A\,e^{-\zeta\omega_n t}\sin(\omega_d t + \psi) \tag{2.3.2}$$

式(2.3.2)中,ζ,ω_n,ω_d 的意义与前一节的定义相同。令式(2.3.1)的特解为

$$x_s(t) = X\sin(\omega t - \varphi) \tag{2.3.3}$$

将其代入式(2.3.1)可解得

$$X = \frac{F_0}{\sqrt{(k-\omega^2 m)^2 + \omega^2 c^2}}, \quad \varphi = \arctan\frac{\omega c}{k-\omega^2 m} \tag{2.3.4}$$

其中,X 称为强迫振动的幅值,$\varphi\in[0,\pi]$表示响应滞后激励的相位角。因此,简谐力作用下单自由度系统的振动响应为

$$\begin{aligned} x(t) = x_h(t) + x_s(t) &= A\,e^{-\zeta\omega_n t}\sin(\omega_d t + \psi) \\ &\quad + \frac{F_0}{\sqrt{(k-\omega^2 m)^2 + \omega^2 c^2}}\sin(\omega t - \varphi) \end{aligned} \tag{2.3.5}$$

式中,常数 A,ψ 由初始条件确定。式(2.3.5)所描述的运动如图 2.3.2 所示。可以看到:

(1)系统的振动响应是频率为 ω_d 的衰减振动 $x_h(t)$ 和频率为 ω 的简谐振动 $x_s(t)$ 的组合运动。

(2)无论在什么初始条件下,由于阻尼的作用,经过一段时间,$x_h(t)$ 将趋于消失,因此又称为瞬态振动或瞬态响应。

(3)由外激励引起的响应 $x_s(t)$ 始终保持持续等幅振动状态,称为稳态振动或稳态响应。

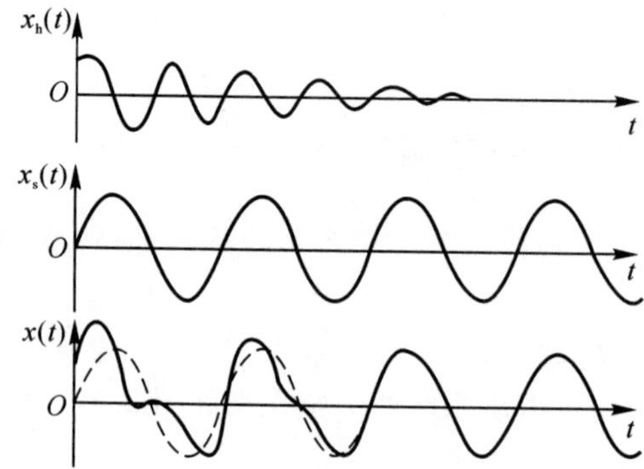

图 2.3.2 单自由度系统在简谐力作用下的响应时间历程

对于强迫振动问题,关心的是系统的稳态响应。在结构振动中,只要不专门说明,讲到强迫振动一般都是指稳态振动。以后,只要不引起混淆,通常略去稳态响应 $x_s(t)$ 的下标 s。现在来考察系统的稳态响应:

$$x(t) = X\sin(\omega t - \varphi) \tag{2.3.6}$$

式(2.3.6)表明，在简谐力作用下，系统将产生一个与激励力频率相同的简谐振动，但响应滞后激励力一个相角 φ（也称相位差）。同时强迫响应还有如下特点：

(1)强迫振动的振幅和相角与初始条件无关，只决定于系统物理参数及外激励力的幅值和频率。

(2)引入等效静位移 $X_0 = F_0/k$ 和频率比 $\gamma = \omega/\omega_n$，强迫振动的振幅可表示为

$$X = \frac{X_0}{\sqrt{(1-\gamma^2)^2 + (2\zeta\gamma)^2}} \tag{2.3.7}$$

定义位移放大率或位移放大因子为

$$\beta = \frac{X}{X_0} = \frac{1}{\sqrt{(1-\gamma^2)^2 + (2\zeta\gamma)^2}} \tag{2.3.8}$$

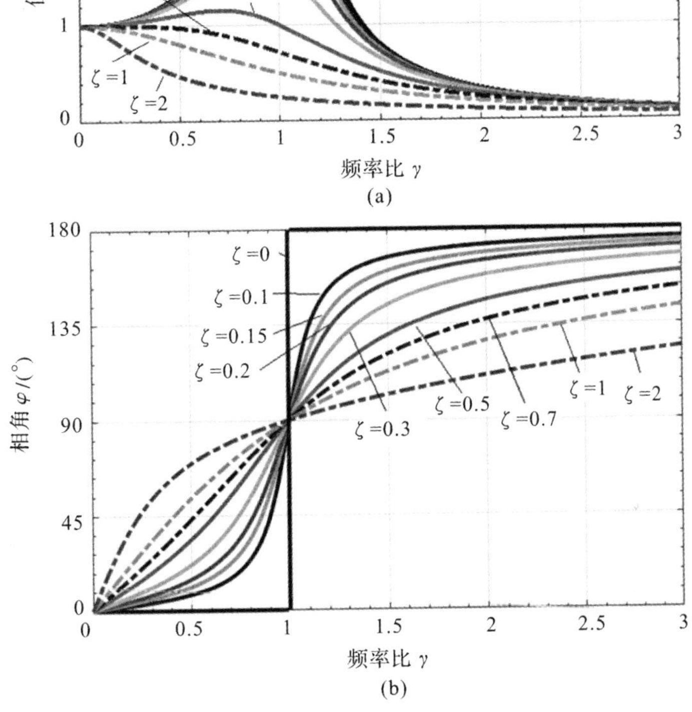

图 2.3.3　位移放大率和相角随频率比变化曲线

(a)位移放大率；(b)相角

图 2.3.3(a)以阻尼比为参数，画出了位移放大率随频率比变化的曲线，又称为系统的幅频特性曲线。当 γ 趋近于零时，β 趋于 1，且与阻尼无关，其物理意义是，当激励频率接近于零时，响应的振幅与大小为 F_0 的静力作用在系统上产生的静位移相接近。当 γ 趋近于无穷时，β

趋近于零，也与阻尼无关，其物理意义是，当外激励力的频率很高时，由于惯性的作用，质量块的运动变化不能跟随上外激励力的快速变化而停留在平衡位置保持不动，即系统的振幅为零。

(3)理论上讲，当 $\gamma=1$ 时，若 $\zeta=0$，β 将趋于无穷大，它意味着当无阻尼系统受到的外激励的频率与系统的固有频率一致时，振幅将达到无穷大。这种现象称为共振。对有阻尼系统，当 $\gamma=1$ 时，$\beta=1/2\zeta$，振幅接近于最大值。通常称 $\omega=\omega_n$（$\gamma=1$）时的频率为共振频率。实际上，可利用 $d\beta/d\gamma=0$，获得 β 取最大值的频率比及对应的最大值为

$$\gamma_{\max}=\sqrt{1-2\zeta^2},\quad \beta_{\max}=\frac{1}{2\zeta\sqrt{1-\zeta^2}} \tag{2.3.9}$$

由式(2.3.9)可见，当 $\zeta=\sqrt{2}/2$ 时，$\gamma_{\max}=0$，即振幅最大值发生在 $\omega=0$ 处，也就是振动位移始终小于静态位移。从而知道，当 $\zeta\geqslant\sqrt{2}/2$ 时，不论 γ 为何值，$\beta\leqslant1$；当 $\zeta<\sqrt{2}/2$ 时，对于很大和很小的 γ 值，阻尼对振动响应的影响都可以略去。从图 2.3.3(a)也可以看到，在共振频率及其附近，增大阻尼对振幅有明显的抑制作用。

(4)强迫振动位移响应和激励力之间有相位差：

$$\varphi=\arctan\frac{\omega c}{k-\omega^2 m}=\arctan\frac{2\zeta\gamma}{1-\gamma^2} \tag{2.3.10}$$

图 2.3.3(b)以阻尼比为参数，画出了相角(即相位差)随频率比变化的曲线，称为相频特性曲线。可以看到，当 γ 很小，即激励频率很低时，振动位移与激励力同相位 $\varphi\approx0$；当 γ 很大，即激励频率很高时，振动位移与激励力反相，$\varphi\approx\pi$；当 $\gamma=1$，即激励频率与固有频率相等时，振动位移与激励力的相位差为 $\pi/2$，即振动速度与激励力同相。

(5)系统在 $\gamma=1$ 时的位移放大率，称为系统的品质数 Q，如图 2.3.4 所示，即

$$Q=\frac{1}{2\zeta} \tag{2.3.11}$$

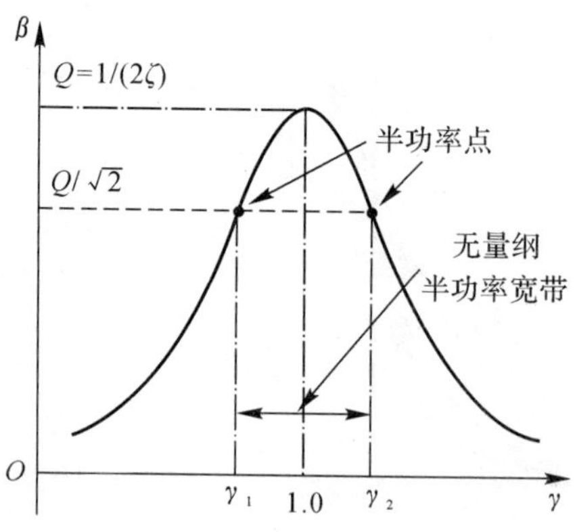

图 2.3.4　品质数与半带宽

品质数可用来表征系统共振峰的锐度，Q 越大，系统的阻尼比越小，共振峰越尖。与品质数对应的是幅频曲线的半功率带宽，常用它来表征共振峰的宽度，代表共振区的大小。在幅频曲线上，β 值等于 $Q/\sqrt{2}$ 的两个点称为半功率点(这两个点对应的振动响应的功率是峰值点的一半而得名)，两个半功率点之间的频带宽度定义为幅频曲线的半功率带宽 $\Delta\omega$，并将 $\Delta\omega$ 与固有频率的 ω_n 的比值称为无量纲半功率带宽 $\Delta\gamma$，即 $\Delta\gamma=\Delta\omega/\omega_n$。根据 β 表达式和半功率带宽

定义，当阻尼比 $\zeta \ll 1$ 时

$$\Delta\gamma \approx 2\zeta \tag{2.3.12}$$

工程上也常用所谓的损耗因子来表示系统阻尼的大小，损耗因子 η 定义为系统幅频曲线的半功率带宽与固有频率之比。根据上述定义，损耗因子大小正好等于无量纲半功率带宽 $\Delta\gamma$，即

$$\eta = \Delta\gamma \approx 2\zeta \tag{2.3.13}$$

2. 旋转不平衡质量引起的振动

在许多旋转机械中，其转动部分通常都存在质量（旋转）不平衡问题。当机械以某一恒定的角速度转动时，不平衡质量就会产生一个简谐变化的激励力。

如图 2.3.5 所示某旋转机械，总质量为 m，支承弹簧刚度系数为 k，阻尼系数为 c。机器旋转中心为 O，角速度为 ω，不平衡质量的大小为 m_0，偏心距离为 e，假设机器只能在垂直方向运动。

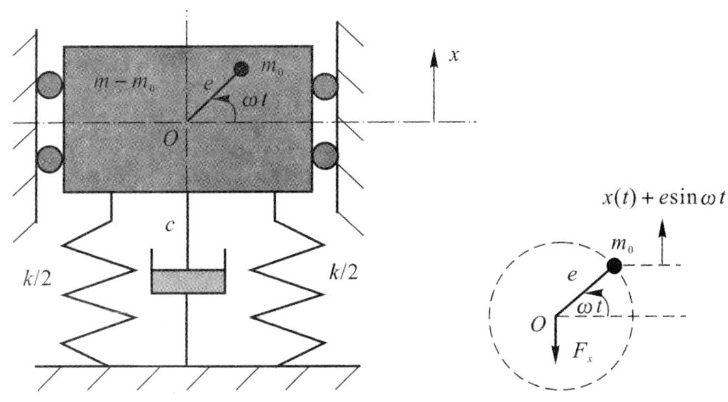

图 2.3.5　带偏心质量的旋转机械

以静平衡时的旋转中心为垂直位移的坐标原点，任意时刻 t，质量 $m-m_0$ 部分的位移为 $x(t)$，则不平衡质量 m_0 的位移为 $x(t)+e\sin\omega t$。

根据牛顿第二定律，对于旋转不平衡质量 m_0：

$$m_0 \frac{\mathrm{d}^2}{\mathrm{d}t^2}(x + e\sin\omega t) = -F_x \tag{2.3.14a}$$

对于系统 $m-m_0$：

$$(m-m_0)\frac{\mathrm{d}^2 x}{\mathrm{d}t^2} = F_x - c\frac{\mathrm{d}x}{\mathrm{d}t} - kx \tag{2.3.14b}$$

联立式(2.3.14a)、式(2.3.14b)，得

$$m\ddot{x} + c\dot{x} + kx = m_0 e\omega^2 \sin\omega t \tag{2.3.14c}$$

它与式(2.3.1)相似，只是由 $m_0 e\omega^2$ 代替了力幅 F_0。因而，可直接写出式(2.3.14c)的稳态响应为

$$x(t) = X\sin(\omega t - \varphi) \tag{2.3.15}$$

式中

$$X = \frac{m_0 e\omega^2}{\sqrt{(k-\omega^2 m)^2 + \omega^2 c^2}} = \frac{\dfrac{m_0 e}{m}\gamma^2}{\sqrt{(1-\gamma^2)^2 + (2\zeta\gamma)^2}} \tag{2.3.16}$$

$$\varphi = \arctan \frac{2\zeta\gamma}{1-\gamma^2} \tag{2.3.17}$$

式中，$\varphi \in [0,\pi]$，$\gamma = \omega/\omega_n$ 为频率比，$\omega_n = \sqrt{k/m}$ 为系统的固有频率。系统的放大因子可表示为

$$\beta = \frac{X}{m_0 e/m} = \frac{\gamma^2}{\sqrt{(1-\gamma^2)^2 + (2\zeta\gamma)^2}} \tag{2.3.18}$$

同样以阻尼比为参数，画出放大因子随频率比变化的曲线，如图 2.3.6 所示，其相角随频率比变化曲线与图 2.3.3(b)完全相同。

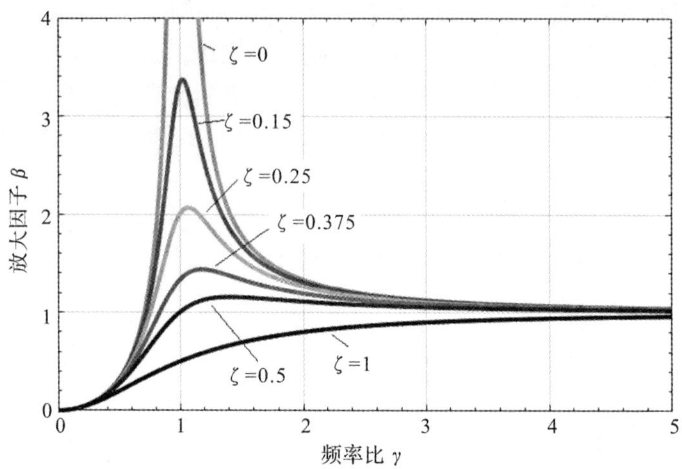

图 2.3.6 旋转不平衡质量引起的振动放大因子随频率比变化曲线

由式(2.3.14)～式(2.3.17)可以看到，由于机器存在不平衡质量，在运转时系统将发生强迫振动，振动的频率就是转动的角速度，稳态振动的振幅决定于不平衡质量、偏心距和角速度的二次方，稳态响应滞后于激励力的相位角也只与频率比和阻尼比有关。显然，当旋转频率与系统的固有频率相同，即 $\gamma = 1$ 时，系统会发生共振，这时 $\beta = 1/2\zeta$，$\varphi = \pi/2$；当 γ 很小时，$\beta \to 0, \varphi \to 0$；当 γ 很大时，$\beta \to 1, \varphi \to \pi$；而利用 $d\beta/d\gamma = 0$，可得最大振幅发生在 $\gamma_{max} = 1/\sqrt{1-2\zeta^2}$，此时，$\beta_{max} = 1/(2\zeta\sqrt{1-\zeta^2})$。

3. 基础或支承运动引起的强迫振动

前面的研究都是建立在基础或支承固定不动的假设上的。其实，在许多场合下，机械系统的安装基础或支承是运动的。例如，机器安装在楼房的地板上，仪器固定在运输车辆的地板上等，当楼房受到扰动或车辆在不平的路面上开动时，地板就会发生振动，并引起机器或仪器的振动。

在这种情况下，并没有外激励力直接作用在机器或仪器上。为了研究这类问题，将安装在地板上的机器或仪器简化为一个单自由度系统，建立其力学模型如图 2.3.7 所示。假定基础运动为简谐运动：

$$y(t) = Y\sin\omega t \tag{2.3.19}$$

式中，Y 为基础运动的幅值。由牛顿第二定律，可写出系统的振动方程为

$$m\ddot{x} = -k(x-y) - c(\dot{x} - \dot{y}) \tag{2.3.20a}$$

即

$$m\ddot{x} + c\dot{x} + kx = c\dot{y} + ky \tag{2.3.20b}$$

基础运动使系统受到了两个作用力，一个是与 $y(t)$ 同相位的、经弹簧传给质量的力 ky ，另一个是与速度同相位的、经阻尼器传给质量的力 $c\dot{y}$ 。

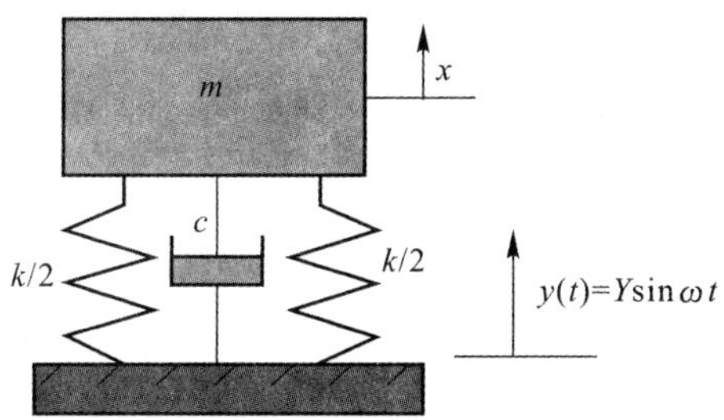

图 2.3.7　受基础激励的振动系统

这里采用复指数解法，即用 $y = Y\mathrm{e}^{\mathrm{j}\omega t}$ 代替 $y = Y\sin\omega t$ ，那么可以设系统的响应为 $x(t) = \overline{X}\mathrm{e}^{\mathrm{j}\omega t}$ ，其中 $\overline{X}$ 为复振幅，按照原始激励形式应取 $x(t)$ 的虚部作为响应解。代入式(2.3.20b)，可得

$$\overline{X} = \frac{k + \mathrm{j}\omega c}{k - \omega^2 m + \mathrm{j}\omega c}Y = X\mathrm{e}^{-\mathrm{j}\varphi} \tag{2.3.21}$$

式中，X 为响应的振幅；φ 为响应与基础运动之间的相位差。显然有

$$X = Y\sqrt{\frac{1 + (2\zeta\gamma)^2}{(1 - \gamma^2)^2 + (2\zeta\gamma)^2}} \tag{2.3.22}$$

$$\varphi = \arctan\frac{2\zeta\gamma^3}{1 - \gamma^2 + 4\zeta^2\gamma^2} \tag{2.3.23}$$

其中，$\varphi \in [0,\pi]$。从而系统的稳态响应为

$$x(t) = X\sin(\omega t - \varphi) \tag{2.3.24}$$

定义基础激励的位移传递率(简称位移传递率)为

$$T = \frac{X}{Y} = \sqrt{\frac{1 + (2\zeta\gamma)^2}{(1 - \gamma^2)^2 + (2\zeta\gamma)^2}} \tag{2.3.25}$$

以阻尼比为参数，画出传递率随频率比变化的曲线如图 2.3.8 所示，位移传递率曲线在后续章节介绍振动控制的隔振方法时还要用到。

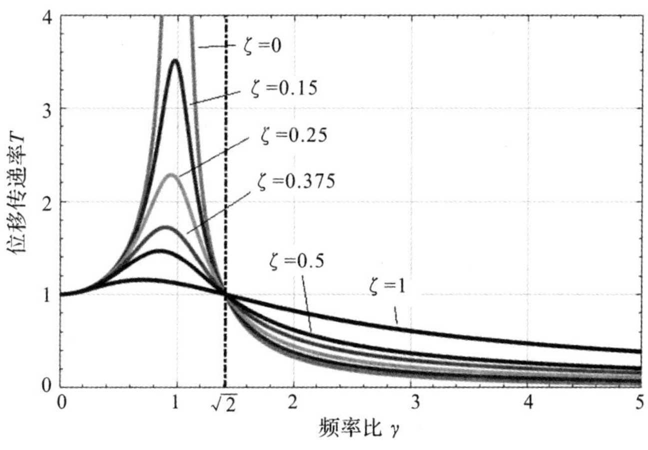

图 2.3.8　位移传递率随频率比变化的曲线

2.3.2 周期激励力作用下的振动响应

如果一个随时间变化的力 $f(t)$，对某一常数 T，满足关系式：

$$f(t) = f(T + t) \tag{2.3.26}$$

则称 $f(t)$ 是周期的，其中 T 为周期。图 2.3.9 给出了两种典型的周期激励，即方波激励和三角波激励。

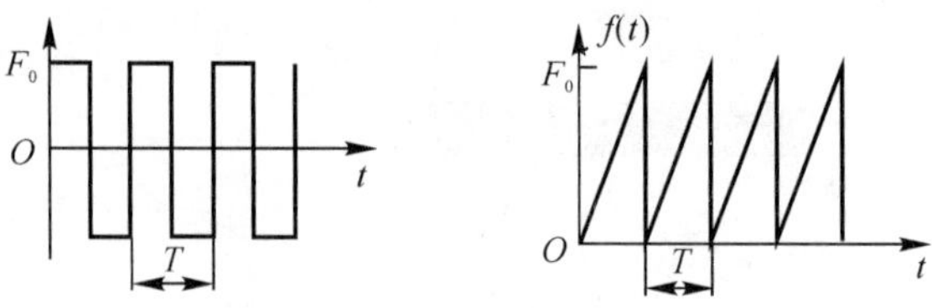

图 2.3.9　典型的周期激励力

根据线性振动系统的叠加原理，即若干个激励力共同作用下系统产生的振动响应，等于各个力单独作用下产生的振动响应的叠加，从而可以方便地求出周期激励力作用下的振动响应。根据数学上对周期函数的傅里叶级数展开式，周期力 $f(t)$ 可以写成无穷多个简谐分量（又叫谐波项）之和，即

$$f(t) = \frac{a_0}{2} + \sum_{n=1}^{\infty}(a_n \cos n\omega t + b_n \sin n\omega t) \tag{2.3.27}$$

式中，$\omega = 2\pi/T$ 称为周期激励力的基频，$a_0 = \frac{2}{T}\int_{-T/2}^{T/2} f(t)\mathrm{d}t$，$a_n = \frac{2}{T}\int_{-T/2}^{T/2} f(t)\cos n\omega t\mathrm{d}t$，$b_n = \frac{2}{T}\int_{-T/2}^{T/2} f(t)\sin n\omega t\mathrm{d}t$。那么，把上面级数每一项看成一个简谐激励力，求出其对应的稳态响应，将所有稳态响应叠加起来，就是周期激励力作用下所产生的稳态响应。将 $f(t)$ 写成傅里叶级数形式，则周期力作用下，单自由度系统的振动方程可以写成：

$$m\ddot{x} + c\dot{x} + kx = \frac{a_0}{2} + \sum_{n=1}^{\infty}(a_n \cos n\omega t + b_n \sin n\omega t) \tag{2.3.28}$$

首先，可以求得右端常数项 $a_0/2$ 对应的稳态响应为 $a_0/2k$，进而根据前面对简谐激励力稳态响应的求解方法，可以求出右端求和号内每一项 $a_n \cos n\omega t$ 与 $b_n \sin n\omega t$ 对应的稳态响应分别为

$$\frac{a_n}{k\sqrt{(1-\gamma_n^2)^2 + (2\zeta\gamma_n)^2}}\cos(n\omega t - \varphi_n) \tag{2.3.29}$$

$$\frac{b_n}{k\sqrt{(1-\gamma_n^2)^2 + (2\zeta\gamma_n)^2}}\sin(n\omega t - \varphi_n) \tag{2.3.30}$$

式中

$$\gamma_n = n\gamma = \frac{n\omega}{\omega_n}, \quad \varphi_n = \arctan\frac{2\zeta\gamma_n}{1-\gamma_n^2} \tag{2.3.31}$$

于是系统的稳态响应为

$$\begin{aligned} x(t) = \frac{a_0}{2k} &+ \sum_{n=1}^{\infty}\frac{a_n}{k\sqrt{(1-\gamma_n^2)^2 + (2\zeta\gamma_n)^2}}\cos(n\omega t - \varphi_n) \\ &+ \sum_{n=1}^{\infty}\frac{b_n}{k\sqrt{(1-\gamma_n^2)^2 + (2\zeta\gamma_n)^2}}\sin(n\omega t - \varphi_n) \end{aligned} \tag{2.3.32}$$

可见，系统的稳态响应也是一个无穷级数。对于大多数工程问题，仅截取其前面有限项简谐响应的和就可以满足精度要求，而且从单自由度系统的幅频特性曲线可以知道，当谐波项的频率(称为谐波频率)远大于系统固有频率时，在它激励下所产生的振动幅值非常小。因此，当系统固有频率不是非常高时，略去高阶谐波所产生的响应，计算得到的响应结果的精度一般都满足工程要求。当然，截止谐波频率要根据实际系统的固有频率来确定。同时注意到，当某阶谐波的频率与系统的固有频率相等时，系统就会发生共振，对应的振幅就会很大。因此，周期激励力作用下，系统发生共振的可能性要更大些。

2.3.3　非周期激励力作用下的响应

在许多工程实际问题中，如飞机的着陆、滑跑和突风响应问题，系统所受到的激励不是周期的，而是任意的时间函数，或者是极短时间内的冲击作用，对任意力作用下的振动响应求解，不能像受周期力激励的情形那样套用简谐力振动响应求解方法，但仍要用到线性振动系统的叠加原理。

观察图 2.3.10 所示的任意力时间曲线，可以把它看成许多个在很小的时间区间 $d\tau$ 上作用的脉冲力 $f(\tau)$ 的叠加，则系统在任意力作用下的响应，就是这些脉冲力分别作用下的振动响应的线性叠加。在很短时间 $d\tau$ 内，脉冲力 $f(\tau)$ 对系统的作用，在物理上表现为冲量 $f(\tau)d\tau$ 的作用。

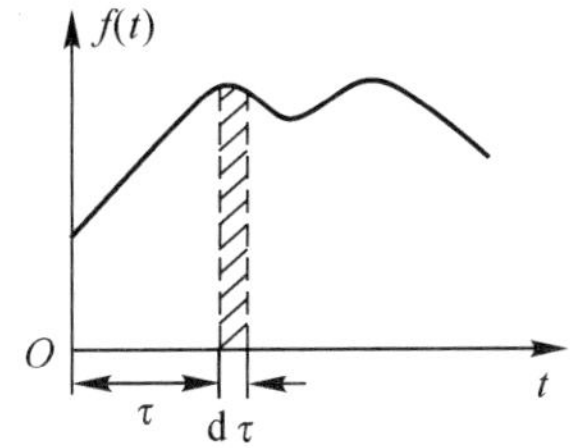

图 2.3.10　任意力的脉冲分解

所谓脉冲，就是指在很短时间内作用的有限冲量，当 $f(t)$ 只在 Δt 的时间内(从时刻 a 到时刻 $a+\Delta t$)作用时，冲量可表示为

$$\hat{f}=\int_{a}^{a+\Delta t}f(\tau)\mathrm{d}\tau \tag{2.3.33}$$

定义单位脉冲为

$$I=\lim_{\Delta t\to 0}\int_{a}^{a+\Delta t}f(\tau)\mathrm{d}\tau=f(a)\Delta t=1 \tag{2.3.34}$$

显然，当 $\Delta t\to 0$ 时，为使 $f(a)\Delta t$ 为有限值，$f(a)$ 将趋于无限大。对单位脉冲这样一个物理量，在数学上用 δ 函数来表示，如图 2.3.11 所示。

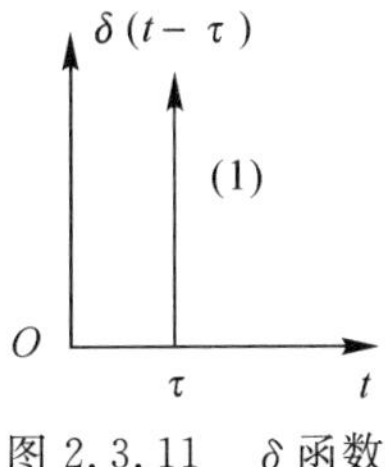

图 2.3.11　δ 函数

δ 函数有如下性质：

$$\left.\begin{aligned}\delta(t-\tau)=0,\quad t\neq\tau\\ \int_0^{\infty}\delta(t-\tau)\mathrm{d}t=1\\ \int_0^{\infty}f(\tau)\delta(t-\tau)\mathrm{d}t=f(\tau)\end{aligned}\right\}\tag{2.3.35}$$

当一个由质量-弹簧-阻尼器组成的单自由度振动系统，在 $t=0$ 时刻受到一个单位脉冲 $\delta(t)$ 的作用，由于脉冲作用时间极短，以 0_- 和 0_+ 分别表示脉冲作用前和作用后的瞬时，则系统的零初始条件表示为 $x(0_-)=0,\dot{x}(0_-)=0$ 。其振动运动方程为

$$m\ddot{x}+c\dot{x}+kx=\delta(t)\tag{2.3.36}$$

对式(2.3.36)两端乘以 $\mathrm{d}t$ ，并从 0_- 到 0_+ 进行积分，由于此时系统尚来不及产生位移，即 $x(0_+)=x(0_-)=0$ ，从而可得

$$\dot{x}(0_+)=1/m\tag{2.3.37}$$

即原系统在 $t=0$ 时受到一个单位脉冲的作用，等价于系统在零初始位移 $x(0)=0$ 时具有一个初速度 $\dot{x}(0_+)=1/m$ ，相应地求系统在 $t=0$ 时刻受单位脉冲作用的响应问题，就转化为求系统在上述初始条件下自由振动的瞬态响应问题，从而可以很容易地求出：

$$x(t)=h(t)=\begin{cases}\dfrac{1}{m\omega_{\mathrm{d}}}\mathrm{e}^{-\zeta\omega_{\mathrm{n}}t}\sin\omega_{\mathrm{d}}t, & t>0\\ 0, & t<0\end{cases}\tag{2.3.38}$$

单位脉冲作用下产生的瞬态响应 $h(t)$ 称为单位脉冲响应函数。显然，当单位脉冲作用在时刻 τ 时，系统响应为 $h(t-\tau)$ 。

前一节已述，任意力在很小的时间区间 $\mathrm{d}\tau$ 上产生的冲量为 $f(\tau)\mathrm{d}\tau$ ，系统在它作用下产生的响应为

$$\mathrm{d}x=h(t-\tau)f(\tau)\mathrm{d}\tau\tag{2.3.39}$$

应用叠加原理，系统在时刻 t 时的响应是在 $[0,t]$ 时间区间内所有单个冲量的响应的总和，即

$$x(t)=\int_0^t f(\tau)h(t-\tau)\mathrm{d}\tau\tag{2.3.40}$$

将式(2.3.38)代入得到：

$$\begin{aligned}x(t)&=\int_0^t f(\tau)\frac{1}{m\omega_{\mathrm{d}}}\mathrm{e}^{-\zeta\omega_{\mathrm{n}}(t-\tau)}\sin\omega_{\mathrm{d}}(t-\tau)\mathrm{d}\tau\\&=\frac{1}{m\omega_{\mathrm{d}}}\int_0^t f(\tau)\mathrm{e}^{-\zeta\omega_{\mathrm{n}}(t-\tau)}\sin\omega_{\mathrm{d}}(t-\tau)\mathrm{d}\tau\end{aligned}\tag{2.3.41}$$

该积分式也称为杜哈美积分(Duhamel Integration)。

考虑系统的初始条件 $x(0)=x_0,\dot{x}(0)=\dot{x}_0$ ，则总的响应为

$$\begin{aligned}x(t)=&\mathrm{e}^{-\zeta\omega_{\mathrm{n}}t}\left(x_0\cos\omega_{\mathrm{d}}t+\frac{\zeta\omega_{\mathrm{n}}x_0+\dot{x}_0}{\omega_{\mathrm{d}}}\sin\omega_{\mathrm{d}}t\right)\\&+\frac{1}{m\omega_{\mathrm{d}}}\int_0^t f(\tau)\mathrm{e}^{-\zeta\omega_{\mathrm{n}}(t-\tau)}\sin\omega_{\mathrm{d}}(t-\tau)\mathrm{d}\tau\end{aligned}\tag{2.3.42}$$

2.3.4 单自由度系统的频率响应函数

定义受简谐激励单自由度系统的频率响应函数(简称频响函数)为系统稳态响应的复振幅

与激励力的复力幅之比。

对一个受简谐激励力 $f(t)$ 作用的有阻尼单自由度系统：

$$m\ddot{x}+c\dot{x}+kx=f(t) \tag{2.3.43}$$

采用复指数解法，其振动方程可写为

$$m\ddot{x}+c\dot{x}+kx=F\mathrm{e}^{\mathrm{j}\omega t} \tag{2.3.44}$$

其中，$F=F(\omega)$ 为简谐激励力的复力幅。系统的稳态响应为

$$x(t)=\overline{X}(\omega)\mathrm{e}^{\mathrm{j}\omega t} \tag{2.3.45}$$

代入式(2.3.43)，可得

$$(k-\omega^2 m+\mathrm{j}c\omega)\overline{X}(\omega)=F(\omega) \tag{2.3.46}$$

其实式(2.3.46)也可以由对式(2.3.43)的两端取傅里叶变换得到。由上式得到

$$\overline{X}(\omega)=\frac{F(\omega)}{k-\omega^2 m+\mathrm{j}c\omega} \tag{2.3.47}$$

按频率响应函数定义，有

$$H(\omega)=\frac{\overline{X}(\omega)}{F(\omega)}=\frac{1}{k-\omega^2 m+\mathrm{j}\omega c} \tag{2.3.48}$$

可见，响应的复振幅与复力幅之间存在关系，有

$$\overline{X}(\omega)=H(\omega)F(\omega) \tag{2.3.49}$$

$\overline{X}(\omega)$ 就是时域响应 $x(t)$ 的傅里叶变换，即 $x(t)$ 与 $\overline{X}(\omega)$ 之间构成傅里叶变换对：

$$\left.\begin{aligned}\overline{X}(\omega)&=\int_{-\infty}^{+\infty}x(t)\mathrm{e}^{-\mathrm{j}\omega t}\mathrm{d}t\\ x(t)&=\frac{1}{2\pi}\int_{-\infty}^{+\infty}\overline{X}(\omega)\mathrm{e}^{\mathrm{j}\omega t}\mathrm{d}\omega\end{aligned}\right\} \tag{2.3.50}$$

当系统受到单位脉冲 $\delta(t)$ 作用时，由于 $f(t)=\delta(t)$ 的傅里叶变换 $F(\omega)=1$，所以有 $\overline{X}(\omega)=H(\omega)$，而单位脉冲作用下，系统的响应为 $h(t)$，则

$$h(t)=\frac{1}{2\pi}\int_{-\infty}^{+\infty}\overline{X}(\omega)\mathrm{e}^{\mathrm{j}\omega t}\mathrm{d}\omega=\frac{1}{2\pi}\int_{-\infty}^{+\infty}H(\omega)\mathrm{e}^{\mathrm{j}\omega t}\mathrm{d}\omega \tag{2.3.51}$$

因此，频响函数就是脉冲响应函数的傅里叶变换，即

$$H(\omega)=\int_{-\infty}^{+\infty}h(t)\mathrm{e}^{-\mathrm{j}\omega t}\mathrm{d}t \tag{2.3.52}$$

2.4　多自由度系统振动概述

2.4.1　基本概念

在前一节已经讲述了，振动系统的自由度数就是描述系统运动所必需的独立坐标数，如果一个振动系统的运动需要两个独立的坐标来描述，这个系统就是两自由度系统。具有两个及两个以上自由度的系统称为多自由度系统。在工程实际中，有许多系统可以简化为一个两自由度系统或多自由度系统来进行振动分析。在研究飞机着陆滑跑时[见图 2.4.1(a)]，若仅作初步分析，可将飞机简化为刚体并只考虑其垂向运动及俯仰运动的两自由度系统[见图 2.4.1(b)]；若初步分析需同时考虑起落架下部质量(即机轮)的运动，则可以简化为四自由度系统

[见图 2.4.1(c)];当然,在飞机着陆滑跑响应的详细分析过程中,应将飞机本身也进行有限元离散,进而获得充分考虑飞机弹性特性的多自由度系统。

两自由度系统是最简单的多自由度系统,但它具有多自由度系统的基本振动特征和性质,对它的分析几乎涉及多自由度系统振动分析的所有原理、概念和方法。前一节中介绍的对单自由度系统的振动分析理论又是两自由度系统振动分析的基础,许多在单自由度系统的振动分析中形成的概念、原理、方法和结论,稍加拓展都可以应用到多自由度系统的振动分析中。与单自由度系统相比,两自由度系统振动分析中新出现的一个最重要的概念是固有振型或固有模态。另外,线性系统的叠加原理仍然适用于多自由度系统。

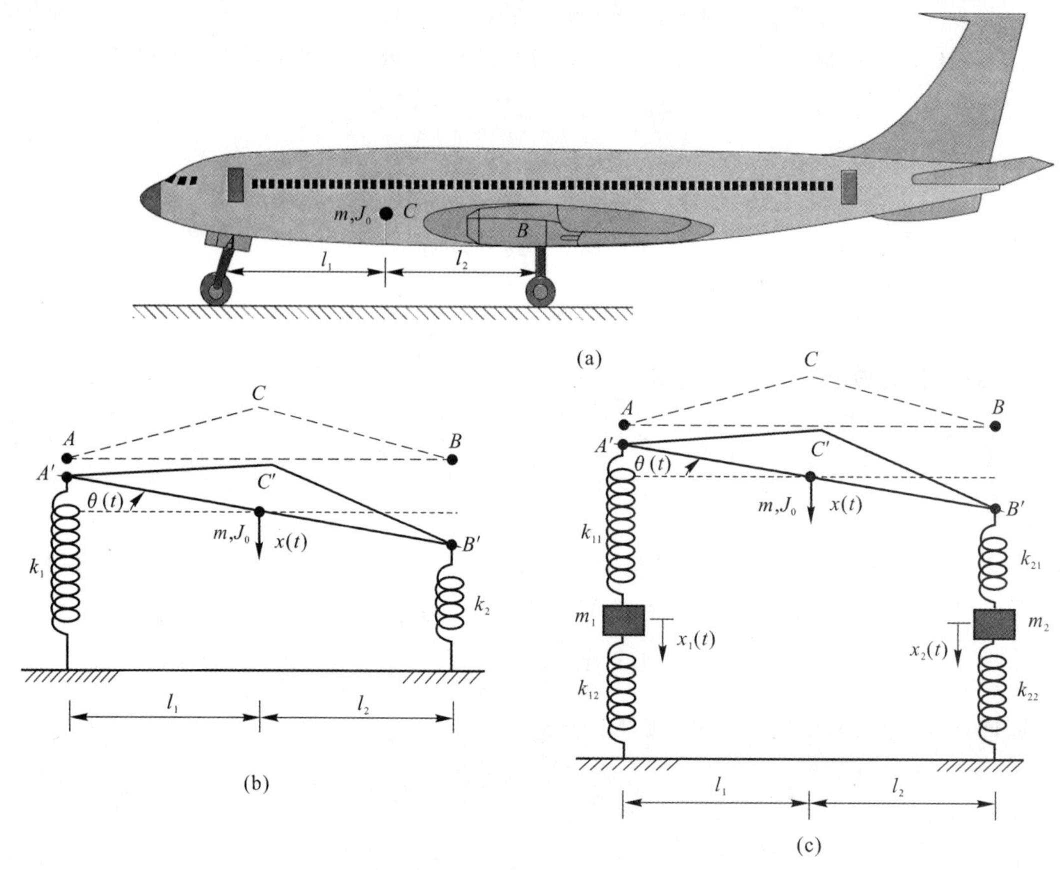

图 2.4.1　多自由度系统示例

(a)飞机着陆滑跑示意图;(b)两自由度简化模型;(c)四自由度简化模型

2.4.2　振动方程的建立

对多自由度系统,除了采用牛顿第二定律来建立振动方程外,通常还采用一个更普遍的方法——拉格朗日方程来建立其振动微分方程。

虽然在工程实际中,两自由度振动系统的具体形式以及相应的力学模型有许多种,但从振动理论的观点看,其振动运动方程都可以归结为一个一般的形式。特别是采用拉格朗日方程来建立两自由度系统的振动方程时,具有不必取分离体进行受力分析、格式统一和步骤分明等优点。在回顾理论力学课程中学过的拉格朗日方程前，首先需要再阐述一下广义坐标的概念。

如前所述，描述系统运动所需的独立坐标的个数(称为独立参数的个数)就是系统的自由度数，而这些用来描述系统运动形态的独立参数也称为广义坐标。必须强调的是，广义坐标的选取不是唯一的，可以选取不同的广义坐标来描述同一个系统的振动运动，并且给出不同的振动方程，但得到的系统的固有振动频率是唯一的。而且，广义坐标可以是能够度量的物理坐标，也可以是不具有明显物理意义的广义参数。

现在来回顾一下在理论力学中已经学习过的拉格朗日方程，其一般形式可表示为

$$\frac{\mathrm{d}}{\mathrm{d}t}\left(\frac{\partial T}{\partial \dot{q}_i}\right)-\frac{\partial T}{\partial q_i}+\frac{\partial D}{\partial \dot{q}_i}+\frac{\partial U}{\partial q_i}=Q_i \tag{2.4.1}$$

式中，T 为系统的动能，其一般形式为

$$T=\frac{1}{2}\sum_{i=1}^{n}\sum_{j=1}^{n} m_{ij}\dot{q}_i\dot{q}_j \tag{2.4.2}$$

U 为系统的势能，其一般形式为

$$U=\frac{1}{2}\sum_{i=1}^{n}\sum_{j=1}^{n} k_{ij}\, q_i\, q_j \tag{2.4.3}$$

D 为系统的耗散函数，其一般形式为

$$D=\frac{1}{2}\sum_{i=1}^{n}\sum_{j=1}^{n} c_{ij}\dot{q}_i\dot{q}_j \tag{2.4.4}$$

Q_i 为沿第 i 个广义坐标方向上作用的广义力。

下面首先以图 2.4.2 所示的有阻尼两自由度系统为例，介绍如何建立两自由度系统的振动方程。

1. 采用拉格朗日方程建立振动方程

系统的动能为

$$T=\frac{1}{2}m_1\dot{x}_1^2+\frac{1}{2}m_2\dot{x}_2^2 \tag{2.4.5}$$

系统的势能为

$$U=\frac{1}{2}k_1x_1^2+\frac{1}{2}k_2(x_1-x_2)^2+\frac{1}{2}k_3x_2^2 \tag{2.4.6}$$

系统的耗散函数为

$$D=\frac{1}{2}c_1\dot{x}_1^2+\frac{1}{2}c_2(\dot{x}_1-\dot{x}_2)^2+\frac{1}{2}c_3\dot{x}_2^2 \tag{2.4.7}$$

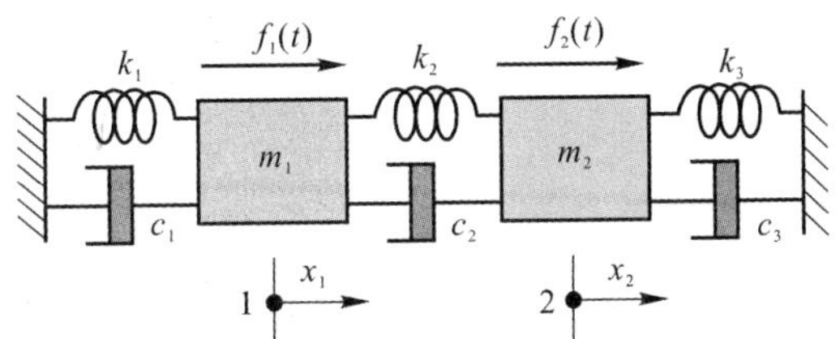

图 2.4.2　有阻尼两自由度振动系统

当系统中两个质量块分别有虚位移 δx_1 和 δx_2 时,外力做的虚功为 $\delta W = f_1(t)\delta x_1 + f_2(t)\delta x_2$,从而系统的两个广义坐标对应的广义力为

$$Q_1 = f_1(t), \quad Q_2 = f_2(t) \tag{2.4.8}$$

将式(2.4.5)～式(2.4.8)代入式(2.4.1),可得

$$\left.\begin{aligned} m_1\ddot{x}_1 + (c_1 + c_2)\dot{x}_1 - c_2\dot{x}_2 + (k_1 + k_2)x_1 - k_2x_2 = f_1(t) \\ m_2\ddot{x}_2 + (c_2 + c_3)\dot{x}_2 - c_2\dot{x}_1 + (k_2 + k_3)x_2 - k_2x_1 = f_2(t) \end{aligned}\right\} \tag{2.4.9}$$

写成矩阵形式:

$$\begin{bmatrix} m_1 & 0 \\ 0 & m_2 \end{bmatrix}\begin{Bmatrix} \ddot{x}_1 \\ \ddot{x}_2 \end{Bmatrix} + \begin{bmatrix} c_1 + c_2 & -c_2 \\ -c_2 & c_2 + c_3 \end{bmatrix}\begin{Bmatrix} \dot{x}_1 \\ \dot{x}_2 \end{Bmatrix} + \begin{bmatrix} k_1 + k_2 & -k_2 \\ -k_2 & k_2 + k_3 \end{bmatrix}\begin{Bmatrix} x_1 \\ x_2 \end{Bmatrix} = \begin{Bmatrix} f_1(t) \\ f_2(t) \end{Bmatrix} \tag{2.4.10}$$

或简写为

$$[M]\{\ddot{x}\} + [C]\{\dot{x}\} + [K]\{x\} = \{F\} \tag{2.4.11}$$

式中,$[M] = \begin{bmatrix} m_1 & 0 \\ 0 & m_2 \end{bmatrix}$ 称为质量矩阵;$[K] = \begin{bmatrix} k_1 + k_2 & -k_2 \\ -k_2 & k_2 + k_3 \end{bmatrix}$ 称为刚度矩阵;$[C] = \begin{bmatrix} c_1 + c_2 & -c_2 \\ -c_2 & c_2 + c_3 \end{bmatrix}$ 称为阻尼矩阵;$\{x\} = \begin{Bmatrix} x_1 \\ x_2 \end{Bmatrix}$ 称为位移向量;$\{F\} = \begin{Bmatrix} f_1 \\ f_2 \end{Bmatrix}$ 称为外力向量。$[M]$,$[K]$,$[C]$ 都是对称矩阵,且 $[M]$ 为正定的,$[K]$ 为非负定的。式(2.4.11)实际上就是两自由度系统振动方程的一般形式。

2. 采用牛顿第二定律建立振动方程

取质量块 m_1 和 m_2 的分离体,分析作用于质量 m_1 和 m_2 上的力,如图 2.4.3 所示,根据牛顿第二定律,可得

$$\left.\begin{aligned} f_1(t) - k_1x_1 - k_2(x_1 - x_2) - c_1\dot{x}_1 - c_2(\dot{x}_1 - \dot{x}_2) = m_1\ddot{x}_1 \\ f_2(t) - k_3x_2 - k_2(x_2 - x_1) - c_3\dot{x}_2 - c_2(\dot{x}_2 - \dot{x}_1) = m_2\ddot{x}_2 \end{aligned}\right\} \tag{2.4.12}$$

将其写成矩阵形式,同样得到式(2.4.10)。

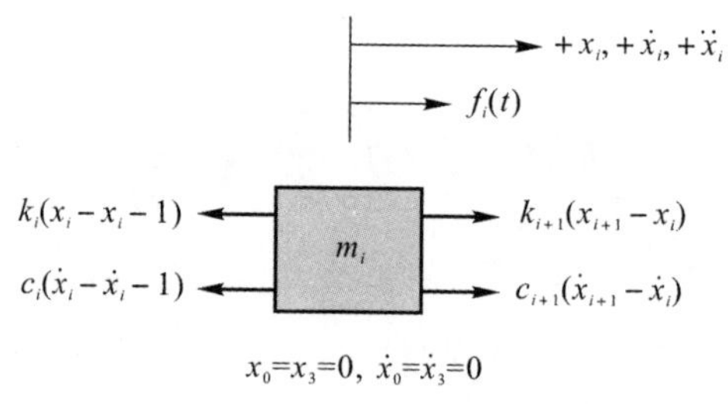

图 2.4.3 质量块 m_i 的受力分析

本例的主要目的,是说明如何用上述两种方法建立振动方程,对这种质量—弹簧振动系统,尚看不出使用拉格朗日方程的优点。而对于无法取分离体的系统,使用牛顿第二定律来建立振动方程就非常困难,但使用拉格朗日方程就很方便。我们来看下面的例子。

一个二元机翼,只能在其平面内做刚体运动,即上下平移运动和绕刚心 O 的俯仰运动,机翼质量为 m,绕质心的转动惯量为 J_0,质心到刚心的距离为 e,如图 2.4.4 所示。采用拉格朗日方程来建立其自由振动方程。

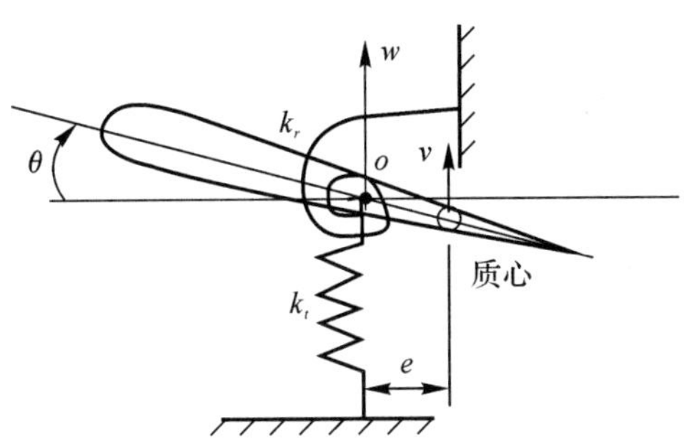

图 2.4.4　二元机翼振动系统

对这样一个两自由度系统，由一个上下平动（刚心的平移位移 w 或质心的平移位移 v），一个转动自由度（绕刚心的转角 θ）。需要注意的是，不管是对于沉浮平动还是俯仰转动，机翼重力或重力产生的力矩均为常数，若以其静平衡位置为坐标原点，则在方程建立过程中不必考虑重力。

方法一：取俯仰角 θ，刚心上下平移位移 w 为广义坐标。

易知，$v = w - e\theta$，则 $\dot{v} = \dot{w} - e\theta$ 。则机翼的动能和势能分别为

$$T = \frac{1}{2}m(\dot{w} - e\dot{\theta})^2 + \frac{1}{2}J_0\dot{\theta}^2 \tag{2.4.13a}$$

$$U = \frac{1}{2}k_t w^2 + \frac{1}{2}k_r\theta^2 \tag{2.4.13b}$$

系统无阻尼，也不受外激励力作用。将 T,U 表达式代入拉格朗日方程，可以得到振动微分方程为

$$\begin{bmatrix} m & -me \\ -me & J_0 + me^2 \end{bmatrix}\begin{Bmatrix} \ddot{w} \\ \ddot{\theta} \end{Bmatrix} + \begin{bmatrix} k_t & 0 \\ 0 & k_r \end{bmatrix}\begin{Bmatrix} w \\ \theta \end{Bmatrix} = \begin{Bmatrix} 0 \\ 0 \end{Bmatrix} \tag{2.4.14}$$

可以看到，在这样的广义坐标下，质量矩阵不是对角阵，我们称这样的振动方程是惯性（质量）耦合的。

方法二：取俯仰角 θ，质心上下平移位移 v 为广义坐标。

易知，$w = v + e\theta$，则机翼的动能和势能分别为

$$T = \frac{1}{2}m\dot{v}^2 + \frac{1}{2}J_0\dot{\theta}^2 \tag{2.4.15a}$$

$$U = \frac{1}{2}k_t(v + e\theta)^2 + \frac{1}{2}k_r\theta^2 \tag{2.4.15b}$$

同理，将 T,U 表达式代入拉格朗日方程，可以得到振动微分方程为

$$\begin{bmatrix} m & 0 \\ 0 & J_0 \end{bmatrix}\begin{Bmatrix} \ddot{v} \\ \ddot{\theta} \end{Bmatrix} + \begin{bmatrix} k_t & k_t e \\ k_t e & k_r + k_t e^2 \end{bmatrix}\begin{Bmatrix} v \\ \theta \end{Bmatrix} = \begin{Bmatrix} 0 \\ 0 \end{Bmatrix} \tag{2.4.16}$$

可以看到，在这样一组广义坐标下，刚度矩阵不是对角阵，我们称这种情况下的振动方程是弹性（刚度）耦合的。惯性耦合与弹性耦合都属于坐标耦合，而坐标耦合与广义坐标的选取有关。

2.5 无阻尼两自由度系统的振动

2.5.1 自由振动

对于无阻尼两自由度系统的自由振动问题，只须在式(2.4.11)中去掉阻尼项和外激励项，即可得到两自由度系统的无阻尼自由振动方程：

$$[M]\{\ddot{x}\}+[K]\{x\}=\{0\} \tag{2.5.1}$$

引起系统自由振动响应的初始条件为

$$\{x(0)\}=\{x_0\}=\begin{Bmatrix}x_{10}\\x_{20}\end{Bmatrix},\quad \{\dot{x}(0)\}=\{\dot{x}_0\}=\begin{Bmatrix}\dot{x}_{10}\\\dot{x}_{20}\end{Bmatrix} \tag{2.5.2}$$

根据矩阵微分方程理论可知，式(2.5.1)具有如下形式的解

$$\{x\}=\{X\}\sin(\omega t+\varphi)=\begin{Bmatrix}X_1\\X_2\end{Bmatrix}\sin(\omega t+\varphi) \tag{2.5.3}$$

式中，ω 为振动的圆频率；$\{X\}$ 为振幅列阵；φ 为初相位，它们都是待定参数。即系统在受到初始条件作用后，与单自由度系统一样会发生自由振动，且两个自由度的响应 $x_1(t)$，$x_2(t)$ 具有相同的随时间简谐变化的规律。

将式(2.5.3)代入式(2.5.1)，得到

$$([K]-\omega^2[M])\{X\}=\{0\} \tag{2.5.4}$$

式(2.5.4)是一个关于振幅 X_1，X_2 的齐次代数方程，其有非零解的条件是

$$|[K]-\omega^2[M]|=0 \tag{2.5.5}$$

式(2.5.5)称为系统的特征方程，由它可以解出两个正实数解，按由小到大的次序，记为 ω_1，ω_2，分别称作系统的第一阶固有频率和第二阶固有频率。将解得的各个固有频率 $\omega_i(i=1,2)$ 逐一代入式(2.5.4)，得到下列矩阵代数方程：

$$([K]-\omega_i^2[M])\{X\}_i=\{0\}\ (i=1,2) \tag{2.5.6}$$

由式(2.5.6)可以解出 $\{X\}$ 的两组非零解 $\{X\}_1$，$\{X\}_2$。每一组非零解中，两个分量只相差一个任意常数因子，即系统以固有频率作自由振动时，两个自由度 $x_1(t)$，$x_2(t)$ 的响应振幅的比值是固定的。我们将两自由度系统(也可以推广到更多自由度的系统)这种比值固定的位移振幅分量所构成的振动型态称为固有振动型态，简称固有振型(或模态振型)，$\{X\}_i$ 称为系统相应于 ω_i 的固有振型 $(i=1,2)$，且 $\{X\}_1$，$\{X\}_2$ 分别叫作第一阶固有振型和第二阶固有振型。由于 $\{X\}_1$，$\{X\}_2$ 在数学意义上是通过求解特征方程得到的矢量，所以它们在数学上也叫特征矢量。一般地讲，具有 n 个自由度的系统具有 n 个固有频率和 n 个与之相应的固有振型。如果记 $\{X\}_i$ 的两个分量的比值为 r_i，任意非零常数为 A_i，则固有振型 $\{X\}_i$ 可以写成

$$\{X\}_i=A_i\begin{Bmatrix}1\\r_i\end{Bmatrix}=A_i\{\varphi\}_i\quad(i=1,2) \tag{2.5.7}$$

式(2.5.7)中将某一个振型分量置为1的固有振型 $\{\varphi\}_i$，又被称为规范化固有振型。需要注意的是，固有振型还有其他规范化方法，例如最大值置1法、模态质量置1法，感兴趣的读者可以参阅其他振动相关书籍。

由固有频率和固有振型表示的运动：

$$\{x\}_i=\begin{Bmatrix}x_1(t)\\x_2(t)\end{Bmatrix}_i=\{X\}_i\sin(\omega_{ni}t+\varphi_i)=A_i\begin{Bmatrix}1\\r_i\end{Bmatrix}\sin(\omega_{ni}t+\varphi_i)\quad(i=1,2)\tag{2.5.8}$$

称为系统的主振动，又称为固有振动。可见，无阻尼两自由度系统发生自由振动时，其主振动都是简谐振动。每个主振动都有一个对应的固有频率。

两自由度系统的自由振动响应可用其两个主振动叠加而成：

$$\begin{aligned}\{x(t)\}&=\begin{Bmatrix}x_1(t)\\x_2(t)\end{Bmatrix}=\begin{Bmatrix}x_1(t)\\x_2(t)\end{Bmatrix}_1+\begin{Bmatrix}x_1(t)\\x_2(t)\end{Bmatrix}_2\\&=A_1\begin{Bmatrix}1\\r_1\end{Bmatrix}\sin(\omega_{n1}t+\varphi_1)+A_2\begin{Bmatrix}1\\r_2\end{Bmatrix}\sin(\omega_{n2}t+\varphi_2)\end{aligned}\tag{2.5.9}$$

四个待定常数 $A_1,A_2,\varphi_1,\varphi_2$ 由初始条件式(2.5.2)确定。

将初始条件式(2.5.2)代入式(2.5.9)可以解得

$$A_1=\frac{1}{r_2-r_1}\sqrt{(r_2x_{10}-x_{20})^2+\frac{(r_2\dot{x}_{10}-\dot{x}_{20})^2}{\omega_{n1}^2}}\tag{2.5.10a}$$

$$A_2=\frac{1}{r_2-r_1}\sqrt{(-r_1x_{10}+x_{20})^2+\frac{(-r_1\dot{x}_{10}+\dot{x}_{20})^2}{\omega_{n2}^2}}\tag{2.5.10b}$$

$$\varphi_1=\arctan\frac{\omega_{n1}(r_2x_{10}-x_{20})}{r_2\dot{x}_{10}-\dot{x}_{20}}\tag{2.5.10c}$$

$$\varphi_2=\arctan\frac{\omega_{n2}(r_1x_{10}-x_{20})}{r_1\dot{x}_{10}-\dot{x}_{20}}\tag{2.5.10d}$$

其中，$\varphi_1,\varphi_1\in[0,2\pi)$。

现在仍以图 2.4.2 所示的系统（去掉阻尼项和外激励项）为例，来具体求解两自由度系统的自由振动问题。其无阻尼自由振动方程为

$$\begin{bmatrix}m_1&0\\0&m_2\end{bmatrix}\begin{Bmatrix}\ddot{x}_1\\\ddot{x}_2\end{Bmatrix}+\begin{bmatrix}k_1+k_2&-k_2\\-k_2&k_2+k_3\end{bmatrix}\begin{Bmatrix}x_1\\x_2\end{Bmatrix}=\begin{Bmatrix}0\\0\end{Bmatrix}\tag{2.5.11}$$

设 $m_1=m$，$m_2=2m$，$k_1=k_2=k$，$k_3=2k$，则系统的质量矩阵和刚度矩阵为

$$[M]=m\begin{bmatrix}1&0\\0&2\end{bmatrix},\quad[K]=k\begin{bmatrix}2&-1\\-1&3\end{bmatrix}$$

代入式(2.5.5)，展开得到特征方程，有

$$2m\omega^4-7mk\omega^2+5k^2=0$$

从而解得系统的两个固有频率为

$$\omega_{n1}=\sqrt{k/m}\,\text{rad/s},\quad\omega_{n2}=\sqrt{5k/2m}\,\text{rad/s}$$

分别将两个固有频率代入式(2.5.6)，可解得

$$r_1=-\frac{2k-(k/m)m}{-k}=1$$

$$r_2=-\frac{2k-(5k/2m)m}{-k}=-0.5$$

固有振型向量为

$$\{\varphi\}_1=\begin{Bmatrix}1\\1\end{Bmatrix},\quad\{\varphi\}_2=\begin{Bmatrix}1\\-0.5\end{Bmatrix}$$

为了更直观理解固有振型的物理意义，将 $\{\varphi\}_1$，$\{\varphi\}_2$ 用图形表示成图 2.5.1 所示。

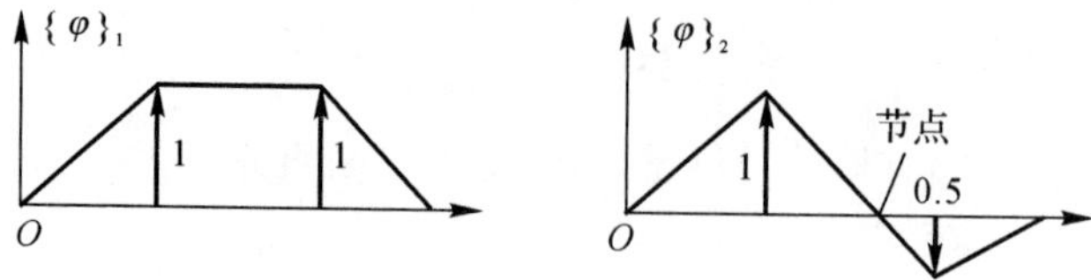

图 2.5.1　固有振型示意图

从第二阶固有振型图象中，可以看到系统以第二阶固有频率作固有振动时，系统中有一个始终不动的点，这个点叫作振型节点(简称节点)。

假定系统的初始条件为 $x_{10}=1, x_{20}=r_1, \dot{x}_{10}=0, \dot{x}_{20}=0$，由式(2.5.10)得到：$A_1=1$，$A_2=0, \varphi_1=\pi/2$。系统的自由振动响应为

$$x_1(t)=\sin\left(\omega_{n1}t+\frac{\pi}{2}\right)=\cos(\sqrt{k/m}t)$$

$$x_2(t)=r_1\sin\left(\omega_{n1}t+\frac{\pi}{2}\right)=r_1\cos(\sqrt{k/m}t)$$

这个结果也说明了自由振动的一个特性，即如果初始位移就是第一阶固有振型的形式，则系统将只产生对应于第一阶固有振型的自由振动。同样，当初始位移为第二阶固有振型时，系统也将只产生对应于第二阶固有振型的自由振动。

2.5.2　强迫振动

两自由度系统的无阻尼强迫振动运动方程的一般形式为

$$\begin{Bmatrix} m_{11} & m_{12} \\ m_{21} & m_{22} \end{Bmatrix}\begin{Bmatrix} \ddot{x}_1 \\ \ddot{x}_2 \end{Bmatrix}+\begin{Bmatrix} k_{11} & k_{12} \\ k_{21} & k_{22} \end{Bmatrix}\begin{Bmatrix} x_1 \\ x_2 \end{Bmatrix}=\begin{Bmatrix} f_1(t) \\ f_2(t) \end{Bmatrix} \tag{2.5.12}$$

在这里只讨论最简单的情况，即只在 m_1 上作用有一个简谐激励力 $f_1(t)=F_1\sin\omega t$。对于两个质量块上同时作用有激励力的情况，可以利用叠加原理，分别求出在单个质量块上作用有激励力的响应，然后相加即得到总的响应。显然，这种叠加原理也适用于分析受周期激励的情况。表面上看，这里分析的是最简单的情况，其实也是分析一般多自由度系统强迫振动响应的基础。

将强迫振动方程写成简洁的形式：

$$[M]\{\ddot{x}\}+[K]\{x\}=\{F\}\sin\omega t \tag{2.5.13a}$$

采用复指数方法来求解上方程，即用 $\{F\}e^{j\omega t}$ 代替 $\{F\}\sin\omega t$：

$$[M]\{\ddot{x}\}+[K]\{x\}=\{F\}e^{j\omega t} \tag{2.5.13b}$$

并取解得的复响应的虚部作为所求的响应。

令方程的解为

$$\{x(t)\}=\{\bar{X}\}e^{j\omega t} \tag{2.5.14}$$

$\{\bar{X}\}=\begin{Bmatrix} \bar{X}_1 \\ \bar{X}_2 \end{Bmatrix}$ 为响应的复振幅。将式(2.5.14)代入式(2.5.13b)，得

$$([K]-\omega^2[M])\{\bar{X}\}=\{F\} \tag{2.5.15}$$

记

$$[Z(\omega)] = [K] - \omega^2 [M] = \begin{bmatrix} k_{11} - \omega^2 m_{11} & k_{12} - \omega^2 m_{12} \\ k_{21} - \omega^2 m_{21} & k_{22} - \omega^2 m_{22} \end{bmatrix} \tag{2.5.16}$$

式(2.5.15)写成

$$[Z(\omega)]\{\bar{X}\} = \{F\} \tag{2.5.17}$$

式中，$[Z(\omega)]$ 称为机械阻抗矩阵。由于它具有刚度的量纲，且式(2.5.17)形式上与静力平衡方程相似，所以 $[Z(\omega)]$ 又称为动刚度。

由式(2.5.15)，解得

$$\{\bar{X}\} = [Z(\omega)]^{-1}\{F\} = [H(\omega)]\{F\} \tag{2.5.18}$$

式中，$[H(\omega)] = [Z(\omega)]^{-1}$ 叫作机械导纳矩阵或动柔度矩阵，也叫频率响应函数矩阵。注意到机械阻抗矩阵 $[Z(\omega)]$ 的每一个元素为

$$Z_{ij}(\omega) = k_{ij} - \omega^2 m_{ij} \quad (i,j = 1,2) \tag{2.5.19}$$

外激励频率给定后，就可以求出 $[Z(\omega)]$ 和 $[H(\omega)]$，进而求出响应的复振幅。对本例由于 $\{F\} = \{F_1, 0\}^{\mathrm{T}}$ ：

$$\bar{X}_1 = \bar{X}_1(\omega) = \frac{Z_{22}(\omega)F_1}{Z_{11}(\omega)Z_{22}(\omega) - Z_{12}(\omega)Z_{21}(\omega)} = H_{11}(\omega)F_1 = X_1(\omega)\,\mathrm{e}^{-\mathrm{j}\varphi_1} \tag{2.5.20a}$$

$$\bar{X}_2 = \bar{X}_2(\omega) = \frac{-Z_{21}(\omega)F_1}{Z_{11}(\omega)Z_{22}(\omega) - Z_{12}(\omega)Z_{21}(\omega)} = H_{21}(\omega)F_1 = X_2(\omega)\,\mathrm{e}^{-\mathrm{j}\varphi_2} \tag{2.5.20b}$$

$H_{ij}(\omega)$ 为频响函数矩阵第 i 行第 j 列的元素，其意义为仅在第 j 个自由度上作用简谐激励力时第 i 个自由度的复响应。$\bar{X}_1(\omega)$，$\bar{X}_2(\omega)$ 决定于激励力的特性和系统的物理参数。$X_1(\omega)$，$X_2(\omega)$ 是稳态响应的振幅，φ_1，φ_2 分别是稳态响应 $x_1(t)$，$x_2(t)$ 滞后于激励力的相角，且

$$X_1(\omega) = |\bar{X}_1(\omega)|, \quad X_2(\omega) = |\bar{X}_2(\omega)|$$

$$\varphi_1(\omega) = -\arg \bar{X}_1(\omega), \quad \varphi_2(\omega) = -\arg \bar{X}_2(\omega) \tag{2.5.21}$$

其中，$\arg(\bar{X})$表示复数 $\bar{X}$ 的相角，取值为$(-2\pi, 0]$。式(2.5.13b)的解为

$$\{x(t)\} = \{\bar{X}\}\mathrm{e}^{\mathrm{j}\omega t} = \begin{Bmatrix} X_1\,\mathrm{e}^{\mathrm{j}(\omega t - \varphi_1)} \\ X_2\,\mathrm{e}^{\mathrm{j}(\omega t - \varphi_2)} \end{Bmatrix} \tag{2.5.22}$$

从而系统的稳态响应为

$$\{x(t)\} = \begin{Bmatrix} X_1 \sin(\omega t - \varphi_1) \\ X_2 \sin(\omega t - \varphi_2) \end{Bmatrix} \tag{2.5.23}$$

对于无阻尼二自由度系统，响应相对于激励力的相位角滞后或为 0 或 π。我们也可以画出 $\bar{X}_1(\omega)$，$\bar{X}_2(\omega)$ 随激励频率变化的曲线，称为系统的频率响应曲线。

对于图 2.4.2 所示的例子，采用前面求解自由振动响应例子的参数，当只在 m_1 上作用激励力 $f_1(t) = F_1 \sin\omega t$ 时，有

$$\bar{X}_1(\omega) = \frac{(3k - 2\omega^2 m)F_1}{2m^2\omega^4 - 7mk\omega^2 + 5k^2} \tag{2.5.24a}$$

$$\bar{X}_2(\omega) = \frac{kF_1}{2m^2\omega^4 - 7mk\omega^2 + 5k^2} \tag{2.5.24b}$$

显然，令式(2.5.24a)、式(2.5.24b)的分母等于零就得到系统的特征方程，并可求解得到系统的两个固有频率 ω_{n1}，ω_{n2}，从而

$$\bar{X}_1(\omega) = \frac{2F_1}{5k} \frac{\left(\frac{3}{2} - \frac{\omega}{\omega_{n1}{}^2}\right)}{[1 - (\omega/\omega_{n1})^2][1 - (\omega/\omega_{n2})^2]} \tag{2.5.25a}$$

$$\overline{X}_2(\omega) = \frac{F_1}{5k}\frac{1}{[1-(\omega/\omega_{n1})^2][1-(\omega/\omega_{n2})^2]} \tag{2.5.25b}$$

2.6 有阻尼两自由度系统的振动

2.6.1 自由振动

有阻尼两自由度系统自由振动方程的一般形式为

$$\begin{bmatrix} m_{11} & m_{12} \\ m_{21} & m_{22} \end{bmatrix}\begin{Bmatrix} \ddot{x}_1 \\ \ddot{x}_2 \end{Bmatrix}+\begin{bmatrix} c_{11} & c_{12} \\ c_{21} & c_{22} \end{bmatrix}\begin{Bmatrix} \dot{x}_1 \\ \dot{x}_2 \end{Bmatrix}+\begin{bmatrix} k_{11} & k_{12} \\ k_{21} & k_{22} \end{bmatrix}\begin{Bmatrix} x_1 \\ x_2 \end{Bmatrix}=\begin{Bmatrix} 0 \\ 0 \end{Bmatrix} \tag{2.6.1}$$

简写为

$$[M]\{\ddot{x}\}+[C]\{\dot{x}\}+[K]\{x\}=\{0\} \tag{2.6.2}$$

设方程的解为

$$\{x(t)\}=\begin{Bmatrix} B_1 \\ B_2 \end{Bmatrix}e^{\lambda t} \tag{2.6.3}$$

代入式(2.6.2)可得

$$(\lambda^2[M]+\lambda[C]+[K])\{B\}e^{\lambda t}=\{0\} \tag{2.6.4}$$

因 $e^{\lambda t}\neq 0$，故有

$$\left(\lambda^2\begin{bmatrix} m_{11} & m_{12} \\ m_{21} & m_{22} \end{bmatrix}+\lambda\begin{bmatrix} c_{11} & c_{12} \\ c_{21} & c_{22} \end{bmatrix}+\begin{bmatrix} k_{11} & k_{12} \\ k_{21} & k_{22} \end{bmatrix}\right)\begin{Bmatrix} B_1 \\ B_2 \end{Bmatrix}=\begin{Bmatrix} 0 \\ 0 \end{Bmatrix} \tag{2.6.5}$$

这是一个关于 B_1,B_2 的齐次代数方程，由其有非零解的条件，得到系统的特征方程即频率方程为

$$\begin{vmatrix} m_{11}\lambda^2+c_{11}\lambda+k_{11} & m_{12}\lambda^2+c_{12}\lambda+k_{12} \\ m_{21}\lambda^2+c_{21}\lambda+k_{21} & m_{22}\lambda^2+c_{22}\lambda+k_{22} \end{vmatrix}=0 \tag{2.6.6}$$

解式(2.6.6)，可得到系统的四个特征值 $\lambda_1,\lambda_2,\lambda_3,\lambda_4$，将 $\lambda_i(i=1,2,3,4)$ 代入式(2.6.5)可得

$$\frac{B_{2i}}{B_{1i}}=-\frac{m_{11}\lambda_i^2+c_{11}\lambda_i+k_{11}}{m_{12}\lambda_i^2+c_{12}\lambda_i+k_{12}}=r_i \quad (i=1,2,3,4) \tag{2.6.7}$$

从而(2.6.2)的通解为

$$\begin{aligned}\{x(t)\}=\begin{Bmatrix} x_1(t) \\ x_2(t) \end{Bmatrix}&=\begin{Bmatrix} B_{11} \\ B_{21} \end{Bmatrix}e^{\lambda_1 t}+\begin{Bmatrix} B_{12} \\ B_{22} \end{Bmatrix}e^{\lambda_2 t}+\begin{Bmatrix} B_{13} \\ B_{23} \end{Bmatrix}e^{\lambda_3 t}+\begin{Bmatrix} B_{14} \\ B_{24} \end{Bmatrix}e^{\lambda_4 t} \\ &=B_{11}\begin{Bmatrix} 1 \\ r_1 \end{Bmatrix}e^{\lambda_1 t}+B_{12}\begin{Bmatrix} 1 \\ r_2 \end{Bmatrix}e^{\lambda_2 t}+B_{13}\begin{Bmatrix} 1 \\ r_3 \end{Bmatrix}e^{\lambda_3 t}+B_{14}\begin{Bmatrix} 1 \\ r_4 \end{Bmatrix}e^{\lambda_4 t}\end{aligned} \tag{2.6.8}$$

对于亚临界阻尼情况，系统的 4 个特征值为两对具有负实部的共轭复根：

$$\begin{aligned}\lambda_1&=-\sigma_{n1}+j\,\omega_{d1} \\ \lambda_2&=-\sigma_{n1}-j\,\omega_{d1} \\ \lambda_3&=-\sigma_{n2}+j\,\omega_{d2} \\ \lambda_4&=-\sigma_{n2}-j\,\omega_{d2}\end{aligned} \tag{2.6.9}$$

此时系统的响应为

$$\{x(t)\}=\begin{Bmatrix}x_1(t)\\x_2(t)\end{Bmatrix}=e^{-\sigma_{n1}t}\left[\left(B_{11}\begin{Bmatrix}1\\r_1\end{Bmatrix}+B_{12}\begin{Bmatrix}1\\r_2\end{Bmatrix}\right)\cos\omega_{d1}t+j\left(B_{11}\begin{Bmatrix}1\\r_1\end{Bmatrix}-B_{12}\begin{Bmatrix}1\\r_2\end{Bmatrix}\right)\sin\omega_{d1}t\right]$$

$$+e^{-\sigma_{n2}t}\left[\left(B_{13}\begin{Bmatrix}1\\r_3\end{Bmatrix}+B_{14}\begin{Bmatrix}1\\r_4\end{Bmatrix}\right)\cos\omega_{d2}t+j\left(B_{13}\begin{Bmatrix}1\\r_3\end{Bmatrix}-B_{14}\begin{Bmatrix}1\\r_4\end{Bmatrix}\right)\sin\omega_{d2}t\right] \quad (2.6.10)$$

这时，B_{11} 和 B_{12} ，B_{13} 和 B_{14} ，r_1 和 r_2 ，r_3 和 r_4 分别为共轭复数对，以保证上式的正弦和余弦项前的系数为实数。待定常数 B_{11} 和 B_{12} ，B_{13} 和 B_{14} 由初始条件：

$$\begin{Bmatrix}x_1(0)\\x_2(0)\end{Bmatrix}=\begin{Bmatrix}x_{10}\\x_{20}\end{Bmatrix},\quad \begin{Bmatrix}\dot{x}_1(0)\\\dot{x}_2(0)\end{Bmatrix}=\begin{Bmatrix}\dot{x}_{10}\\\dot{x}_{20}\end{Bmatrix} \quad (2.6.11)$$

来确定。

2.6.2 强迫振动

有阻尼两自由度系统强迫振动方程的一般形式为

$$\begin{bmatrix}m_{11}&m_{12}\\m_{21}&m_{22}\end{bmatrix}\begin{Bmatrix}\ddot{x}_1\\\ddot{x}_2\end{Bmatrix}+\begin{bmatrix}c_{11}&c_{12}\\c_{21}&c_{22}\end{bmatrix}\begin{Bmatrix}\dot{x}_1\\\dot{x}_2\end{Bmatrix}+\begin{bmatrix}k_{11}&k_{12}\\k_{21}&k_{22}\end{bmatrix}\begin{Bmatrix}x_1\\x_2\end{Bmatrix}=\begin{Bmatrix}f_1(t)\\f_2(t)\end{Bmatrix} \quad (2.6.12)$$

简写为

$$[M]\{\ddot{x}\}+[C]\{\dot{x}\}+[K]\{x\}=\{f(t)\} \quad (2.6.13)$$

与无阻尼情形一样，仍然考虑只在自由度 x_1 上作用有简谐激励力的情况：

$$\begin{bmatrix}m_{11}&m_{12}\\m_{21}&m_{22}\end{bmatrix}\begin{Bmatrix}\ddot{x}_1\\\ddot{x}_2\end{Bmatrix}+\begin{bmatrix}c_{11}&c_{12}\\c_{21}&c_{22}\end{bmatrix}\begin{Bmatrix}\dot{x}_1\\\dot{x}_2\end{Bmatrix}+\begin{bmatrix}k_{11}&k_{12}\\k_{21}&k_{22}\end{bmatrix}\begin{Bmatrix}x_1\\x_2\end{Bmatrix}=\begin{Bmatrix}F_1\\0\end{Bmatrix}\sin\omega t \quad (2.6.14)$$

采用复指数解法，令方程的解为

$$x_1(t)=\overline{X}_1 e^{j\omega t},\quad x_2(t)=\overline{X}_2 e^{j\omega t} \quad (2.6.15)$$

代入式(2.6.12)可得

$$\begin{bmatrix}k_{11}-\omega^2 m_{11}+j\omega c_{11}&k_{12}-\omega^2 m_{12}+j\omega c_{12}\\k_{21}-\omega^2 m_{21}+j\omega c_{21}&k_{22}-\omega^2 m_{22}+j\omega c_{22}\end{bmatrix}\begin{Bmatrix}\overline{X}_1\\\overline{X}_2\end{Bmatrix}=\begin{Bmatrix}F_1\\0\end{Bmatrix} \quad (2.6.16a)$$

或写成

$$\begin{bmatrix}Z_{11}(\omega)&Z_{12}(\omega)\\Z_{21}(\omega)&Z_{22}(\omega)\end{bmatrix}\begin{Bmatrix}\overline{X}_1\\\overline{X}_2\end{Bmatrix}=\begin{Bmatrix}F_1\\0\end{Bmatrix} \quad (2.6.16b)$$

简写成

$$[Z(\omega)]\{\overline{X}\}=\{F\} \quad (2.6.16c)$$

机械阻抗矩阵 $[Z(\omega)]$ 的元素为 $Z_{ij}(\omega)=k_{ij}-\omega^2 m_{ij}+j\omega c_{ij}$（$i,j=1,2$）。由此得到系统响应的复振幅为

$$\overline{X}_1(\omega)=\frac{k_{22}-\omega^2 m_{22}+j\omega c_{22}}{|[Z(\omega)]|}F_1=X_1 e^{-j\varphi_1} \quad (2.6.17a)$$

$$\overline{X}_2(\omega)=\frac{-(k_{21}-\omega^2 m_{21}+j\omega c_{21})}{|[Z(\omega)]|}F_1=X_2 e^{-j\varphi_2} \quad (2.6.17b)$$

式(2.6.17a)、式(2.6.17b)给出了系统稳态响应幅值 X_1 ，X_2 以及响应滞后于激励力的相位角 φ_1，φ_2，其值可用式(2.5.21)来确定。因此系统在简谐激励力下的稳态响应为

$$\{x(t)\}=\begin{Bmatrix}x_1(t)\\x_2(t)\end{Bmatrix}=\begin{Bmatrix}\overline{X}_1\\\overline{X}_2\end{Bmatrix}\sin\omega t=\begin{Bmatrix}X_1\sin(\omega t-\varphi_1)\\X_2\sin(\omega t-\varphi_2)\end{Bmatrix} \quad (2.6.18)$$

2.7 多自由度振动响应求解的模态叠加法

2.5 节及 2.6 节分别介绍了无阻尼及有阻尼两自由度系统振动响应的求解方法，都属于直接求解方法，针对自由度不多的系统可方便求出其响应解，而当自由度数目很多时，这些方法由于计算效率不高，在实际工程领域一般不被采用，本节将介绍实际工程领域应用较多的一种多自由度系统振动响应求解方法——模态叠加法。

2.7.1 模态展开定理

模态展开定理表述为：一个具有 N 自由度系统的 N 个固有振型，可以构成一个 N 维空间的完备正交基底（向量），N 维空间中的任意一向量 $\{x(t)\}$（即响应），都可以用这 N 个固有振型的线性组合来表示

$$\{x(t)\} = \sum_{i=1}^{N} y_i(t)\{X\}_i = [\Phi]\{y(t)\} \tag{2.7.1}$$

式中，$[\Phi] = [\{X\}_1 \quad \{X\}_2 \quad \cdots \quad \{X\}_N]$ 为振型矩阵；$\{y(t)\} = \{y_1(t) \quad y_2(t) \quad \cdots \quad y_N(t)\}^{\mathrm{T}}$ 为模态坐标。上述公式即为模态展开定理的公式表达，它是模态叠加法的基础。

模态展开定理的实质是物理坐标 $\{x(t)\}$〔以质点（自由度）平衡位置为坐标向量的始点，以偏离平衡位置的大小为坐标量〕与模态坐标 $\{y(t)\}$〔以系统的振型为基底，以振型参与程度（权因子）为坐标量〕之间的变换关系，也称为模态坐标变换。

根据模态展开定理，可获得模态坐标与物理坐标之间的关系。给式(2.7.1)两边同乘以 $[\Phi]^{\mathrm{T}}[M]$，可得

$$[\Phi]^{\mathrm{T}}[M]\{x(t)\} = [\Phi]^{\mathrm{T}}[M][\Phi]\{y(t)\} \tag{2.7.2}$$

根据模态阵型的加权正交性 $[\Phi]^{\mathrm{T}}[M][\Phi] = \mathrm{diag}(M_i)$（可根据特征方程进行证明），可得

$$[\Phi]^{\mathrm{T}}[M]\{x(t)\} = \mathrm{diag}(M_i)\{y(t)\} \tag{2.7.3}$$

则

$$\{y(t)\} = \mathrm{diag}(M_i^{-1})[\Phi]^{\mathrm{T}}[M]\{x(t)\} \tag{2.7.4}$$

即

$$y_i(t) = \frac{\{X\}_i^{\mathrm{T}}[M]\{x(t)\}}{M_i} \tag{2.7.5}$$

对于物理坐标下的初始位移 $\{x_0\}$ 及初始速度 $\{\dot{x}_0\}$，其模态坐标系下的初始条件可表示为

$$y_{i0} = \frac{\{X\}_i^{\mathrm{T}}[M]\{x_0\}}{M_i}, \quad \dot{y}_{i0} = \frac{\{X\}_i^{\mathrm{T}}[M]\{\dot{x}_0\}}{M_i} \tag{2.7.6}$$

2.7.2 自由振动的模态叠加法

模态振型的加权正交性可表示为

$$[\Phi]^{\mathrm{T}}[M][\Phi] = \mathrm{diag}(M_i) \tag{2.7.7a}$$

$$[\Phi]^{\mathrm{T}}[K][\Phi] = \mathrm{diag}(K_i) \tag{2.7.7b}$$

对于经典阻尼系统，阻尼矩阵也具有加权正交性，即

$$[\Phi]^{\mathrm{T}}[C][\Phi] = \mathrm{diag}(C_i) \tag{2.7.7c}$$

上述 M_i，K_i 及 C_i 分别称为模态质量、模态刚度及模态阻尼。将式(2.7.1)代入式(2.6.2)表示的典型多自由度系统自由振动方程，可得

$$[\Phi]^{\mathrm{T}}[M][\Phi]\{\ddot{y}(t)\} + [\Phi]^{\mathrm{T}}[C][\Phi]\{\dot{y}(t)\} + [\Phi]^{\mathrm{T}}[K][\Phi]\{y(t)\} = \{0\} \tag{2.7.8}$$

代入模态振型的加权正交性条件，得

$$M_i\ddot{y}_i(t) + C_i\dot{y}_i(t) + K_i y_i(t) = 0 \quad (i = 1,2,\cdots,N) \tag{2.7.9}$$

式(2.7.9)可简化为

$$\ddot{y}_i(t) + 2\zeta_i\omega_i\dot{y}_i(t) + \omega_i^2 y_i(t) = 0 \quad (i = 1,2,\cdots,N) \tag{2.7.10}$$

式中，$\zeta_i = C_i/2\sqrt{M_i K_i}$ 为模态阻尼比。容易看出，利用模态坐标变换可将耦合的多自由度系统振动方程解耦为若干个单自由度系统振动方程，进而根据单自由度系统的自由振动响应公式，式(2.7.10)的解可表示为

$$y_i(t) = \mathrm{e}^{-\zeta_i\omega_i t}\left[y_{i0}\cos(\omega_{\mathrm{d},i}t) + \frac{\dot{y}_{i0} + \zeta_i\omega_i y_{i0}}{\omega_{\mathrm{d},i}}\sin(\omega_{\mathrm{d},i}t)\right] \tag{2.7.11}$$

式中，$\omega_{\mathrm{d},i} = \sqrt{1-\zeta_i^2}\,\omega_i$ 。

将式(2.7.11)代入式(2.7.1)，即可得系统的自由振动响应。

2.7.3　强迫振动的模态叠加法

将式(2.7.1)代入式(2.6.13)表示的典型多自由度系统强迫振动方程，可得

$$[\Phi]^{\mathrm{T}}[M][\Phi]\{\ddot{y}(t)\} + [\Phi]^{\mathrm{T}}[C][\Phi]\{\dot{y}(t)\} + [\Phi]^{\mathrm{T}}[K][\Phi]\{y(t)\} = [\Phi]^{\mathrm{T}}\{f(t)\} \tag{2.7.12}$$

代入模态振型的加权正交性条件，得

$$M_i\ddot{y}_i(t) + C_i\dot{y}_i(t) + K_i y_i(t) = F_i(t) \quad (i = 1,2,\cdots,N) \tag{2.7.13}$$

式中，$F_i(t) = \{X\}_i^{\mathrm{T}}\{f(t)\}$ 。

这样，利用模态坐标变换可将耦合的多自由度系统振动方程解耦为若干个单自由度系统振动方程，进而根据单自由度系统的强迫振动响应公式，式(2.7.13)的解可表示为

$$y_i(t) = y_{i1}(t) + y_{i2}(t) \tag{2.7.14}$$

式中，$y_{i1}(t)$ 为初始扰动引起的响应；$y_{i2}(t)$ 为外激励力引起的响应，可分别表示为

$$y_{i1}(t) = \mathrm{e}^{-\zeta_i\omega_i t}\left[y_{i0}\cos(\omega_{\mathrm{d},i}t) + \frac{\dot{y}_{i0} + \zeta_i\omega_i y_{i0}}{\omega_{\mathrm{d},i}}\sin(\omega_{\mathrm{d},i}t)\right] \tag{2.7.15a}$$

$$y_{i2}(t) = \frac{1}{M_i\omega_{\mathrm{d},i}}\int_0^t F_i(\tau)\,\mathrm{e}^{-\zeta_i\omega_i(t-\tau)}\sin[\omega_{\mathrm{d},i}(t-\tau)]\mathrm{d}\tau \tag{2.7.15b}$$

将式(2.7.14)代入式(2.7.1)，即可得系统的强迫振动响应。

2.8　连续系统振动简介

上述内容以离散系统为例介绍了振动的基本理论，而实际工程结构的物理参数是连续分布的(如分布质量、分布刚度、分布阻尼)，具有无限多个质点，需要用无限多个自由度(坐标)来描述其运动状态。连续参数系统的运动规律需要用二元函数 $f(\{x\},t)$ (空间和时间的函数)来描述，由偏微分方程来确定。连续参数系统是多自由度系统的拓展，具有无穷多个固有频

率，固有振型向量拓展为固有振型函数。固有振型函数仍存在对质量、刚度的加权正交性。离散多自由度系统线性振动问题中的叠加原理以及由此建立的模态叠加法、脉冲响应法和频响函数法等，同样适用于连续参数系统的线性振动分析。

实际的结构系统几乎都是连续参数系统，从结构形式上，可分为弦、杆、轴、梁、膜、板、壳和体等，从位移空间分为一维、二维和三维连续参数系统。连续系统可通过解析方法获得振动问题的准确解，但也仅限于结构形式简单的理想弹性体。本节分别简要介绍弦、杆、轴、梁、膜、板等连续系统振动的基本理论。

2.8.1 弦杆轴的振动

1. 弦的横向振动

理想柔软的细弦（或索），如图 2.8.1(a)所示，张紧于两个固定支点之间，跨长 l，弦单位长度质量为（线密度）ρ，单位长度横向外载荷为 $f(x,t)$。取微元 dx，受力如图 2.8.1(b)所示，θ 为变形后的弦中心轴偏离 x 轴的角度，P 为张力。任意时刻 t，微元的横向位移为 $w(x,t)$，利用牛顿第二定律，微元在 z 方向的振动方程为

$$\rho dx \frac{\partial^2 w(x,t)}{\partial t^2} = (P + dP)\sin(\theta + d\theta) - P\sin\theta + f(x,t)dx \tag{2.8.1}$$

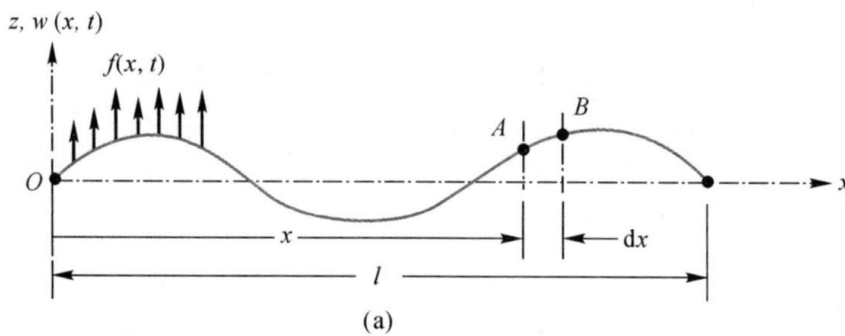

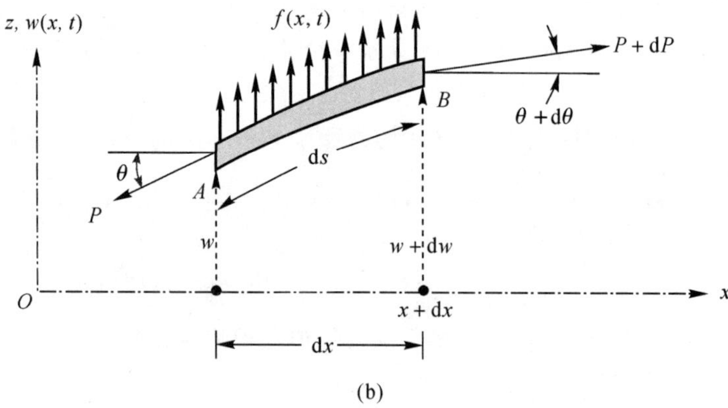

图 2.8.1　弦的横向振动

(a)整体；(b)微元

弦张力的变化量可表示为

$$dP = \frac{\partial P}{\partial x}dx \tag{2.8.2a}$$

设偏角 θ 为小量，则

$$\sin\theta \approx \theta = \frac{\partial w(x,t)}{\partial x} \tag{2.8.2b}$$

$$\sin(\theta + \mathrm{d}\theta) \approx \theta + \mathrm{d}\theta = \frac{\partial w(x,t)}{\partial x} + \frac{\partial^2 w(x,t)}{\partial x^2}\mathrm{d}x \tag{2.8.2c}$$

将式(2.8.2)代入式(2.8.1)，可得

$$\rho \frac{\partial^2 w(x,t)}{\partial t^2} = \frac{\partial}{\partial x}\left[P \frac{\partial w(x,t)}{\partial x}\right] + f(x,t) \tag{2.8.3}$$

对于均匀弦，张力 P 为常数，则

$$\rho \frac{\partial^2 w(x,t)}{\partial t^2} = P \frac{\partial^2 w(x,t)}{\partial x^2} + f(x,t) \tag{2.8.4}$$

当 $f(x,t) = 0$ 时，并令 $c = \sqrt{P/\rho}$，可得一维波动方程

$$\frac{\partial^2 w(x,t)}{\partial x^2} = \frac{1}{c^2} \frac{\partial^2 w(x,t)}{\partial t^2} \tag{2.8.5}$$

2. 杆的轴向振动

匀质直杆，如图 2.8.2(a)所示，横截面积 $A(x)$，单位体积的质量为(体积密度) ρ，材料弹性模量为 E，单位长度内沿 x 方向的力为 $f(x,t)$。取微元 $\mathrm{d}x$，受力情况如图 2.8.2(b)所示，P 为拉力。任意时刻 t，微元的纵向位移为 $u(x,t)$，利用牛顿第二定律，微元在 x 方向的振动方程为

$$\rho A(x)\mathrm{d}x \frac{\partial^2 u(x,t)}{\partial t^2} = P + \mathrm{d}P - P + f(x,t)\mathrm{d}x \tag{2.8.6}$$

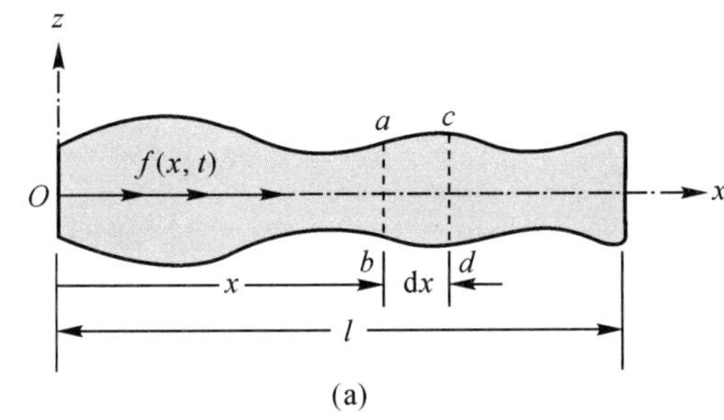

(a)

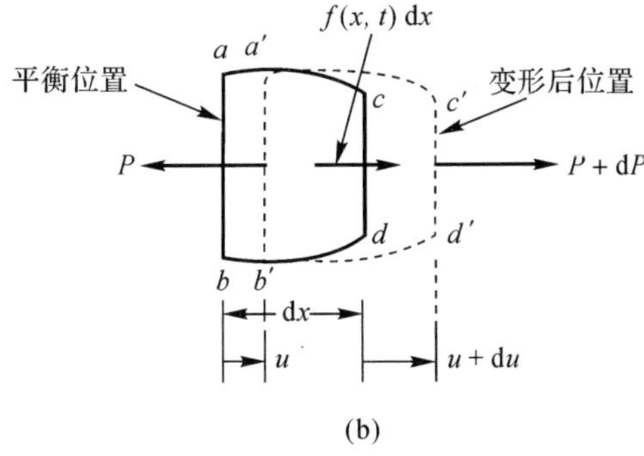

(b)

图 2.8.2　杆的轴向振动

(a)整体；(b)微元

轴的拉力及其变化量可分别表示为

$$P = A(x)E\varepsilon = A(x)E\frac{\partial u(x,t)}{\partial x} \tag{2.8.7a}$$

$$\mathrm{d}P = \frac{\partial P}{\partial x}\mathrm{d}x \tag{2.8.7b}$$

将式(2.8.7)代入式(2.8.6),可得

$$\rho A(x)\frac{\partial^2 u(x,t)}{\partial t^2} = \frac{\partial}{\partial x}\left[EA(x)\frac{\partial u(x,t)}{\partial x}\right] + f(x,t) \tag{2.8.8}$$

对于等截面杆,$A(x)$ 为常数,则

$$\rho A\frac{\partial^2 u(x,t)}{\partial t^2} = AE\frac{\partial^2 u(x,t)}{\partial x^2} + f(x,t) \tag{2.8.9}$$

当 $f(x,t)=0$ 时,并令 $c=\sqrt{E/\rho}$,也可得到一维波动方程

$$\frac{\partial^2 u(x,t)}{\partial x^2} = \frac{1}{c^2}\frac{\partial^2 u(x,t)}{\partial t^2} \tag{2.8.10}$$

3. 轴的扭转振动

匀质直圆轴,如图 2.8.3(a)所示,横截面对圆心的极惯性矩为 $J(x)$,单位长度的质量为(线密度)ρ,材料剪切模量为 G,单位长度内受到的扭矩为 $f(x,t)$。取微元段 dx,受力情况如图 2.8.3(b)所示,M_t 为截面上所受到的扭矩。任意时刻 t,微元的转角为 $\theta(x,t)$,利用牛顿第二定律,微元扭转振动方程为

$$\rho J(x)\mathrm{d}x\frac{\partial^2 \theta(x,t)}{\partial t^2} = M_{\mathrm{t}} + dM_{\mathrm{t}} - M_{\mathrm{t}} + f(x,t)\mathrm{d}x \tag{2.8.11}$$

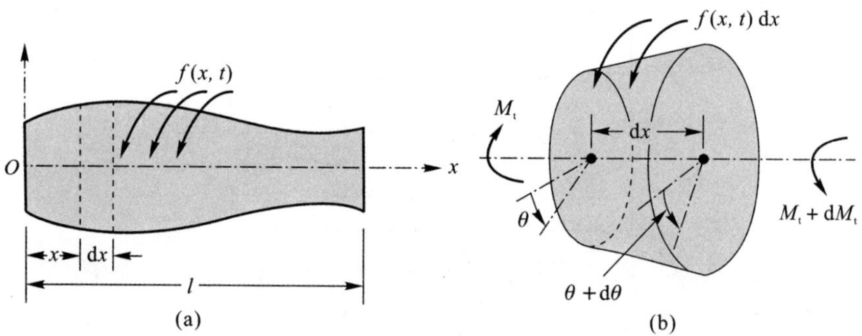

图 2.8.3 轴的扭转振动

(a)整体;(b)微元

截面上所受到的扭矩及其变化量可分别表示为

$$M_{\mathrm{t}} = GJ(x)\frac{\partial \theta(x,t)}{\partial x} \tag{2.8.12a}$$

$$\mathrm{d}M_{\mathrm{t}} = \frac{\partial M_t}{\partial x}\mathrm{d}x \tag{2.8.12b}$$

将式(2.8.12)代入式(2.8.11),可得

$$\rho J(x)\frac{\partial^2 \theta(x,t)}{\partial t^2} = \frac{\partial}{\partial x}\left[GJ(x)\frac{\partial \theta(x,t)}{\partial x}\right] + f(x,t) \tag{2.8.13}$$

对于等截面圆轴，$J(x)$ 为常数，则

$$\rho J\ \frac{\partial^2\theta(x,t)}{\partial t^2}=GJ\ \frac{\partial^2\theta(x,t)}{\partial x^2}+f(x,t) \tag{2.8.14}$$

当 $f(x,t)=0$ 时，并令 $c=\sqrt{G/\rho}$ ，仍可得到一维波动方程

$$\frac{\partial^2\theta(x,t)}{\partial x^2}=\frac{1}{c^2}\ \frac{\partial^2\theta(x,t)}{\partial t^2} \tag{2.8.15}$$

4. 自由振动分析

上述三种不同类型结构的自由振动问题都可归纳为同一数学模型，即一维波动方程。下面以弦的横向振动为代表，讨论其自由振动分析，所得结果也完全适用于模型相同的其他振动问题。

通常使用分离变量法对波动方程进行求解。观察弦的横向自由振动(其他弹性体也一样)，其运动呈现同步振动特性，整个弦的振动形态不随时间变化。弦振动的位移 $w(x,t)$ 可以分离为空间函数和时间函数的乘积，即 $w(x,t)=X(x)\cdot Y(t)$ ，则式(2.8.5)可改写为

$$Y(t)\ \frac{\mathrm{d}^2X(x)}{\mathrm{d}\,x^2}=\frac{X(x)}{c^2}\ \frac{\mathrm{d}^2Y(t)}{\mathrm{d}\,t^2} \tag{2.8.16}$$

式中，左边是 x 的函数，右边是 t 的函数。当且仅当方程左右两端等于一个常数，式(2.8.16)才能对任意坐标点 x 和时刻 t 成立，且根据微分方程理论，该常数只能是负数，设为 $-\omega^2$ ，则从式(2.8.16)导出变量分离的两个线程常微分方程

$$\frac{\mathrm{d}^2X(x)}{\mathrm{d}\,x^2}+\beta^2X(x)=0 \tag{2.8.17a}$$

$$\frac{\mathrm{d}^2Y(t)}{\mathrm{d}\,t^2}+\omega^2Y(t)=0 \tag{2.8.17b}$$

式中，$\beta=\omega/c$ 。

式(2.8.17)的通解可分别表示为

$$X(x)=A\sin\beta x+B\cos\beta x \tag{2.8.18a}$$

$$Y(t)=C\sin\omega t+D\cos\omega t \tag{2.8.18b}$$

针对式(2.8.18a)，利用边界条件(包括边界位移及载荷，相关典型边界条件可参考教材后所附参考文献)，可以获得 β_i,A_i,B_i ，即结构的固有频率为 $\omega_i=\beta_i c$ ，振型函数为 $X_i(x)$ 。结合式(2.8.18b)，结构的第 i 阶主振动可表示为

$$w_i(x,t)=X_i(x)\cdot(C_i\sin\omega_i t+D_i\cos\omega_i t) \tag{2.8.19}$$

结构的自由振动响应可表示为各阶主振动的叠加，即有

$$w(x,t)=\sum_{i=1}^{\infty}X_i(x)\cdot(C_i\sin\omega_i t+D_i\cos\omega_i t) \tag{2.8.20}$$

代入初始条件 $w(x,0)$ 及 $\dot{w}(x,0)$ ，可获得待定系数 C_i,D_i ，最终获得 $w(x,t)$ 。

2.8.2　梁的横向振动

假设梁截面上任一点的运动可用其轴线的横向位移(即挠度)表示，且在弯曲变形过程中截面始终保持为平面。若忽略截面剪切变形和转动惯量的影响，则称该简化模型为欧拉－伯努利梁(细长梁)。针对长度为 l 的梁，横截面积为 $A(x)$ ，单位体积的质量为(体积密度) ρ ，材料弹性模量为 E ，绕 y 轴的截面惯性矩为 $I(x)$ ，单位长度所受横向外力为 $f(x,t)$ ，如图 2.8.

4(a)所示。取微元段 dx，受力情况如图 2.8.4(b)所示，M 为弯矩，V 为剪力。任意时刻 t，微元沿 z 轴的挠度为 $w(x,t)$，利用牛顿第二定律，微元在 z 方向的振动方程为

$$\rho A(x)\mathrm{d}x\frac{\partial^2 w(x,t)}{\partial t^2}=V-(V+\mathrm{d}V)+f(x,t)\mathrm{d}x \tag{2.8.21a}$$

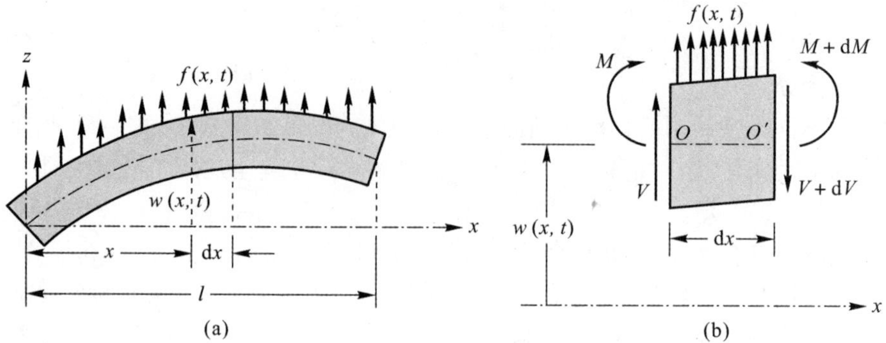

图 2.8.4 梁的横向振动

(a)整体；(b)微元

且根据矩平衡，可知

$$(M+\mathrm{d}M)-M-(V+\mathrm{d}V)\mathrm{d}x+f(x,t)\mathrm{d}x\frac{\mathrm{d}x}{2}=0 \tag{2.8.21b}$$

截面上所受到的弯矩、弯矩的变化量及剪力的变化量可分别表示为

$$M(x,t)=EI(x)\frac{\partial^2 w(x,t)}{\partial x^2} \tag{2.8.22a}$$

$$\mathrm{d}M=\frac{\partial M}{\partial x}\mathrm{d}x \tag{2.8.22b}$$

$$\mathrm{d}V=\frac{\partial V}{\partial x}\mathrm{d}x \tag{2.8.22c}$$

将式(2.8.22)代入式(2.8.21)，整理可得

$$\frac{\partial^2}{\partial x^2}\left[EI(x)\frac{\partial^2 w(x,t)}{\partial x^2}\right]+\rho A(x)\frac{\partial^2 w(x,t)}{\partial t^2}=f(x,t) \tag{2.8.23}$$

对于均匀梁，$A(x)$ 及 $I(x)$ 均为常数，则

$$EI\frac{\partial^4 w(x,t)}{\partial x^4}+\rho A\frac{\partial^2 w(x,t)}{\partial t^2}=f(x,t) \tag{2.8.24}$$

当 $f(x,t)=0$ 时，并令 $\sqrt{EI/\rho A}$，可得梁的自由振动微分方程

$$\frac{\partial^4 w(x,t)}{\partial x^4}+\frac{1}{c^2}\frac{\partial^2 w(x,t)}{\partial t^2}=0 \tag{2.8.25}$$

针对上述方程，仍可采用分离变量法进行求解。梁振动的挠度 $w(x,t)$ 可以分离为空间函数和时间函数的乘积，即 $w(x,t)=X(x)\cdot Y(t)$，则式(2.8.25)可改写为

$$-\frac{c^2}{X(x)}\frac{\mathrm{d}^4X(x)}{\mathrm{d}x^4}=\frac{1}{Y(t)}\frac{\mathrm{d}^2Y(t)}{\mathrm{d}t^2} \tag{2.8.26}$$

其中，左边是 x 的函数，右边是 t 的函数，所以当且仅当方程两端均等于同一个常数时，式(2.8.26)才能对任意坐标点 x 和时刻 t 成立，且根据微分方程理论，该常数只能是负数，设为 $-\omega^2$，则从式(2.8.26)导出变量分离的两个线程常微分方程

$$\frac{\mathrm{d}^4 X(x)}{\mathrm{d}\, x^2} - \beta^4 X(x) = 0 \tag{2.8.27a}$$

$$\frac{\mathrm{d}^2 Y(t)}{\mathrm{d}\, t^2} + \omega^2 Y(t) = 0 \tag{2.8.27b}$$

式中，$\beta^2 = \omega / c$ 。

式(2.8.27)的通解可分别表示为

$$X(x) = c_1 \cosh\beta x + c_2 \sinh\beta x + c_3 \cos\beta x + c_4 \sin\beta x \tag{2.8.28a}$$

$$Y(t) = C\sin\omega t + D\cos\omega t \tag{2.8.28b}$$

针对式(2.8.28a)，利用边界条件(包括边界挠度、转角、弯矩、剪力，相关典型边界条件可参考教材后所附参考文献)，可以获得 $\beta_i, c_{1,i}, c_{2,i}, c_{3,i}, c_{4,i}$ ，即结构的固有频率为 $\omega_i = \beta_i^2 c$ ，振型函数为 $X_i(x)$ 。结合式(2.8.28b)，结构的第 i 阶主振动可表示为

$$w_i(x,t) = X_i(x) \cdot (C_i \sin \omega_i t + D_i \cos \omega_i t) \tag{2.8.29}$$

结构的自由振动响应可表示为各阶主振动的叠加，即有

$$w(x,t) = \sum_{i=1}^{\infty} X_i(x) \cdot (C_i \sin \omega_i t + D_i \cos \omega_i t) \tag{2.8.30}$$

代入初始条件 $w(x,0)$ 及 $\dot{w}(x,0)$ ，可获得待定系数 C_i, D_i ，最终获得 $w(x,t)$ 。

2.8.3　膜和板的振动

弹性薄膜是二维弹性体，不能承受弯矩，仅能在张力作用下产生拉伸变形，可视为一维弹性弦向二维的扩展。弹性薄板也是二维弹性体，但可以承受弯矩，可视为一维弹性梁向二维的扩展。

1. 膜的振动

将薄膜上下表面之间的对称面称为中性面，假设变形前的中性面为平面，薄膜单位面积质量为(面密度) ρ ，单位面积上受到的外载荷(垂直于中性面)为 $f(x,y,t)$ ，如图 2.8.5(a)所示。取长度分别为 $\mathrm{d}x$ 和 $\mathrm{d}y$ 矩形微元，受力情况如图 2.8.5(b)所示，θ_x 为微元与 x 轴正交的截面法线变形后相对于变形前位置的偏角，θ_y 为微元与 y 轴正交的截面法线变形后相对于变形前位置的偏角，F 为张力。任意时刻 t ，微元的横向位移为 $w(x,y,t)$ ，在小偏角条件下，仅保留一次项，利用牛顿第二定律，微元在 z 方向的振动方程为

$$\rho \mathrm{d}x\mathrm{d}y \frac{\partial^2 w(x,y,t)}{\partial t^2} = F\mathrm{d}y\left[\left(\theta_x + \frac{\partial \theta_x}{\partial x}\mathrm{d}x\right) - \theta_x\right] + F\mathrm{d}x\left[\left(\theta_y + \frac{\partial \theta_y}{\partial y}\mathrm{d}y\right) - \theta_y\right] + f(x,y,t)\mathrm{d}x\mathrm{d}y \tag{2.8.31}$$

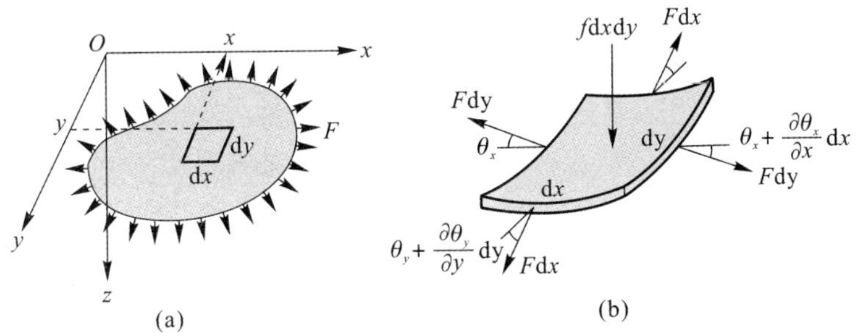

图 2.8.5　膜的振动

(a)整体；(b)微元

偏角 θ_x 和 θ_y 用可表示为挠度 $w(x,y,t)$ 对 x 轴和 y 轴的偏导数

$$\theta_x = \frac{\partial w(x,y,t)}{\partial x} \tag{2.8.32a}$$

$$\theta_y = \frac{\partial w(x,y,t)}{\partial y} \tag{2.8.32b}$$

将式(2.8.32)代入式(2.8.31),可得

$$\rho \frac{\partial^2 w(x,y,t)}{\partial t^2} = F\,\nabla^2 w(x,y,t) + f(x,y,t) \tag{2.8.33}$$

其中,$\nabla^2 = \left(\frac{\partial^2}{\partial x^2} + \frac{\partial^2}{\partial y^2}\right)$ 为拉普拉斯算子。

讨论膜的自由振动时,$f(x,y,t) = 0$,并令 $c = \sqrt{F/\rho}$,可得

$$\nabla^2 w(x,y,t) = \frac{1}{c^2}\frac{\partial^2 w(x,y,t)}{\partial t^2} \tag{2.8.34}$$

针对上述方程,也可采用分离变量法进行求解。膜振动的位移 $w(x,y,t)$ 可以分离为空间函数和时间函数的乘积,即 $w(x,t) = X(x,y)\cdot Y(t)$,则式(2.8.34)可改写为

$$\frac{c^2}{X(x,y)}\nabla^2 X(x,y) = \frac{1}{Y(t)}\frac{\mathrm{d}^2 Y(t)}{\mathrm{d}t^2} \tag{2.8.35}$$

式中,左边是 x,y 的函数,右边是 t 的函数,所以当且仅当方程两端均等于一个常数,式(2.8.35)才能对任意坐标点 x,y 和时刻 t 成立,且根据微分方程理论,该常数只能是负数,设为 $-\omega^2$,则从式(2.8.35)导出变量分离的两个线程常微分方程

$$\nabla^2 X(x,y) + \beta^2 X(x,y) = 0 \tag{2.8.36a}$$

$$\frac{\mathrm{d}^2 Y(t)}{\mathrm{d}t^2} + \omega^2 Y(t) = 0 \tag{2.8.36b}$$

其中,$\beta = \omega/c$ 。后续求解过程与弦的振动方程类似:即根据式(2.8.36a)及边界条件确定固有频率为 ω_{ij} ,振型函数为 $X_{ij}(x)$;进而,利用式(2.8.36b)获得结构的第 i 阶主振动;最终,结构的自由振动响应可表示为各阶主振动的叠加

$$w(x,y,t) = \sum_{i,j=1}^{\infty} X_{ij}(x)\cdot(C_{ij}\sin\omega_{ij}t + D_{ij}\cos\omega_{ij}t) \tag{2.8.37}$$

代入初始条件 $w(x,y,0)$ 及 $\dot{w}(x,y,0)$,可获得待定系数 C_{ij} ,D_{ij} ,最终获得 $w(x,y,t)$ 。

2. *板的振动*

与薄膜类似,将薄板上下表面之间的对称面称为中性面,假设变形前的中性面为平面,薄板单位体积质量为(体积密度)ρ ,厚度为 h ,材料弹性模量为 E ,泊松比为 v ,单位面积上受到的外载荷(垂直于中性面)为 $f(x,y,t)$,如图 2.8.6(a)所示。取长度分别为 $\mathrm{d}x$ 和 $\mathrm{d}y$ 矩形微元,微元 z 向受力如图 2.8.6(b)所示,将与 x 轴和 y 轴正交的横截面分别记为 S_x 和 S_y ,假设弯曲变形后截面仍保持平面,将中性面法线视为截面 S_x 与 S_y 的交线,则弯曲变形后必保持直线,于是梁的平面假定演变为板的直法线假定。任意时刻 t 微元沿 z 轴的挠度为 $w(x,y,t)$,利用牛顿第二定律,微元在 z 方向的振动方程为

$$\rho h\,\mathrm{d}x\mathrm{d}y\frac{\partial^2 w(x,y,t)}{\partial t^2} = \left[\left(F_{Sx} + \frac{\partial F_{Sx}}{\partial x}\mathrm{d}x\right) - F_{Sx}\right]\mathrm{d}y + \left[\left(F_{Sy} + \frac{\partial F_{Sy}}{\partial y}\mathrm{d}x\right) - F_{Sy}\right]\mathrm{d}x + f(x,y,t)\,\mathrm{d}x\mathrm{d}y \tag{2.8.38a}$$

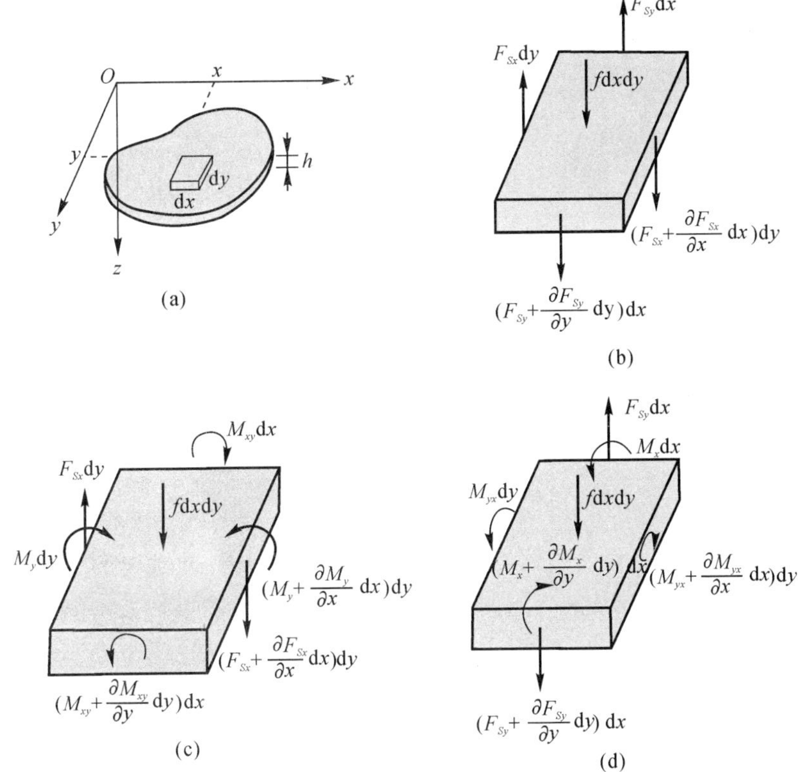

图 2.8.6　板的振动

(a)整体;(b) 微元 z 向受力分析;(c)微元绕 y 轴的力矩分析;(d)微元绕 x 轴的力矩分析

化简可得

$$\rho h\frac{\partial^2 w(x,y,t)}{\partial t^2}=\frac{\partial F_{Sx}}{\partial x}+\frac{\partial F_{Sy}}{\partial y}+f(x,y,t) \tag{2.8.38b}$$

忽略截面转动的惯性力矩,列出微元绕 y 轴的力矩平衡条件(见图 2.8.6(c))

$$\left[\left(M_y+\frac{\partial M_y}{\partial x}dx\right)-M_y\right]dy+\left[\left(M_{xy}+\frac{\partial M_{xy}}{\partial y}dx\right)-M_{xy}\right]dx-$$

$$F_{Sx}dxdy+f(x,y,t)dxdy\frac{dx}{2}=0 \tag{2.8.39a}$$

略去 dx 和 dy 的三次项,化简可得

$$F_{Sx}=\frac{\partial M_y}{\partial x}+\frac{\partial M_{xy}}{\partial y} \tag{2.8.39b}$$

同理,可列出微元绕 x 轴的力矩平衡条件[见图 2.8.6(d)]

$$\left[M_x-\left(M_x+\frac{\partial M_x}{\partial y}dy\right)\right]dx+\left[M_{yx}-\left(M_{yx}+\frac{\partial M_{yx}}{\partial x}dx\right)\right]dy+$$

$$F_{Sy}dxdy-f(x,y,t)dxdy\frac{dy}{2}=0 \tag{2.8.40a}$$

同样,化简可得

$$F_{Sy}=\frac{\partial M_x}{\partial y}+\frac{\partial M_{yx}}{\partial x} \tag{2.8.40b}$$

根据微元应力应变分析,可获得式(2.8.39)及(2.8.40)中的弯矩 M_x 、M_y 、M_{xy} 及 M_{yx} 与挠度 $w(x,y,t)$ 的关系如下

$$M_x = -D\left(\frac{\partial^2 w(x,y,t)}{\partial y^2} + v\frac{\partial^2 w(x,y,t)}{\partial x^2}\right) \tag{2.8.41a}$$

$$M_y = -D\left(\frac{\partial^2 w(x,y,t)}{\partial x^2} + v\frac{\partial^2 w(x,y,t)}{\partial y^2}\right) \tag{2.8.41b}$$

$$M_{xy} = M_{yx} = -D(1-v)\frac{\partial^2 w(x,y,t)}{\partial x\partial y} \tag{2.8.41c}$$

$$D = \frac{Eh^3}{12(1-v^2)} \tag{2.8.41d}$$

将式(2.8.39b)及(2.8.40b)代入式(2.8.38b),并利用式(2.8.41),可得

$$\rho h\frac{\partial^2 w(x,y,t)}{\partial t^2} + D\nabla^4 w(x,y,t) = f(x,y,t) \tag{2.8.42}$$

其中,$\nabla^4 = \frac{\partial^4}{\partial x^4} + 2\frac{\partial^4}{\partial x^2 y^2} + \frac{\partial^4}{\partial y^4}$ 为二重拉普拉斯算子。

讨论板的自由振动时,$f(x,y,t)=0$,并令 $c=\sqrt{D/\rho h}$,可得

$$\nabla^4 w(x,y,t) + \frac{1}{c^2}\frac{\partial^2 w(x,y,t)}{\partial t^2} = 0 \tag{2.8.43}$$

针对上述方程,仍可采用分离变量法进行求解。板振动的挠度 $w(x,y,t)$ 可以分离为空间函数和时间函数的乘积,即 $w(x,t) = X(x,y)\cdot Y(t)$,则式(2.8.43)可改写为

$$-\frac{c^2}{X(x,y)}\nabla^4 X(x,y) = \frac{1}{Y(t)}\frac{\mathrm{d}^2 Y(t)}{\mathrm{d}t^2} \tag{2.8.44}$$

其中,左边是 x,y 的函数,右边是 t 的函数,所以当且仅当方程两端均等于一个常数,式(2.8.44)才能对任意坐标点 x,y 和时刻 t 成立,且根据微分方程理论,该常数只能是负数,设为 $-\omega^2$,则从式(2.8.44)导出变量分离的两个线程常微分方程

$$\nabla^4 X(x,y) - \beta^4 X(x,y) = 0 \tag{2.8.45a}$$

$$\frac{\mathrm{d}^2 Y(t)}{\mathrm{d}t^2} + \omega^2 Y(t) = 0 \tag{2.8.45b}$$

其中,$\beta^2 = \omega/c$ 。后续求解过程与梁的振动方程类似:即根据式(2.8.45a)及边界条件确定固有频率为 ω_{ij} ,振型函数为 $X_{ij}(x)$;进而利用式(2.8.45b)获得结构的第 i 阶主振动,结构的自由振动响应则可表示为各阶主振动的叠加;然后代入初始条件 $w(x,y,0)$ 及 $\dot{w}(x,y,0)$,最终获得 $w(x,y,t)$ 。

2.9 振动测试方法简介

振动测试就是利用试验测试的办法获得结构的动力学特性。从测试的目的来说,振动测试可分为响应测试和模态测试两类。响应测试就是利用相关传感器测量结构在特定激励下的加速度、速度、位移和动态应变等动力学响应量;模态测试就是在响应测试的基础上,利用实验模态分析技术识别结构的固有频率、模态振型和模态阻尼比等模态参数。可以看出,模态测试

的基础是响应测试，模态测试是振动测试的一项重要内容。

模态测试的核心是结构频响函数(Frequency Response Function，FRF)的测量，传统的频域模态识别技术都是基于频响函数测试来实现的，因此频响函数的测量是模态测试中最为重要的一个环节。

振动测试系统通常包括激振(激励)设备、传感器以及信号采集与分析系统，通过激励设备对结构施加激励，利用传感器将结构的振动信号转换为信号采集系统可以记录的信号(一般为电压信号)，再按照一定的采样要求将测试的电压信号进行采样并转换为数字信号，最后通过信号采集与分析系统记录振动响应信号并完成相应的信号分析。图 2.9.1 给出了振动测试系统的一般构成示意图。

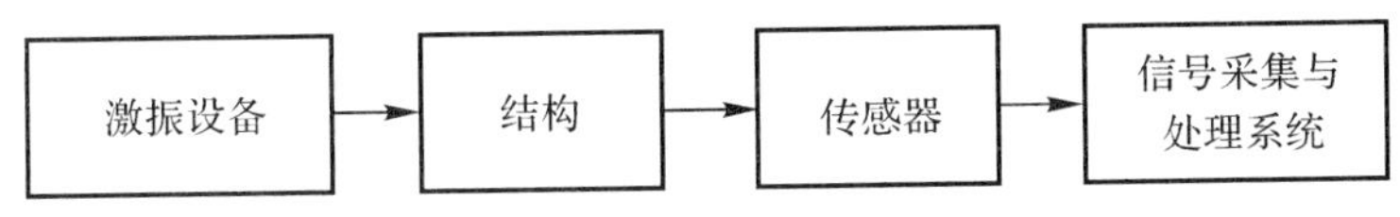

图 2.9.1　振动测试系统的构成示意图

2.9.1　激振设备

激振设备用来给结构施加激励力，以使得结构产生所需要的振动，基于不同的分类原则，激振器有多种不同的分类方式，如图 2.9.2 所示。力锤、激振器以及振动台是振动测试中最常用的三种激振设备，力锤用于产生脉冲激励力，激振器及振动台可产生多种不同波形的稳态激励力。目前，实验室常用的激振器及振动台按照其工作原理均属于电动式激振器。本节分别简要介绍一下力锤及电动式激振器这两类常用激振设备。

1. 力锤

力锤由锤体(也称锤柄)、力传感器、锤头(包括冲击帽)以及配重组成，如图 2.9.3 所示。力锤的作用就是通过手持操作，给结构施加一个冲击力。锤体用于握持及安装连接电缆；力传感器用于测量施加给结构的冲击力；锤头通常分别由钢、铝、铜、塑料和橡胶等多种不同软硬程度的材料制成，以控制冲击力的持续时间；配重用于增加力锤的质量，使得在敲击速度相同的情况下提高力锤的动量，进而增加冲击力幅值。

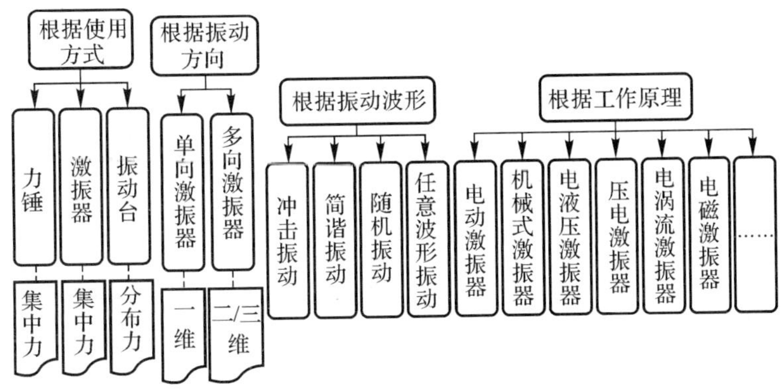

图 2.9.2　激振设备的各种分类方式

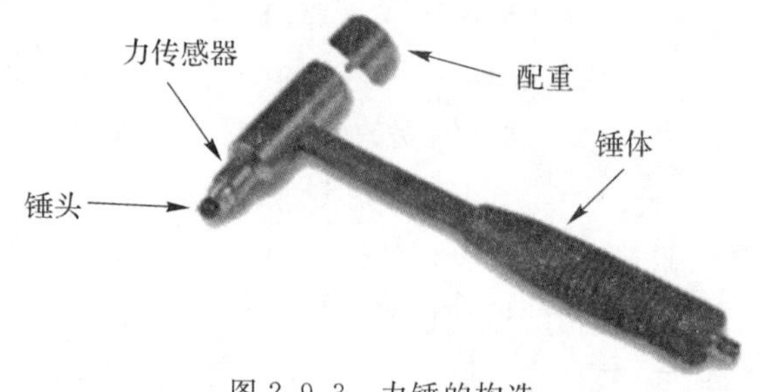

图 2.9.3 力锤的构造

2. 电动式激振器

电动式激振器利用通电线圈(称为动圈)在磁场中受到电磁力的原理制成,其构造示意图如图 2.9.4 所示。动圈由台面、线圈架及线圈组成,并与柔性悬架相连,柔性悬架面外刚度很小而面内刚度很大。给线圈通电后,台面受到与磁场正交的磁场力,其大小与磁场强度、线圈长度以及交变电流强度成正比。通常,电磁式激振器所能产生的激振力幅值可从 10N 到 400kN,当然其结构尺寸、质量及造价也差异巨大。一般情况下,激振力幅较小的称为激振器,且在台面部位安装有细长的激振杆(顶杆),以对试件施加集中力激励;而激振力幅值较大的称为振动台,试件可以安装在台面上,以对试件施加均布的基础激励。

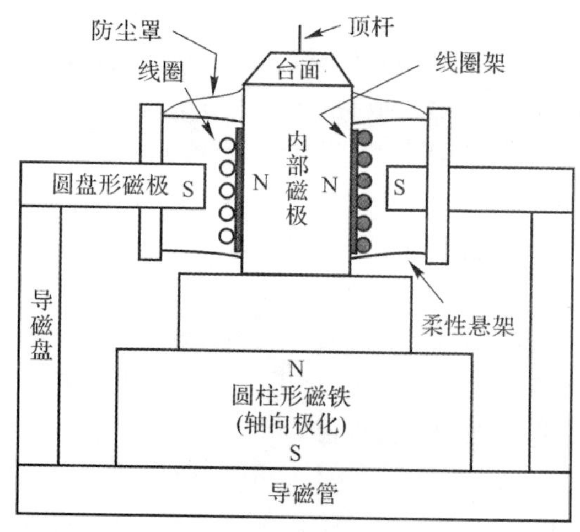

图 2.9.4 电动式激振器的构造

2.9.2 传感器

振动测试中的传感器大都利用相关物理效应将应变、位移、速度、加速度以及激振力等物理响应信号转变为电信号来实现方便的测量,如常规的电阻应变片是利用电阻应变效应,并结合惠斯通电桥,将应变测量转变为电压测量;压电式加速度或力传感器则是利用压电效应,并结合电荷处理电路,将加速度或力的测量转变为电压测量;激光位移或速度传感器一般分别采用三角测量原理或多普勒效应,并结合相应转换装置,将位移或速度的测量转变为电压测量;光纤(应变、加速度、力)传感器则是利用光纤的各种调制作用,并结合光电转换装置,将待测物理量的测量转变为电信号的测量。根据不同的分类标准,传感器可分为不同的类型,图 2.9.5 给出了振动测试传感器的不同分类方式。

在传感器选取过程中，应充分考虑传感器性能、传感器价格以及传感器布置要求，例如，对于无法黏贴压电加速度传感器的结构，可以使用非接触式激光位移传感器；又如使用加速度传感器时，如果要获得较好的低频动力学特性，应该使用低频特性较好的加速度传感器。

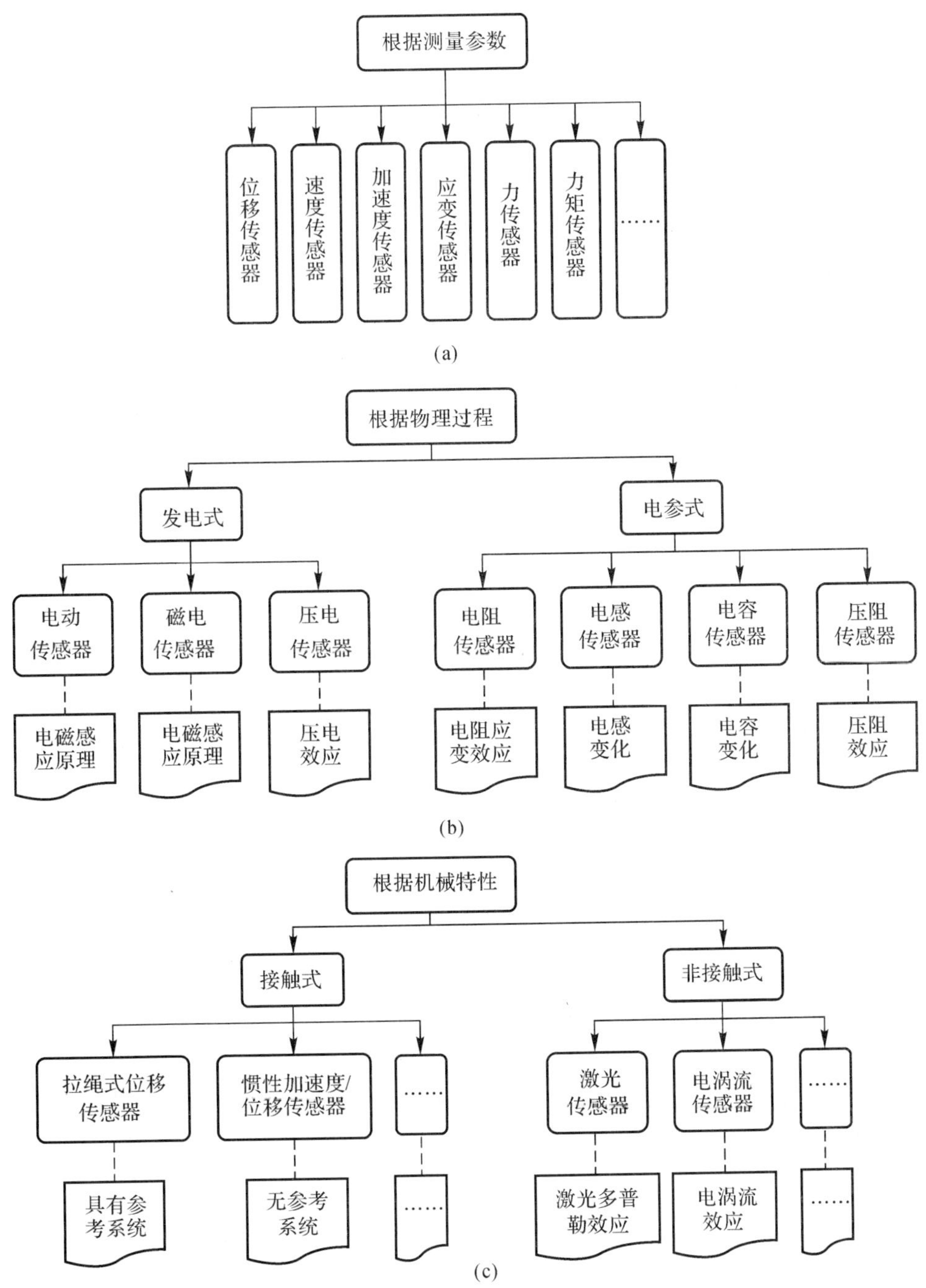

图 2.9.5　振动测试传感器的不同分类方式

(a) 根据测量参数；(b) 根据物理过程；(c) 根据机械特性

2.9.3　响应测试方法

振动测试中的响应测试一般可分为两类，一类是在结构或设备的工作状态下对其进行响应测试，另一类是振动环境试验中的响应测试，其目的都是测试振动的时域或频域响应，以服务于产品的初始设计、故障处理或改型设计。

针对第一类响应测量，由于直接测试结构在工作状态下的动响应，结构的激励来源于真实的工作环境，所以不涉及对激励系统的相关要求。针对第二类响应测量，即振动环境试验，对激励的施加要求是一项重要内容，一般都是按照相关行业标准[如 GJB 150—2009 军用装备实验室环境试验方法第 16 部分振动试验，GJB 150.18A—2009 军用装备实验室环境试验方法 第 18 部分冲击试验，RTCA/DO-160G 机载设备的环境条件和试验程序，IEC 61373—2010 铁道车辆设备冲击和振动试验标准，IEC 60068-2-6 2007（汽车振动）环境测试——正弦振动，IEC 60068-2-64 2008（汽车振动）环境测试——随机振动等]，设置需要的振动环境谱，利用带闭环控制的振动台模拟出所要求的激励环境来进行振动试验。

相比于下面所述的模态测试，响应测试通常较为简单，一般仅须根据响应测试要求，在结构关键部位（一般是容易出现结构强度失效的部位）按要求布置相关传感器（应变片、加速度计等），一般按关心频率最大值的 5～10 倍设置信号采集设备的采样频率，进而进行结构振动响应测量。

2.9.4　模态测试方法

目前，模态测试方法主要包含三类，锤击法、激振器激励法以及自然激励的工作模态测试。锤击法以及激振器法是实验室及一般工程测试中最常用的模态测试方法，均以频响函数测量为基础，频响函数在频域内描述了结构输出响应与输入激励的关系，通常模态测试中可测试的响应类型包括加速度、速度以及位移，根据频响函数所采用的响应类型，频响函数的种类及转换关系见表 2.9.1。工作模态测试，顾名思义，就是在结构或设备正常工作的状态下实现模态测试，一般假定其工作状态下的激励为某一特定激励，仅测试结构的响应数据，来实现模态参数的识别。表 2.9.2 列出了三类模态测试方法的简要说明及优缺点，本节后续部分将详细介绍几类模态测试方法的实施流程。

表 2.9.1　不同类型的频响函数及其转换关系

响应类型	频响函数、导纳	逆频响函数、阻抗
位移	动柔度、位移导纳 (receptance) $\times j\omega$ ↓	动刚度、位移阻抗 (dynamic stiffness) $\div j\omega$ ↓
速度	导纳、速度导纳 (mobility) $\times j\omega$ ↓	机械阻抗、速度阻抗 (mechanical impedance) $\div j\omega$ ↓
加速度	加速性、加速度导纳 (accelerance)	视在质量、加速度阻抗 (apparent mass)

表 2.9.2　三类模态测试方法概述

方法类型	简要说明	优点	缺点
锤击法	利用力锤敲击； 快速激励较宽的频带	快速且容易实施； 通常耗资少； 可获得局部模态，也可获得全部模态	激励力（幅值、位置）一致性差； 需要避免双击现象； 容易忽视锤头的影响
激振器激励法	利用激振器； 多种激励技术可用； 常用于较为复杂的结构	重复性好（与锤击法相比）； 有多种激励可选； 可用于多输入多输出（MIMO）分析	实验装置比较繁杂（信号发生器、功率放大器、激振器及其安装夹具）； 需要专业的激振器传感器布置； 需要更多的设备和测试通道； 测试耗费高时间长
工作模态测试	利用自然随机激励	不需要考虑激振器的边界条件（与激振器法相比）； 可在线测量； 可同时进行其他测试	假定激励频带包含了关心的频率； 需要长时间测量； 对计算要求较高

1. 锤击法

锤击法是一种试验测试成本较低且实施过程较为便捷的模态测试方法，其测试流程图如图 2.9.6 所示。锤击法采用手持力锤对结构施加脉冲激励，用力传感器测试脉冲力，用加速度传感器或速度传感器或位移传感器测试结构响应，进而通过激振力及响应信号估计出结构的频响函数，再通过频响函数识别出结构的模态参数。

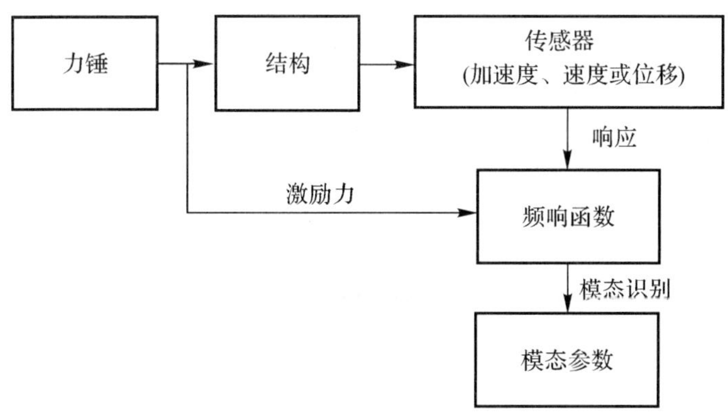

图 2.9.6　锤击法模态测试流程

2. 激振器激励法

激振器激励法与锤击法类似，往往也用于模态测试。激振器激励法通过激振器对结构施加激励，激振器的激励信号由信号发生器产生、经功率放大器放大后驱动激振器（见图 2.9.7、图 2.9.8）。

3. 工作模态测试

工作模态测试是通过测试结构在工作状态下的加速度、速度或位移等时域动力学响应，并利用测试的时域动力学响应进行模态参数识别。

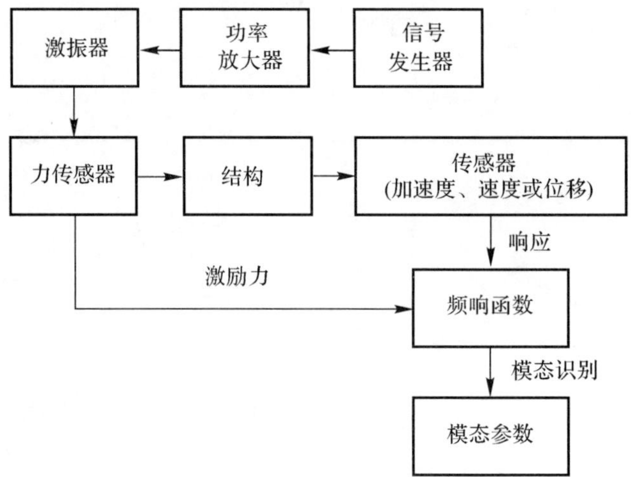

图 2.9.7 激振器激励法模态测试流程

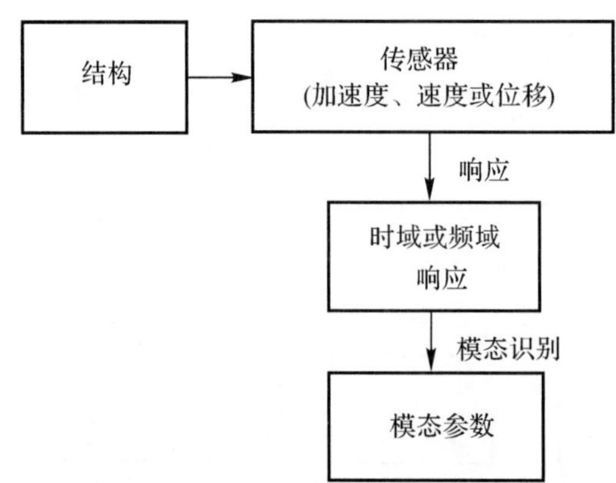

图 2.9.8 工作模态测试流程

思考与练习题

1. 如图题 1 所示，使用直升机通过钢索吊挂运输重物，已知重物重 $mg=12\ 000$N，钢索长度为 $L=5$m，测得重物的振动周期为 $T=0.1$s，求钢索的直径 d。

2. 如图题 2 所示，卫星包含了 4 个尺寸为 1.5m×1m×0.025m、密度为 2 690kg/m^3 的太阳能板，分别通过四根长度为 0.3m、直径为 25mm 的铝杆连接到卫星主体。假设卫星主体刚度很大，求太阳能板绕着铝杆轴线转动的固有频率。

3. 人骑自行车可简化为一个弹簧－质量－阻尼系统，其质量、刚度以及阻尼系数分别为 80kg、50 000N/m 以及 1 000N·s/m。若路面高度有如图题 3 所示的突然变化，当自行车速度为 18km/h 时，求自行车从进入 A 点前到离开 C 点过程中的垂向位移时域历程。假设自行车进入 A 点以前已经在平直路面骑行了很长时间。

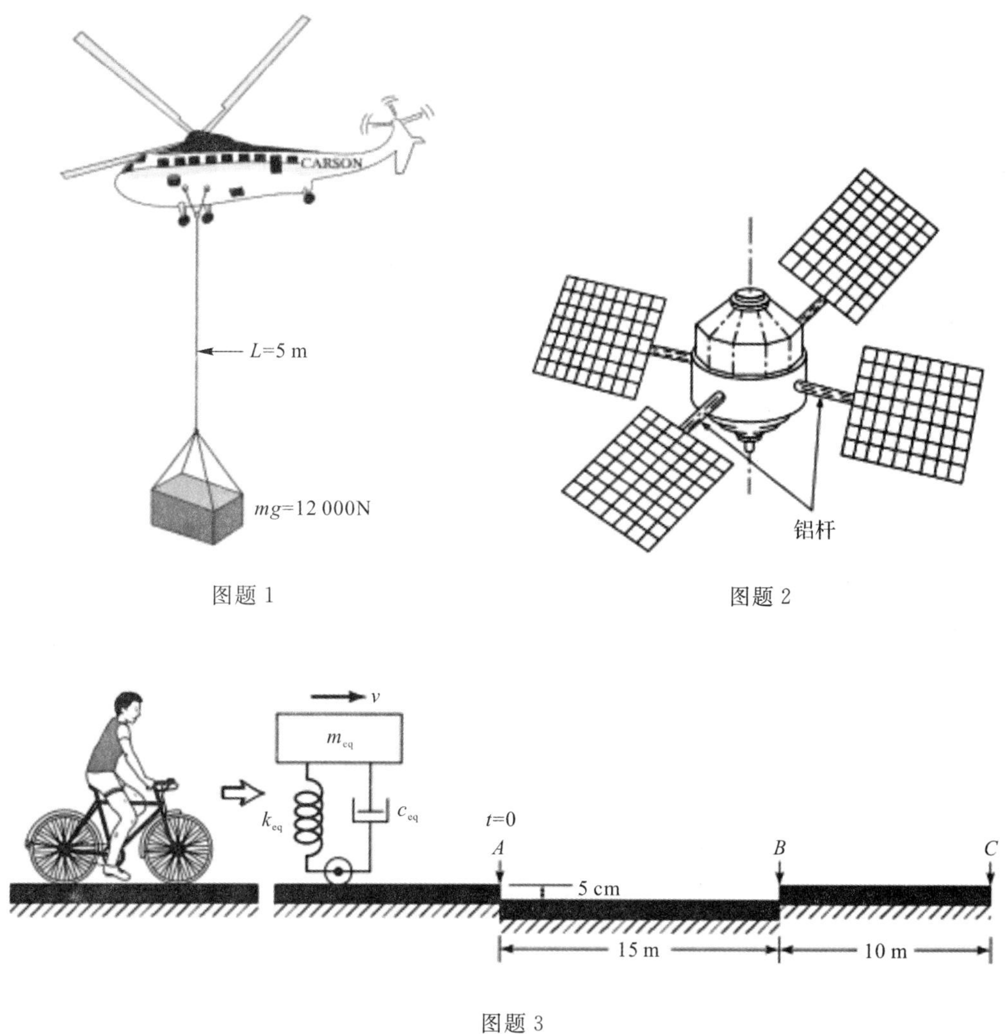

图题 1

图题 2

图题 3

4. 推导图题 4 所示两个系统的振动方程。

5. 如图题 5 所示，停在跑道上的飞机的质量 $m=20\ 000$kg，俯仰方向的转动惯量 $J_0=50\times10^6$ kg·m^2。假设每个主起落架（共有两个主起落架）的刚度、阻尼系数分别为 $k_1=150$kN/m、$c_1=100$kN·s/m，前起落架的刚度、阻尼系数分别为 $k_2=100$kN/m、$c_2=80$kN·s/m，$l_1=5$m，$l_2=20$m。

(1)建立系统的振动方程；

(2)求系统的固有频率。

6. 如图题 6 所示，假设质量为 m_1 的离心泵上存在有质量为 m、偏心距为 e 的偏心质量，通过刚度系数为 k_1 的隔振弹簧安装在质量为 m_2 的基础上，土壤的刚度为 k_2、阻尼为 c_2，求离心泵及基础的垂向位移。其中，$m=0.25$kg，$e=0.2$m，$m_1=500$kg，$k_1=500$kN/m，$m_2=1\ 000$kg，$k_2=250$kN/m，$c_2=40$N·s/m，离心泵转速为 1 200r/min。

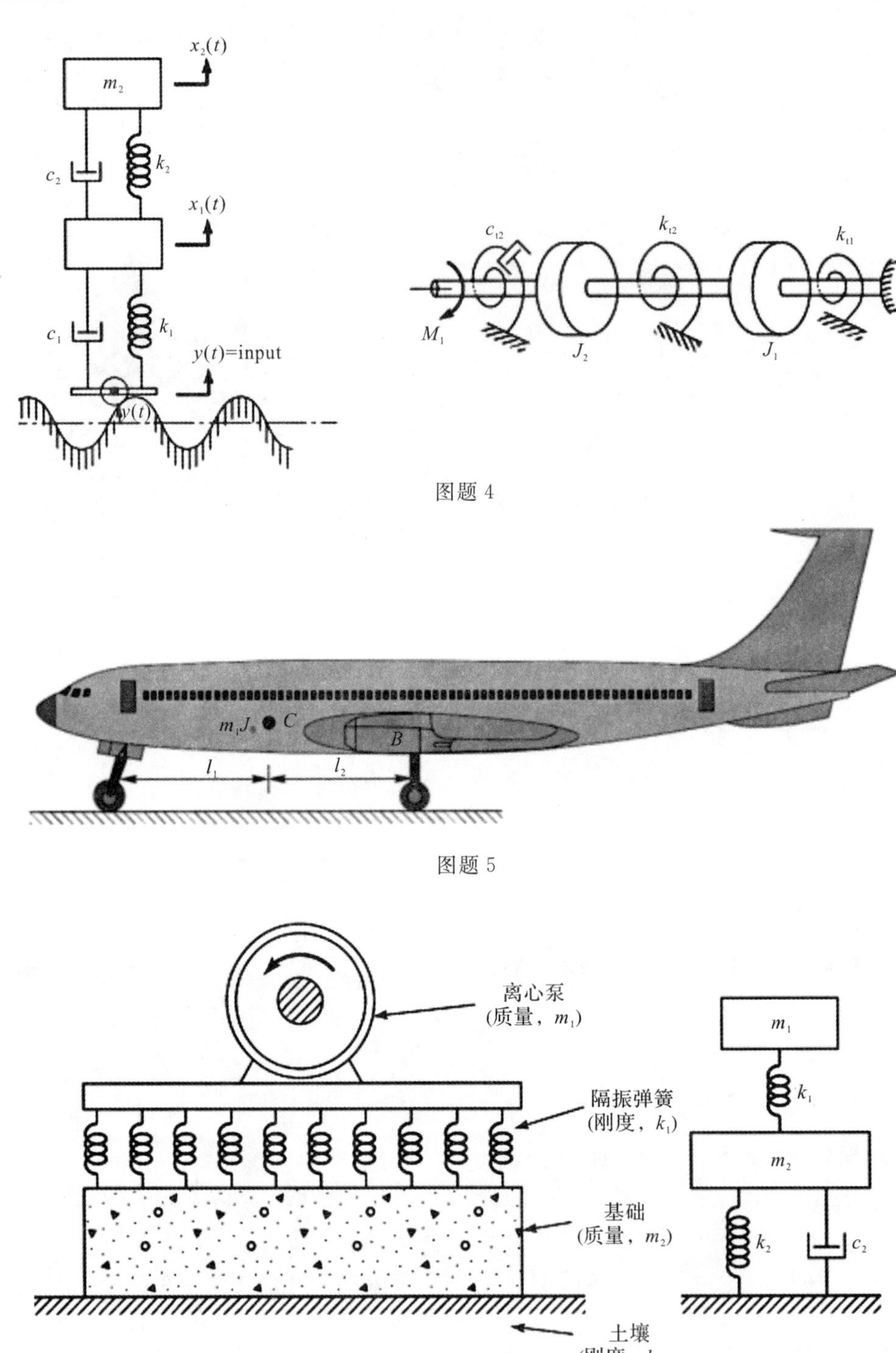

图题 4

图题 5

图题 6

7. 查阅相关标准，简述军用设备振动试验及冲击试验的一般过程。

8. 简述模态测试的三种方法及其流程。

第 3 章　阻振、隔振、吸振及缓冲

在人们的生产和生活中，振动和冲击现象是普遍存在的。人们一方面要利用振动与冲击现象来为生产和生活服务，另一方面，在大多数场合振动和冲击都是不利的，则需要有效地隔离振动和减缓冲击，以获得一个安静的工作和生活环境。从动力学理论分析的角度，阻振、隔振、吸振和缓冲都是抑制系统振动响应的问题。阻振是以消耗振动能量为手段的振动控制方法；隔振、吸振和缓冲是以传递或转换能量为手段的振动控制方法，在理论分析上是统一的。但在工程实践中，由于应用场合和振动抑制要求的不同，所以各类振动控制装置的结构形式是不同的。

阻振：通过在受控系统中添加阻尼器或黏贴连续分布的阻尼材料层，来消耗振动能量以达到减小振动的目的。

隔振：就是借助于控制振动能量的传递来减小振动，根据振动传递方向的不同，又分为隔离振源（隔力）和隔离响应（隔幅）两类。

吸振：就是借助于转移振动系统的能量来实现对振动的控制，如动力吸振器等。

缓冲：就是借助于某种装置将动能转化为势能再缓慢释放来减缓冲击，对冲击的缓冲也分为两类，即对冲击源的缓冲和对冲击响应的缓冲。

对于具体的阻振、隔振、吸振或缓冲系统设计，首先应该进行振源和被隔离体分析，通过优化设计，得到振动隔离装置的物理参数，以及振动隔离装置的最佳质量、刚度和阻尼。在振动工程实践中，各种阻振、隔振、吸振和缓冲装置的设计都涉及机械设计、制造工艺、材料学、电子电工以及控制技术等学科知识。

本章以振动理论为基础，主要介绍各种阻振、隔振、吸振和缓冲方法的工作原理以及阻尼减振器、隔振器、吸振器和缓冲器的一般设计原则。

3.1　阻尼减振器的原理与设计

在工程结构或机械系统中都存在各种各样的阻尼，实际的阻尼来源不一，形式多样，有来自滑动面的摩擦力，有来自周围介质（空气、水等）的阻力，也有来自材料内部自身的损耗等；有的阻尼力大小接近常值，有的阻尼力与速度成正比，有的阻尼力与速度二次方成正比，有的阻尼力与位移（变形）成正比。不论何种阻尼形式，对于绝大多数振动系统，阻尼都是起阻碍振动的作用。

3.1.1　阻尼在振动系统中的作用

顾名思义，阻尼意指在振动过程中起耗散系统振动能量、阻碍振动运动的一种机制。对于工程实际中的振动系统，由于阻尼的存在，在振动时必有能量的耗散，多数情况下是机械能转换为热能。根据第2章介绍的内容知道，阻尼的存在对系统的振动性能有重要的影响：对于自由振动，阻尼会耗散系统的能量，使振幅不断衰减；在强迫振动中，阻尼消耗激励力对系统所做的功而限制系统的振幅；特别是在共振区，系统的振动特性取决于系统的阻尼特性，即系统在共振区的振幅放大因子 β 取决于系统的阻尼水平，阻尼越大，放大因子越小。由此可知，利用阻尼对振动的抑制作用来进行减振设计是一种行之有效的办法。阻尼的性质不同，所服从的物理规律也不一样，由于阻尼产生的机理复杂，要完全准确地用数学表达式来表示一个系统复杂的阻尼特性是非常困难的，而且复杂的数学表达式不便于进行振动分析。通常的做法是采用某些简化的阻尼模型，以方便对有阻尼振动系统的分析。其中最简单、最便于分析的阻尼模型就是在第2章中介绍的黏性阻尼模型。除黏性阻尼外，还有干摩擦阻尼、流体阻尼、磁阻尼、碰撞阻尼和结构阻尼等。通常在振动分析中采用能量等效原则来简化阻尼模型，即根据不同阻尼在系统的一个振动周期内耗散的能量相同来等效为当量的黏性阻尼。下面就介绍几种常用的阻尼模型以及它们的等效方法。

1. 黏性阻尼

黏性阻尼是一种阻尼力与速度成正比的阻尼，也称为线性阻尼。它提供一个大小与振动速度成正比、方向与振动速度方向相反的力，并起耗散振动能量的作用。通常用一个如图3.1.1所示的常称为"阻尼壶"的符号来表示黏性阻尼器，黏性阻尼力可表示为

$$F_d = -c\dot{x} \tag{3.1.1}$$

式中，常数 c 称为黏性阻尼系数；$\dot{x}$ 为阻尼器两端的速度差。当系统作简谐振动时，有

$$x = A\sin(\omega t + \varphi) \tag{3.1.2}$$

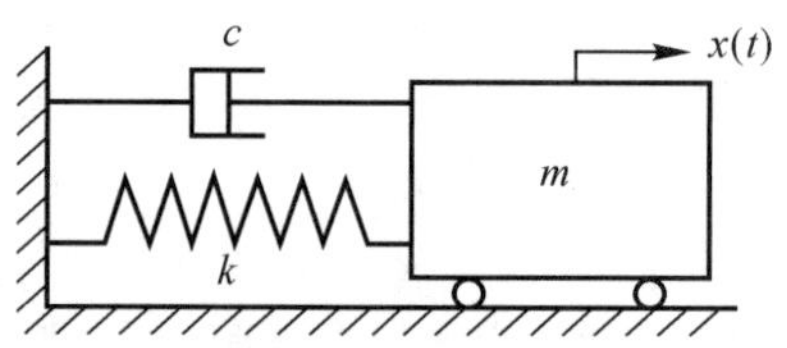

图 3.1.1　黏性阻尼振动系统

振动时阻尼所耗散的能量，即阻尼力所做的功为

$$W_d = \int F_d \mathrm{d}x = \int c\dot{x}^2 \mathrm{d}t \tag{3.1.3}$$

因振动周期 $T = 2\pi/\omega$，故系统振动一个周期阻尼所耗散的能量为

$$W_d = \int_0^T c\dot{x}^2 \mathrm{d}t = \int_0^T cA^2\omega^2\cos^2(\omega t + \varphi)\mathrm{d}t = \pi\omega c A^2 \tag{3.1.4}$$

由式(3.1.4)可知，黏性阻尼在系统振动一个周期内所消耗的能量正比于它的振幅的二次方，同时也与黏性阻尼系数和圆频率成正比。

2. 干摩擦阻尼

当系统发生振动时，如果系统内两个干燥面接触并产生相对运动，在约束力(正压力)的作用下，会在接触面上产生干摩擦力，它与振动速度无关，并始终与运动的方向相反。干摩擦力又称为库仑摩擦力。摩擦阻尼常用的符号表示方法如图3.1.2所示。根据库仑定律，摩擦力为

$$F_f = \mu N \frac{\dot{x}}{|\dot{x}|} \tag{3.1.5}$$

式中，N 是接触面的正压力；μ 为摩擦因数。

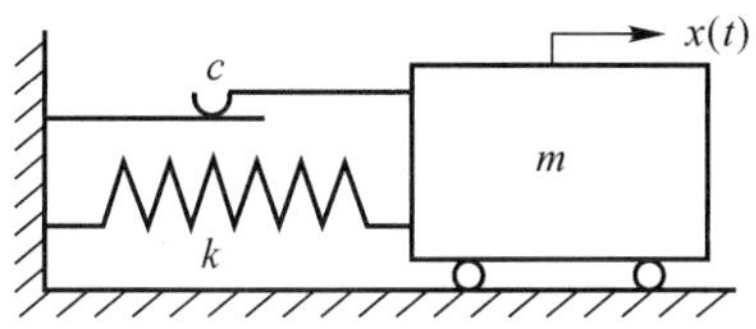

图 3.1.2　干摩擦阻尼振动系统

在系统振动一个周期内干摩擦阻尼所耗散的能量为

$$W_f = 4\mu NA \tag{3.1.6}$$

式中，A 是阻尼器两端相对运动的振幅，根据能量等效原则，可求得摩擦阻尼的等效黏性阻尼系数为

$$c_f = \frac{4\mu N}{\pi\omega A} \tag{3.1.7}$$

根据临界黏性阻尼系数 $c_c = 2\sqrt{mk} = 2k/\omega_n$（$\omega_n$ 为系统固有频率），可以得到等效阻尼比：

$$\zeta = \frac{c_f}{c_c} = \frac{2\mu N\omega_n}{\pi kA\omega} \tag{3.1.8}$$

干摩擦阻尼几乎不受环境温度变化的影响，在组装式结构中90%的阻尼来自干摩擦阻尼，利用干摩擦阻尼减振的工程领域非常广泛。

3. 流体阻尼

物体在流体中运动时所受到的阻力称为流体阻尼力，流体阻尼力与运动速度的二次方成正比，并与运动的方向相反，因而流体阻尼力可以表示为

$$F_e = \alpha\dot{x}|\dot{x}| \tag{3.1.9}$$

式中，α 为流体阻尼系数。流体阻尼力在系统振动一个周期内消耗的能量为

$$W_e = \int_0^T \alpha\dot{x}^2|\dot{x}|\mathrm{d}t \tag{3.1.10}$$

将简谐运动 $x = A\sin(\omega t + \varphi)$ 代入上式，得到

$$W_e = \frac{8}{3}\alpha\omega^2A^3 \tag{3.1.11}$$

其等效黏性阻尼系数为

$$c_e = \frac{8}{3\pi}\omega\alpha A \tag{3.1.12}$$

等效阻尼比为

$$\zeta_e = \frac{c_e}{c_c} = \frac{4}{3\pi}\frac{\omega\omega_n\alpha}{k}A \tag{3.1.13}$$

4. 结构阻尼

结构阻尼也是振动分析中常使用的一种阻尼。它是当材料处于交变应力状态时，由于材料内摩擦耗散能量而呈现的一种阻尼特性。实验发现，结构阻尼在系统振动一个周期内耗散的能量与交变应力的频率无关，而与振幅的二次方成正比。因而，结构阻尼力的大小与位移成

正比，方向与速度方向相反(阻碍振动运动)。

当存在结构阻尼时，结构振动一个周期，它的应力-应变曲线形成一条迟滞回线，所以结构阻尼也称为迟滞阻尼。实验证明，这条迟滞回线所包围的面积就是系统振动一个周期所耗散的能量。在小应变情况下，在很宽的一个频带范围内这个面积保持为常数，而仅与振幅的二次方成正比，即系统振动一个周期所耗散的能量可写为

$$W_s = \alpha A^2 \tag{3.1.14}$$

式中，α 为实验测定的常数，对于金属，α 取值在 2～3 之间。

其等效黏性阻尼系数为

$$c_s = \frac{\alpha}{\pi\omega} \tag{3.1.15}$$

等效阻尼比为

$$\zeta_s = \frac{\alpha\,\omega_n}{2\pi k\omega} \tag{3.1.16}$$

对于具有结构阻尼特性、受复谐和激励力作用的单自由度系统，用等效黏性阻尼的形式写出其振动方程：

$$m\ddot{x} + \left(\frac{\alpha}{\pi\omega}\right)\dot{x} + kx = f(t) = F\,\mathrm{e}^{\mathrm{j}\omega t} \tag{3.1.17}$$

假设响应为 $x = \overline{X}\,\mathrm{e}^{\mathrm{j}\omega t}$，从而有 $\dot{x} = \mathrm{j}\omega x$，代入方程：

$$m\ddot{x} + k(1+\mathrm{j}\eta)x = F\,\mathrm{e}^{\mathrm{j}\omega t} \tag{3.1.18}$$

式中，$\eta = \frac{\alpha}{\pi k}$ 称为结构阻尼率，$k(1+\mathrm{j}\eta)$ 也常称为复刚度。

除了上面所介绍的阻尼外，还有由于金属在磁场中运动所产生的涡流与磁场相互作用而产生的磁滞阻尼；两个物体发生非完全弹性碰撞时，由于动量损失所产生的碰撞阻尼。它们仍然可以按照在一个振动周期内消耗的能量相等的原则来等效为黏性阻尼。

3.1.2 阻尼减振器的基本原理

如前所述，由于阻尼的形式多种多样，在工程实践中，利用各种阻尼所设计的阻尼减振器也是多种多样的。按所产生的阻尼性质不同，阻尼减振器可以分为固体摩擦阻尼减振器、流体阻尼减振器、磁阻尼减振器以及碰撞阻尼减振器。而依照阻尼器所采用的材料又分为橡胶减振器、弹簧减振器、空气减振器和油液减振器等。从能量转化的观点看，各种阻尼减振器都是利用各种形式的阻尼耗散振动能量，从而达到降低振动水平的目的。一般地，阻尼减振器的耗能方式都是将机械能转化为热能并散失到大气中。因此，阻尼减振器设计的基本要求，就是要使尽可能多的能量转换成热能。表 3.1.1 列出了常用阻尼减振器的设计原理及其特点。

由于许多阻尼减振器所使用的阻尼材料都具有一定的弹性，所以这些阻尼减振器在振动系统中的力学模型实际上是并联的一个弹簧和一个阻尼器。而对于一些特殊的减振器(如黏弹性减振器)则有其特定的力学模型。因为各种阻尼都可以用等效黏性阻尼来表示，所以在本章以单自由度振动系统来说明利用线性黏性阻尼器进行减振的原理。对近年来发展较快的黏弹性阻尼减振器、非线性阻尼减振器也略加介绍。

表 3.1.1　常用阻尼减振器的设计原理及其特点

类　型	减振原理	特　点
固体摩擦阻尼减振器	利用运动件与阻尼件之间及阻尼件与固定件之间振动时的摩擦消耗振动能量	利用摩擦阻尼；结构简单，适用于减少高速旋转机械的振动；安装于高速、大振幅处；摩擦面易污染和磨损
流体阻尼减振器	利用运动件在阻尼液中的运动对振动体施加阻尼作用	利用黏性阻尼或流体阻尼，结构简单，使用维护方便，工作稳定
电磁阻尼减振器	利用金属件在磁场内振动时所产生的涡流与磁场相互作用形成的阻尼来减少振动	利用电磁阻尼。阻尼与频率无关，适于高频、小尺寸轻型结构减振
冲击减振阻尼器	利用非完全弹性体相互碰撞时耗散振动能量来减振	利用冲击阻尼；质量轻，体积小，适用于减少高频振动的振幅

1. 力激励情形

如前所述，阻尼减振的目的是利用阻尼减小系统的振幅。如图 3.1.3 所示，系统受到简谐外力的激励，减振器的力学模型用一个并联的弹簧（刚度系数为 k）和一个黏性阻尼器（阻尼系数为 c）来表示，并忽略减振器本身质量，系统的振动方程为

$$m\ddot{x} + c\dot{x} + kx = F_0 \sin\omega t \tag{3.1.19}$$

根据第 2 章的讨论，其振动位移响应幅值为

$$X = \frac{F_0/k}{\sqrt{(1-\gamma^2)^2 + (2\zeta\gamma)^2}} = \beta X_0 \tag{3.1.20}$$

位移响应放大系数 β 随频率比变化的曲线（以阻尼比为参数）如图 2.3.3 所示。可以看到，在共振区内增大系统阻尼可以大大减小响应的幅值。

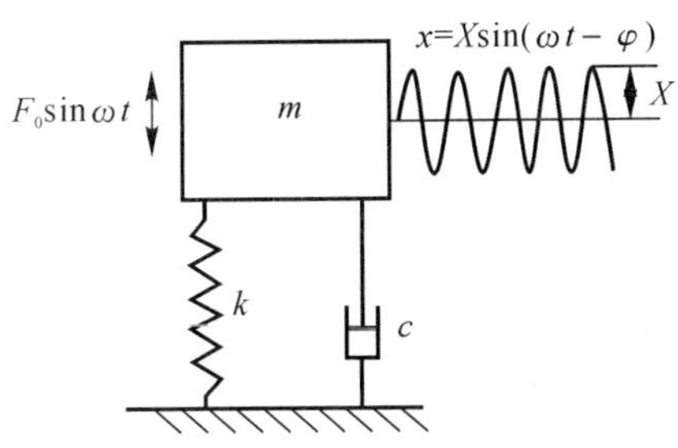

图 3.1.3　简谐力激励下振动系统的阻尼减振

2. 基础运动激励情形

如图 3.1.4 所示，减振器刚度和阻尼系数的定义与上面所述相同，当系统受到基础简谐激励时，其绝对运动的振动方程为

$$m\ddot{x} + c\dot{x} + kx = c\dot{y} + ky = c\omega Y\cos\omega t + kY\sin\omega t \tag{3.1.21}$$

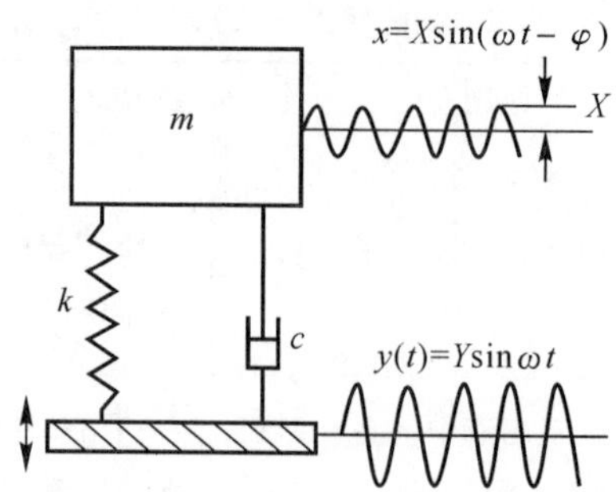

图 3.1.4　基础简谐运动激励下振动系统的阻尼减振

根据第 2 章的讨论，系统的位移响应幅值为

$$X = Y\sqrt{\frac{1+(2\zeta\gamma)^2}{(1-\gamma^2)^2+(2\zeta\gamma)^2}} = TY \tag{3.1.22}$$

以阻尼比 ζ 为参数画出的位移幅值传递率 T 随频率比变化的曲线，如图 2.3.8 所示。在共振区，阻尼的减振作用是显而易见的。同时对于基础运动激励的情况，当频率比大于 $\sqrt{2}$ 时，虽然位移传递率都小于 1，但这时增加阻尼反而会降低减振效果。所以对于减小基础运动激励引起的振动，采用阻尼减振，要选择合适的阻尼水平才能达到较好减振的目的。这一点在隔振设计中还要详细讨论。

3.1.3　常用阻尼减振器设计

1. 橡胶块阻尼减振器

对于橡胶这种特殊的材料，具有静弹性模量和动态弹性模量两种不同的弹性特征。橡胶块的静弹性模量为

$$E = E_0\,\xi_T\,\xi_F \tag{3.1.23}$$

式中，E_0 为长期负载下的静弹性模量；ξ_T 为温度系数，$\xi_F = \xi_F(\mu_T)$ 为形状系数，

$$\mu_T = \begin{cases} \dfrac{A\times B}{2(A+B)H} & \text{矩形截面橡胶块} \\[2ex] \dfrac{D}{4H} & \text{圆形截面橡胶块} \end{cases}$$

式中，A，B 为矩形截面的长宽；D 为圆形截面的直径；H 为橡胶块高度。

静弹性模量 E、温度系数 ξ_T 和形状系数 ξ_F 可由图 3.1.5、图 3.1.6、图 3.1.7 查出。橡胶块减振器的变形一般控制在 15%～20%，即 $\Delta H = 0.15H \sim 0.25H$，其承压面宜采用方形或圆形，其边长或直径宜控制在 $H \sim 4H$ 范围内。

动态弹性模量：

$$E_d = n_d E \tag{3.1.24}$$

式中，n_d 为动态系数，一般取为 2～2.5。可根据实验确定，例如在 $\Delta H = (0.1 \sim 0.3)H$、温度为 $t = 30$℃ 时，n_d 可取 2.5。

动态剪切模量：

$$G_d = \frac{1}{3}E_d \tag{3.1.25}$$

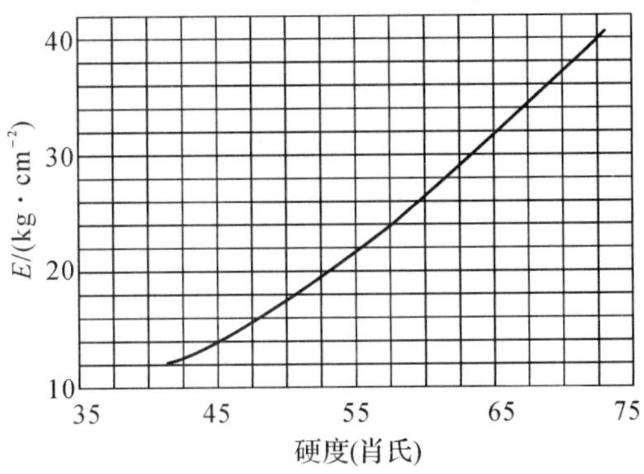

图 3.1.5　橡胶静弹性模量随硬度变化曲线

（t = 15℃，μ_F = 0.25，相对变形 15%）

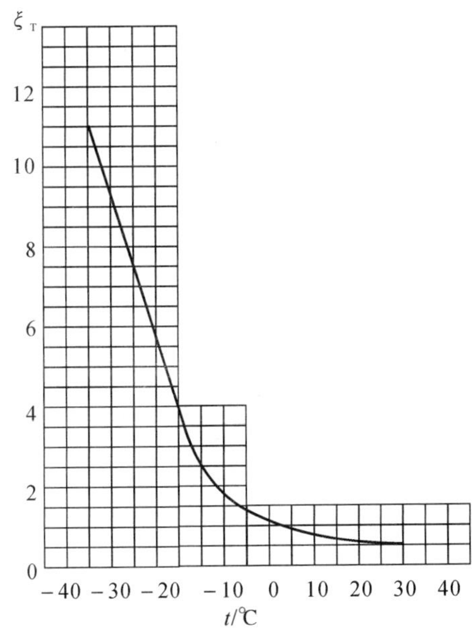

图 3.1.6　橡胶的温度系数

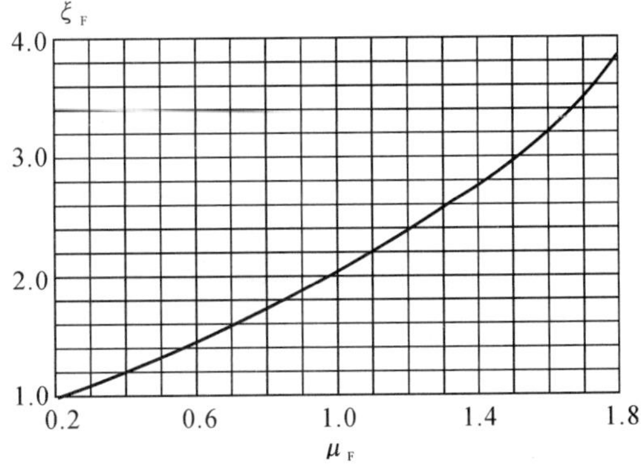

图 3.1.7　橡胶的形状系数

橡胶块减振器设计：

(1)垂向动刚度。若被减振对象总重力为 W，要求系统减振后的固有频率为 f，则减振器的总垂向动刚度为

$$K_z = \frac{W}{g}(2\pi f)^2 \tag{3.1.26}$$

(2)垂向静刚度：

$$K_s = \frac{K_z}{n_d} \tag{3.1.27}$$

(3)垂向静位移：

$$\Delta H = \frac{W}{K_s} \tag{3.1.28}$$

(4)减振器高度：

$$H = (4 \sim 6.7)\Delta H \tag{3.1.29}$$

(5)橡胶块截面积。根据 $\frac{\Delta H}{H} = \varepsilon = \frac{1}{E}\frac{W}{A}$ 以及上述表达式，可得

$$A = \frac{HK_s}{E} \tag{3.1.30}$$

(6)校验水平动刚度，以满足设计要求。根据 $K_x = \frac{F_x}{\Delta x}$(假定橡胶块下表面固定，在上表面作用一水平的剪力 F_x，上表面产生的位移为 Δx)以及 $\frac{\Delta x}{H} \approx \gamma = \frac{1}{G_d}\frac{F_x}{A}$，可得

$$K_x = \frac{G_d A}{H} = \frac{E_d A}{3H} \tag{3.1.31}$$

从前面的介绍也看到，橡胶块阻尼减振器的缺点是减振性能受温度影响较大，而且容易老化，不耐油，使用寿命较短等。表 3.1.2 给出了常用减振橡胶材料的性能和阻尼比。

表 3.1.2　常用减振橡胶材料的性能和阻尼比

材料	特性	温度范围/℃	阻尼比
天然橡胶(NR)	动特性、耐久性和加工性等综合性能最好，耐油耐气候性较差	−30～70	0.05
氯丁二烯橡胶(CR)	与天然橡胶比，适合于作隔振器，耐油、耐气候性能较好，但稳定性差	−20～70	0.1
丁腈橡胶(NBR)	耐油性良好，耐气候性差，动特性及松弛性差	−10～80	0.1
丁基橡胶(HR)	阻尼较大，动特性差，黏结强度差，耐油性差，耐气候性好	−10～70	0.23
乙丙橡胶(EPR)	动特性差，黏结强度差，耐油性差，耐气候性和耐热性好	−10～80	——

2. 弹簧减振器

根据所使用的场合及要求，弹簧减振器的外观和结构形式多种多样，如螺旋弹簧、蝶形弹簧、环形弹簧、板片弹簧和扭转弹簧等，其中最普通、应用也最广泛的是螺旋弹簧。在工业上把螺旋弹簧以外的弹簧称为异形弹簧。螺旋弹簧阻尼减振器的主要元件是螺旋弹簧，其力学性能稳定，可准确设计其刚度，并且可以设计出固有频率很高或很低的减振器，应用范围很广，工作可靠，耐油，耐高温，缺点是阻尼水平一般较低。通常与其他减振材料联合使用。

常用螺旋弹簧减振器的材料及其机械性能见表 3.1.3。典型弹簧减振器结构如图 3.1.8 所示，振源来自被减振结构的机座。主要减振元件为弹簧。弹簧减振器中弹簧的受力方式有两种：支承式和悬挂式。在被减振体的刚度远大于弹簧刚度的情况下，减振系统的固有频率可按下式估算：

$$f = \frac{1}{2\pi}\sqrt{\frac{kg}{W}} \tag{3.1.32}$$

式中，W 为减振体重力；g 为重力加速度；k 为弹簧刚度。

表 3.1.3　常用螺旋弹簧减振器的材料及其机械性能

材料	代号	直径/mm	许用应力[τ] kg/mm^2	剪切弹性模量 G kg/mm^2
65 锰钢	65Mn	6～50	30	8 000
60 硅锰钢	60SiMn	6～50	45	8 000
50 铬钒钢	50CrVa	6～50	27	8 000
4 铬 13	4Cr13	6～50	27	8 000

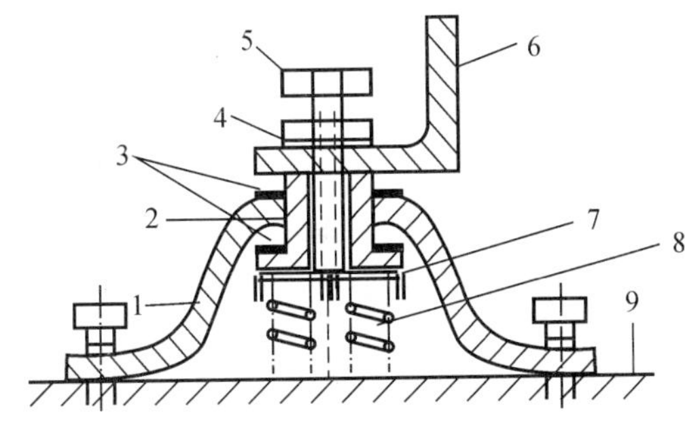

图 3.1.8　螺旋弹簧减振器结构示意图

1—减振器壳体；2—连接件；3—橡胶带；4—螺母；5—螺钉；6—机座；7—弹簧压盖；8—弹簧；9—底座

弹簧减振器的设计。

在弹簧减振器设计中，弹簧的设计可按照相关标准要求来进行，例如针对常用的圆柱螺旋弹簧，可参照 GB/T23935—2009《圆柱螺旋弹簧设计计算》，其中详细说明了圆柱螺旋压缩弹簧、圆柱螺旋拉伸弹簧、圆柱螺旋扭转弹簧的设计要求与步骤，这里就不赘述。

在设计减振器的弹簧时，还要注意弹簧的自振频率不允许接近或等于被减振体的激振频率以避免共振。激振频率确定后，必须在设计时使弹簧自振频率远大于或远小于激振频率。但高自振频率设计使得弹簧刚度很大，又不利于减振，在可能条件下，一般将减振器设计成软弹簧。

3. 流体阻尼减振器

流体阻尼减振器是利用流体与管壁及流体内部各部分之间的黏性摩擦而消耗振动能量。根据工作时的阻尼介质，分为液体减振器和气体减振器两种。液体减振器一般用油液作为阻尼介质，气体减振器一般用空气作为阻尼介质。载荷较小时一般用气体减振器，载荷较大时用液体减振器或气液混合减振器。流体阻尼减振器的阻尼力与振动相对速度的1～2次方成正比关系。

液体减振器具有结构简单，质量轻，尺寸小，设计制造容易，使用维护方便，工作稳定，寿命长等优点，在航空工程中多用于防止飞机机轮摆振和减少发动机的扭转振动。

(1)油液减振器。油液减振器使用油液作为其阻尼介质，因此要求阻尼油的液化温度范围广、黏度适当，而且对温度的变化不敏感，沸点较高而凝固点较低，对减振器的密封材料(如橡胶、皮革、金属密封环和密封垫圈)无腐蚀作用。

油液减振器的形式一般为活塞式和叶轮式两种。它们的结构示意图如图3.1.9所示。振动体运动时带动减振器的活塞或叶轮产生往复运动，迫使油液通过活塞或叶轮上的节流孔来回流动，油液高速通过节流孔时产生强烈的摩擦，使部分动能转变成热能而耗散。

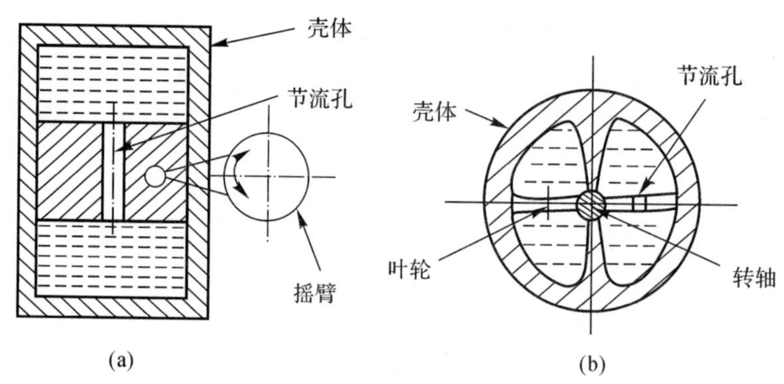

图3.1.9 流体减振器

(a)活塞式；(b)叶轮式

在飞机飞行时，强气流的脉动会使舵面产生强迫振动。飞机工程中使用油液阻尼减振器来减小舵面的振动。如图3.1.10所示，舵面运动促使活塞相对于油缸做往复运动，油液将通过活塞上的节流小孔而在活塞两腔间来回流动而产生阻尼，减小舵面的振动。

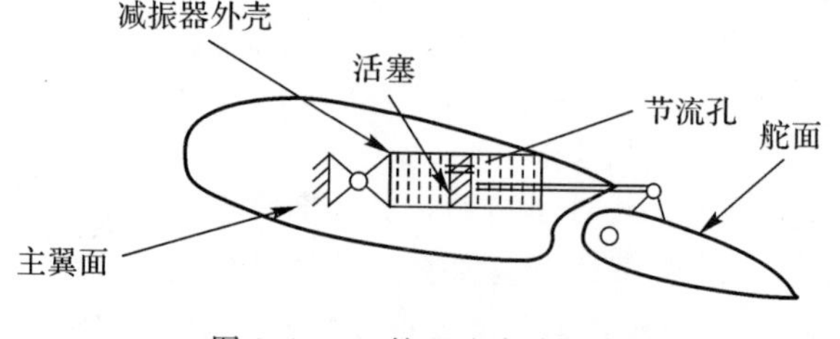

图3.1.10 舵面油液减振器

在采用油液作为阻尼介质的减振器中，还有一种用于轴承减振的油膜轴承减振器，又叫挤压油膜减振器，其结构示意图如图 3.1.11 所示，由机座引入滑油，通到轴承外环与轴承座之间的间隙中，因而外环与轴承不直接接触而由一层油膜隔开，当来自轴的振动传到外环上时，便挤压油膜而产生高压，对振动起到阻尼作用。挤压油膜减振器设计的一个重要参数是轴承外环与轴承座之间的间隙。对于现代航空发动机转子轴承，油膜间隙一般取为 $\Delta D/D=0.1\%\sim0.23\%$，其中 ΔD 为油膜直径，D 为轴承外环的外径，若振动较大，则油膜间隙取较大值。

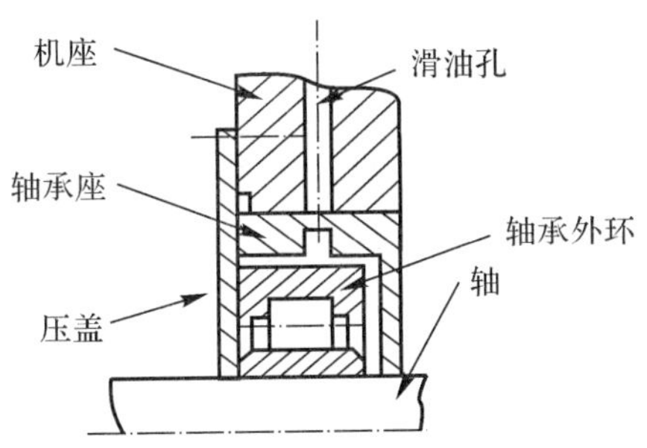

图 3.1.11　滚动轴承的油膜减振器

(2)空气减振器。用空气作为阻尼介质的流体减振器称为空气减振器。它利用空气在节流孔中的微流动产生摩擦，消耗部分振动能量来起到减振作用。空气减振器的结构形式也有两类：气囊式空气减振器和活塞式空气减振器，如图 3.1.12 所示。

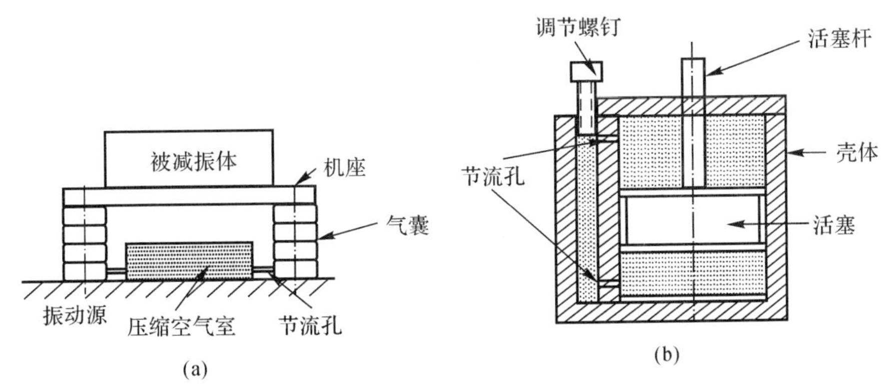

图 3.1.12　空气减振器

(a)气囊式；(b) 活塞式

(3)油气减振器。工程中还有一种同时包含油液和空气的减振器，即油气减振器(也称气液混合减振器)，其结构多种多样，例如单腔式、双气腔式以及双油腔式，如图 3.1.13 所示。通常采用氮气作为压缩气体，各类不同形式的油气减振器的减振原理基本相同，均是利用油液通过节流孔消耗振动能量，而压缩气体则相当于强力弹簧起缓冲作用。一般使用在强烈振动冲击的情况下，如飞机起落架的减振缓冲器。

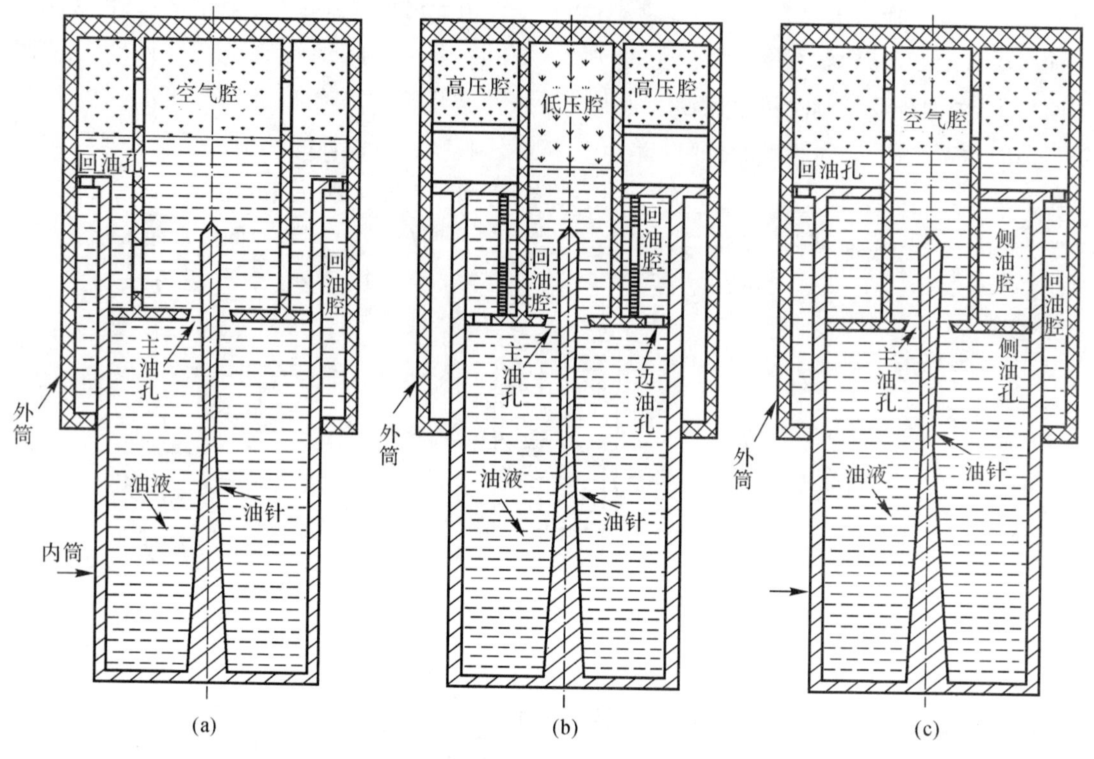

图 3.1.13　油气减振器

(a)单腔式;(b) 双气腔式;(c) 双油腔式

4. 冲击阻尼减振器

冲击阻尼减振器是利用非完全弹性碰撞时所引起的动能损耗这个原理来设计制造的。这类减振器质量轻、体积小、结构简单,易于制造。通常用于减小振动强度较小的高频振动。如镗床的镗刀杆就利用冲击阻尼减振原理来设计减振器,以减少镗刀杆的振动,可以取得很好的效果。

设计这种冲击阻尼减振器,主要是减小镗刀杆的弯曲振动,故在图 3.1.14 中,冲击减振器的工作间隙是冲击块或冲击环与镗刀杆之间的径向间隙。在设计中应根据实测的镗刀杆内径或外径,设计冲击块的外径或冲击环的内径,冲击块或冲击环的质量一般为镗刀杆外伸部分质量的 1/8~1/10,选择冲击块或冲击环的材料以获得适当的恢复系数,增加减振效果。按照冲击阻尼减振的基本原理还可以设计出其他形式、适合于其他机械设备减振的冲击阻尼减振器。

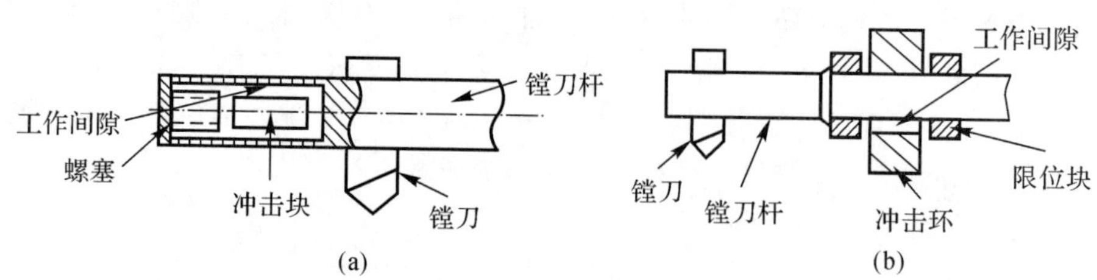

图 3.1.14　镗刀杆冲击减振器

(a)内置式;(b) 外置式

5. 非线性阻尼减振器

随着现代工业的发展,出现了越来越多的振动控制要求。例如在飞行器设计工程领域,随着飞行器速度和机动性能的提高,机载设备更加精密和复杂,其工作的振动环境更加恶劣,从而对舱内仪表安装用的减振器工作频带、体积、抗环境温差和抗腐蚀能力等要求也越来越高,常规的线性阻尼减振器往往不能兼顾多项技术指标要求,这类问题的解决就推动了非线性减振器技术的发展。20 世纪 70 年代后期出现的干摩擦阻尼减振器,为航空航天以及船舶工业的发动机、仪器仪表减振安装提供了技术支持,也使干摩擦这种阻尼再次受到重视,对干摩擦阻尼减振器的研究成为 20 世纪 80 年代振动控制领域的一个重要研究方向。

(1)金属丝网阻尼减振器。金属丝网阻尼减振器是干摩擦阻尼减振器研制中较为典型的一种,它的主要元件是一个金属弹簧与一个塞在弹簧内的细金属丝网状垫,前者承受主要载荷,后者起阻尼作用。当然也可以反过来设计,使金属弹簧在金属丝网状垫内部。

金属丝网是由细的冷拔铬镍丝或蒙内尔合金丝编织而成的,并在压模内压制到所需的形状和尺寸,网垫的高度和阻尼特性由钢丝直径(一般 0.1mm 左右)网格间距和网垫的尺寸而定。这种减振器的优点是环境适应性强,不但具有很好的减振能力,而且对瞬时冲击载荷具有良好的吸收能力,承载能力大,振动时能量吸收率可达到 90%,相应的阻尼比可高达 0.15～0.20(普通钢弹簧为 0.06),因此还具有良好隔声性能,通常固有频率可设计到 20Hz 以下。图 3.1.15 为一个圆柱形金属丝网减振器的结构示意图。

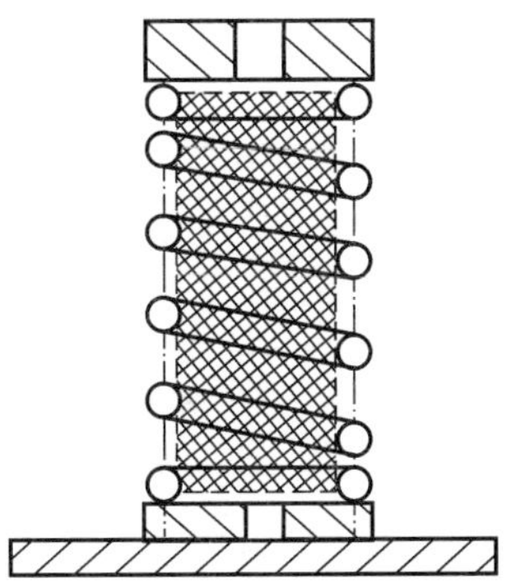

图 3.1.15　圆柱形金属丝网减振器

(2)钢丝绳减振器。钢丝绳减振器是一种新型的阻尼减振器,它既能吸收冲击能量又能衰减高低频振动,并且能够衰减掉隔离体本身的驻波效应。

钢丝绳减振器沿水平 x,y 方向的刚度一般是垂向 z 方向刚度的 1/2～1/3,所以是一种三向减振器。它所占空间小,容易安装,可用于压缩、拉伸、剪切和扭转振动的减振,承载范围从数百克到数吨。由于弹簧用不锈钢丝制成,其使用温度范围极宽,一般在 −73～260°C,耐腐蚀,使用期内几乎不用维修。其应用范围极广,从航空、航天到建筑、交通等各工业部门都得到了应用。钢丝绳减振器的结构形状如图 3.1.16 所示。

钢丝绳减振器的阻尼特性与变形有关,当振幅足够大时,钢丝绳各股钢丝之间发生干摩擦而消耗能量,而在振幅较小时,各股钢丝又靠干摩擦力拧在一起不发生滑移,所以不产生摩擦阻尼。

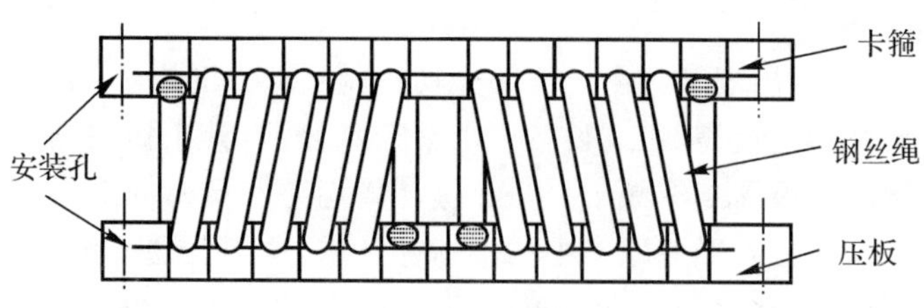

图 3.1.16 钢丝绳减振器

在设计载荷范围内，钢丝绳减振器的载荷位移曲线如图 3.1.17(a)所示。随着振幅加大，其刚度越来越小(刚度软化)，而正是这种刚度软化特性，使得钢丝绳减振器能够通过吸收大量冲击能量来减缓冲击力。

由于钢丝绳中的摩擦力滞后于钢丝之间的滑移，形成迟滞回线，所以钢丝绳干摩擦减振器的刚度特性曲线表现为非线性的迟滞回线，如图 3.1.17(b)所示。图中回线面积就是摩擦力在一个周期的运动中消耗的能量，从而表现出非线性阻尼特性。在钢丝绳减振系统分析中，常用双线性迟滞回线模型来近似实际测得的迟滞回线，以便于分析。同时在钢丝绳减振系统的初始滑移较大时，除了用耗能等效原则求出阻尼力外，还必须考虑到干摩擦系统的刚度随振幅增大而软化的问题。由于非线性动力学系统的复杂性和理论分析的不完善性，钢丝绳减振器的动力学设计问题还没有固定的模式。在其工程应用研究中发展了各种近似分析方法。钢丝绳减振器的具体设计方法读者可参考教材后所附参考文献。

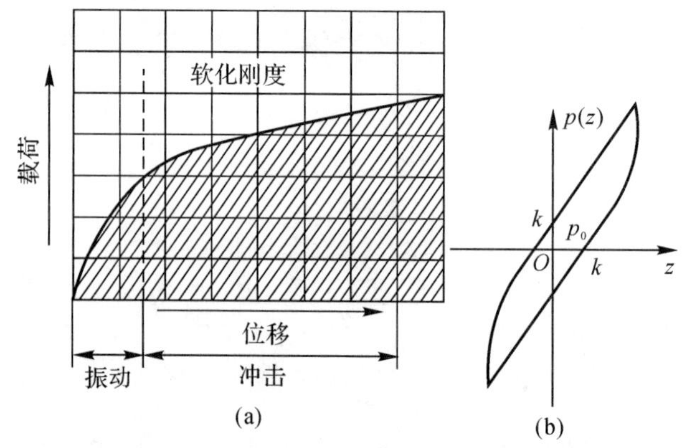

图 3.1.17 钢丝绳减振器的特性曲线

(a)载荷位移曲线；(b) 迟滞回线

6. 黏弹性阻尼减振技术

由于黏弹性阻尼系统的理论分析超出了本书的范围，这里仅简单介绍黏弹性材料阻尼减振的基本概念。

黏弹性阻尼减振技术是利用高分子材料在转换态时的高阻尼特性，将它与基体结合，在变形时耗散能量。这种技术具有宽带控制特性，能在很宽的频率范围内起到抑制振动峰值的作用。黏弹性阻尼减振技术起初仅应用于航空航天等军工领域，现在已推广应用到民用工业的各个部门中，并在近几十年来得到了飞速的发展。黏弹性阻尼减振技术有两种实现途径：一是自由阻尼层，就是将黏弹性材料直接黏贴或喷涂在需要减振的结构表面，当结构振动时，通过黏弹性材料的弯曲、拉伸来消耗能量，如图 3.1.18(a)所示；另一种是约束阻尼层，即将黏弹性材料黏合在结构基材表面与金属约束层之间，当结构振动产生弯曲变形时，由于金属约束层的作用，黏弹性材料在两层弹性板中产生很大的剪切变形，从而产生很大的阻尼，其结构损耗因子可高达 0.5 左右，如图 3.1.18(b)所示。黏弹性阻尼减振技术与其他减振技术相比，具有分布性较好的特点，同时由于黏弹性材料黏贴在结构上成为一个整体，而具有黏弹性材料的结构系统的动力学分析与通常的弹性结构动力学分析有所不同，所以，采用黏弹性阻尼技术进行结构减振设计，需要考虑被减振结构、约束层性质、黏弹性材料的阻尼性能以及相应的处理方法。

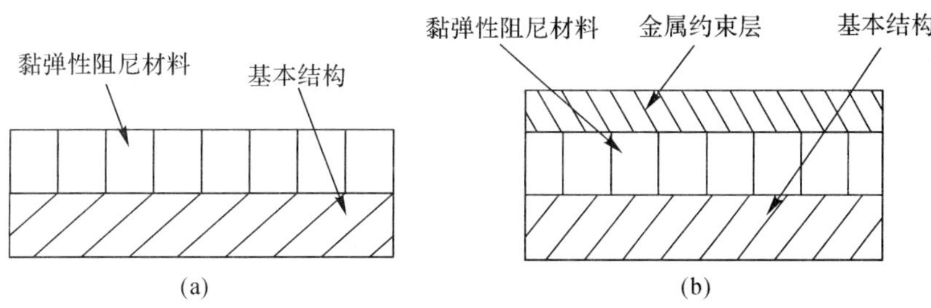

图 3.1.18　黏弹性阻尼减振技术

(a)自由阻尼层；(b) 约束阻尼层

黏弹性材料是一种理想的高阻尼材料，它不仅可减小振动水平，还可降低噪声水平。但是高分子材料对温度较敏感，在环境温度变化大于 60℃ 的地方，减振效果不太理想。

3.2　隔振器的原理与设计

隔振是振动控制的重要途径之一。隔振器实质上是一个具有一定弹性和耗能特性的承载装置。其力学模型一般由一个弹性元件与一个阻尼元件并联组成，安装在被隔振体与振源之间。由于隔振器具有一定的刚度，在振动时产生一个和振动位移成正比的弹性力(矢量)，同时由于它有一定的阻尼，所以在振动时产生一个和振动速度有关的阻尼力(矢量)(如果是黏性阻尼，则阻尼力与振动速度成正比)。隔振器设计的目的就是要设计出合适的隔振器刚度系数和阻尼系数，使这两个力的矢量和最小。可见，只要设计适当，采用隔振器就能够控制振动的传递。

3.2.1　隔振的基本原理

根据振动传递方向的不同，隔振又分为以下两类。

第一类隔振，称为隔力，这时振动设备就是振源，采用隔振器的目的，是隔离由振源传递给基础的振动力，减小振动设备对基础的作用，即隔离振源。

第二类隔振，称为隔幅，这时基础的振动是振源，采用隔振器的目的，是隔离由基础传递给设备的振动，减小基础振动对设备的扰动，即隔离响应。

上述两类隔振的概念虽然不同，但都是在设备与基础之间安装隔振器作为弹性/阻尼支承来实现的。两类隔振系统原理的分析模型如图 3.2.1 所示，图 3.2.1(a)中的质量块 m 代表振动机械，图 3.2.1(b)中质量块 m 代表需要隔振的精密仪器设备，并联的弹簧和阻尼器代表隔振器。

为了说明隔振原理和隔振分析方法，不失一般性，在下面的论述中，假定隔振器的阻尼为线性黏性阻尼，且仅考虑隔离铅垂方向简谐振动的情形。

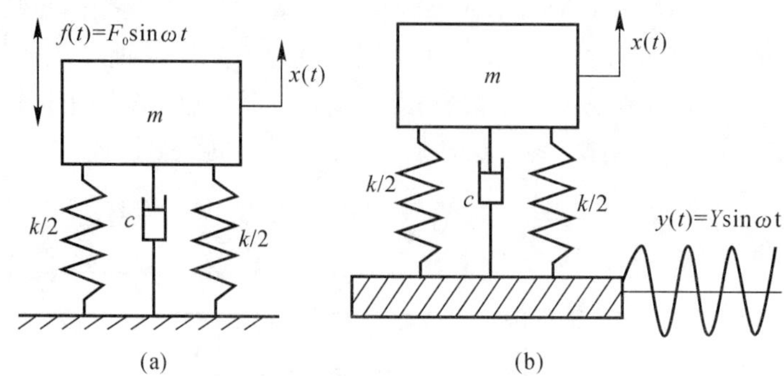

图 3.2.1　两类隔振器

(a)第一类隔振(隔力)；(b) 第二类隔振(隔幅)

1. 第一类隔振：隔力

图 3.2.1(a)所示为隔离振动力的分析模型。在质量块 m 上作用有简谐激振力 $f(t)=F_0\sin\omega t$，根据第 2 章可知，质量块 m 的强迫振动响应为

$$x(t)=X\sin(\omega t-\varphi) \tag{3.2.1}$$

式中

$$X=X_0\beta=\frac{F_0}{k}\frac{1}{\sqrt{(1-\gamma^2)^2+(2\zeta\gamma)^2}} \tag{3.2.2}$$

故有

$$F_0=kX\sqrt{(1-\gamma^2)^2+(2\zeta\gamma)^2} \tag{3.2.3}$$

显然，如果没有隔振器，质量块 m 直接固定在基础上时，传到基础上的力的幅值就是 F_0，安装隔振器后，由图 3.2.1(a)可知，传到基础上的弹性力和阻尼力分别为

$$F_k=kx=kX\sin(\omega t-\varphi) \tag{3.2.4}$$

$$F_c=c\dot{x}=c\omega X\cos(\omega t-\varphi) \tag{3.2.5}$$

F_k 与 F_c 频率相同，但相位相差 90°，故两者合力的幅值为

$$F_T=X\sqrt{k^2+c^2\omega^2}=kX\sqrt{1+(2\zeta\gamma)^2} \tag{3.2.6}$$

这就是采用隔振器后传到基础上的力幅。将传到基础上的力和作用在质量块 m 上的力的幅值之比称为力传递率，记为

$$T=\frac{F_T}{F_0}=\sqrt{\frac{1+(2\zeta\gamma)^2}{(1-\gamma^2)^2+(2\zeta\gamma)^2}} \tag{3.2.7}$$

2. 第二类隔振：隔幅

在这种情况下，质量块 m 上没有外激励力作用，而支承质量块 m 的基础有沿铅垂方向的简谐运动 $y(t)=Y\sin\omega t$，根据第 2 章可知，质量块在基础激励下的振动响应幅值为

$$X=Y\sqrt{\frac{1+(2\zeta\gamma)^2}{(1-\gamma^2)^2+(2\zeta\gamma)^2}} \tag{3.2.8}$$

在第 2 章中，把响应的幅值与基础运动的幅值之比称为位移传递率，即

$$T=\frac{X}{Y}=\sqrt{\frac{1+(2\zeta\gamma)^2}{(1-\gamma^2)^2+(2\zeta\gamma)^2}} \tag{3.2.9}$$

显然，式(3.2.7)力传递率与式(3.2.9)位移传递率的表达式是完全一样的，因此，统称为传递率。这也说明了无论是第一类隔振还是第二类隔振，两者的原理是统一的。注意，上述传递率是针对质量块的绝对运动建立方程推导得出的，有时也称为绝对传递率。

以阻尼比 ζ 为参数，画出传递率 T 随频率比 γ 变化的 $T-\gamma$ 曲线，如图 3.2.2 所示，可以看到隔振系统具有如下的隔振特性。

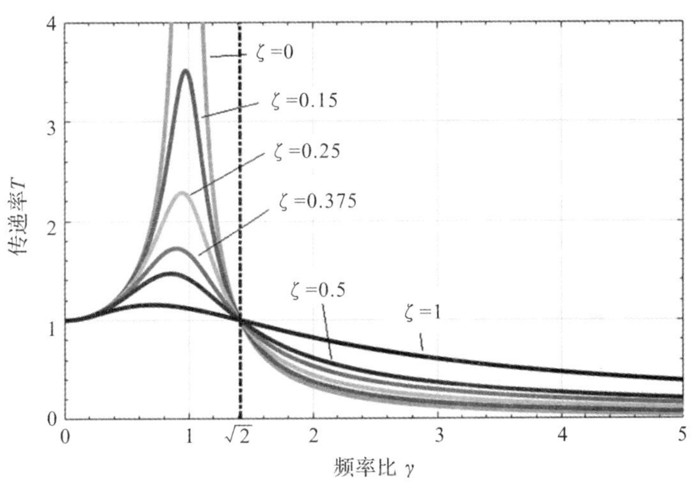

图 3.2.2　位移传递率随频率比变化的曲线

(1)无论阻尼为何值，当 $\gamma>\sqrt{2}$ 时，都有 $T<1$，即只有当频率比 $\gamma=\frac{\omega}{\omega_n}>\sqrt{2}$ 时，才能达到隔振目的。进行隔振器参数设计时，必须满足 $\omega_n=\sqrt{\frac{k}{m}}<\frac{\omega}{\sqrt{2}}$。

(2)在频率比 $\gamma>\sqrt{2}$ 时，随着频率比的增大，传递率 T 越来越小，即隔振效果越来越好，当 $\gamma\to\infty$ 时，$T\to 0$，即振动被完全隔离了。但频率比太大，意味着隔振器的刚度很小，安装隔振器后系统的静变形将会很大，降低了系统的静稳定性。同时也可看到，在频率比大于 5 以后，传递率变化不明显。理论和实践都证明，频率比取值一般在 2.5～4.5 的范围内，相应的隔振效率可达到 80%～95%。

(3)当 $\gamma=\sqrt{2}$ 时，不论阻尼比多大，T 都为 1，即所有曲线都在 $\gamma=\sqrt{2}$ 处相交。在 $\gamma<\sqrt{2}$ 时，增加阻尼使 T 减小，特别在共振区效果更加明显。但在 $\gamma>\sqrt{2}$ 时，增加阻尼反而使 T 值增加。从隔振的观点来看，为了提高隔振效率，应当采用较小的阻尼比。但考虑到要很快衰减掉安装隔振器后系统对瞬态扰动的自由振动响应，以及考虑到避免系统在激励频率通过共振区时产生过大的共振响应，在设计隔振器时，仍然需要考虑具有适当的阻尼。

(4)当 $\gamma<\sqrt{2}$ 时，传递率 $T>1$，此时没有隔振效果，在设计隔振器时，应避免隔振器在这种状态下工作。

(5)当阻尼比 $\zeta=0$ 时，最大的传递率发生在 $\gamma=1$ 处；当 $\zeta>0$ 时，利用 $\mathrm{d}T/\mathrm{d}\gamma=0$，可得

最大传递率发生在

$$\gamma_{max}=\sqrt{\frac{\sqrt{1+8\zeta^2}-1}{4\zeta^2}} \tag{3.2.10}$$

相应的最大传递率为

$$T_{max}=\frac{4\zeta^2}{\sqrt{16\zeta^4-(\sqrt{1+8\zeta^2}-1)^2}} \tag{3.2.11}$$

(6)上述计算最大传递率的表达式过于复杂，也不能看出最大传递率与阻尼比的直接关系。考虑到最大传递率出现在 $\gamma=1$ 附近，可从另一个角度出发来推导最大传递率近似公式：当 $2\zeta\ll 1$ 时，$(2\zeta\gamma)^2$ 与 1 相比为小量，可忽略传递率公式(3.2.7)或(3.2.9)根号内分子项的 $(2\zeta\gamma)^2$，则 $T\approx 1/\sqrt{(1-\gamma^2)^2+(2\zeta\gamma)^2}$，进而按照上述求极值的方法，可获得最大传递率的近似表达式

$$T_{max}\approx\frac{1}{2\zeta} \tag{3.2.12}$$

图 3.2.3 画出了利用式(3.2.11)及式(3.2.12)计算的最大传递率 T_{max} 随阻尼比的变化曲线。可以明显看出，在阻尼比较小的情况下上述简化是合理的，并且通过式(3.2.12)可以直接看出，最大传递率与阻尼比近似成反比关系。

在隔振器设计中，可以利用上式来估算隔振器的最大传递力或隔振器的最大自由行程。也可以由允许的最大传递率来确定隔振器所需的阻尼值。

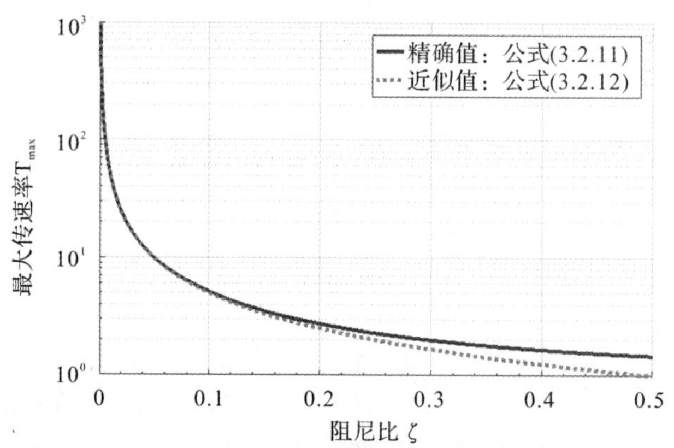

图 3.2.3 最大传递率随阻尼比变化的曲线

(7)当 $\gamma\approx 1$ 时，传递率有最大值，隔振系统处于共振状态而使被隔振设备振动环境更加恶化，在隔振器设计时决不允许隔振器工作在这种状态。

弹簧是理想的弹性元件，隔振器的阻尼特性常用黏性阻尼或干摩擦阻尼来表示。因此，理想的隔振器力学模型一般可以根据理想阻尼器类型及其连接方式分为四类，如图 3.2.4 所示。

(1)刚性连接黏性阻尼器：设备与基础之间刚性地连接一个黏性阻尼器，传递的阻尼力正比于阻尼器两端的相对速度。

(2)刚性连接摩擦阻尼器：设备与基础之间刚性地连接一个摩擦阻尼器，传递的阻尼力与阻尼器两端相对速度无关，但力的方向与其方向始终相反。

(3)弹性连接黏性阻尼器：黏性阻尼器与一个弹簧串联后，再连接到设备与基础之间，这类

阻尼系统也称为黏性张弛阻尼系统。

(4)弹性连接摩擦阻尼器：干摩擦阻尼器与一个弹簧串联后，再连接到设备与基础之间。

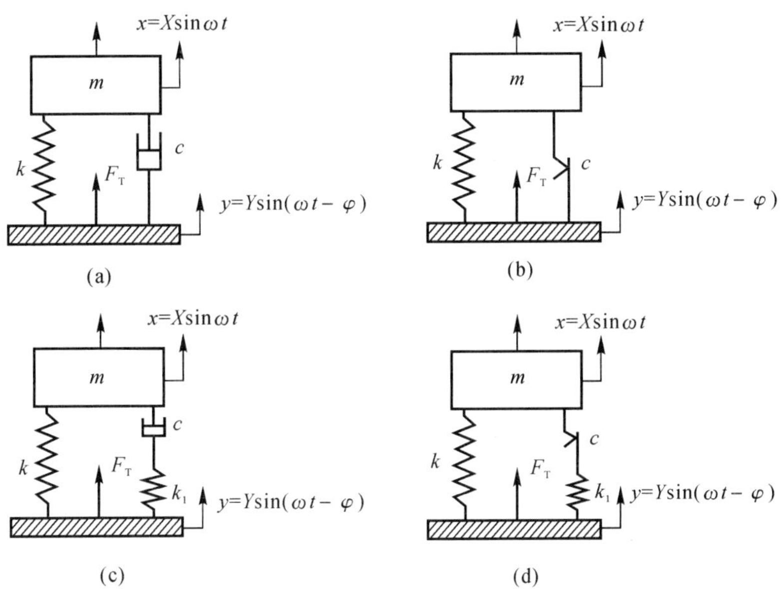

图 3.2.4　理想隔振器力学模型

(a)刚性连接黏性阻尼器；(b) 刚性连接摩擦阻尼器；

(c)弹性连接黏性阻尼器；(d) 弹性连接摩擦阻尼器

3.2.2　常用隔振器设计

1.隔振器设计的一般原则

隔振器的设计原则：隔振效率高，结构紧凑，形状合理，材料适宜，同时，考虑到隔振的具体要求，一般在设计时，还要考虑振源的类型和频率，可利用的空间尺寸等。另外，隔振器的总刚度应该满足隔振系数的要求，隔振器的总阻尼应该满足通过共振区时对振幅的限制和隔振效率的要求。

隔振器设计时，通常的步骤是：

(1)先根据振动分析，找出振源，确定振源的性质、频率、振幅、速度、加速度和振动方向等参数。

(2)据隔振设计要求，获取要进行隔振的设备的外形尺寸、质量、重心、技术性能和工作环境条件等。

(3)按 $\gamma=\omega/\omega_n \geqslant 2.5\sim5$，计算隔振器所需的固有频率，其中，$\omega$ 是主要振动方向上的激振频率，ω_n 是隔振器在该方向上的固有频率。根据经验，如果振源不是单纯的简谐振动，则 ω 应取激振频谱的最低分量，对多自由度隔振系统，ω_n 应取最高的固有频率。

(4)根据固有频率，估算隔振方向上的总刚度，初步决定所选用隔振器的类型、数量和布置形式，隔振器的尺寸要尽量小，安装布局要尽量做到对称于系统中心的参考面，避免产生耦合振动。

(5)估算隔振器的振幅、隔振系数。当隔振器的布局形式基本上能使系统在主方向的振动

与其他方向振动不耦合时，则可按单自由度振动系统估算。在非共振区，阻尼作用可以忽略。振幅的估算公式为

$$X = \frac{Fg}{W\omega_n^2}\frac{1}{(1-\gamma^2)} \tag{3.2.13}$$

式中，W 为设备总重；F 为激振力幅。当振幅过大或传递率不满足要求时，则要调整隔振器参数。

(6)对隔振器进行强度校核。在确定了隔振器刚度后，对隔振器进行强度计算。此外，还要根据工作环境，考虑对温度、湿度、酸性和碱性等环境的防护措施。

2.橡胶隔振器

橡胶是一种高分子材料，具有良好的弹性，其弹性是由于受力后形态发生变化的结果，橡胶是一种良好的隔振材料，但它是一种非线性的弹性材料，其弹性模量随应力的增加而增大，在橡胶隔振器设计中，一般应变控制在15%～25%，此时弹性模量变化约为5%。

橡胶具有弹性后效现象，在加载瞬时所确定的弹性模量称为动态弹性模量，而加载后橡胶产生最终变形后确定的模量称为静态弹性模量。在计算橡胶隔振器的静态变形时，应采用静态弹性模量。橡胶动态弹性模量与静态弹性模量之间的关系可参考3.1.3节。

橡胶隔振器可以设计为承压橡胶隔振器和承剪橡胶隔振器。承压橡胶隔振器中，橡胶块在隔振器工作时始终受压，承剪橡胶隔振器中橡胶块在隔振器工作时始终受剪切。图3.2.5所示为这两种隔振器的结构示意图。

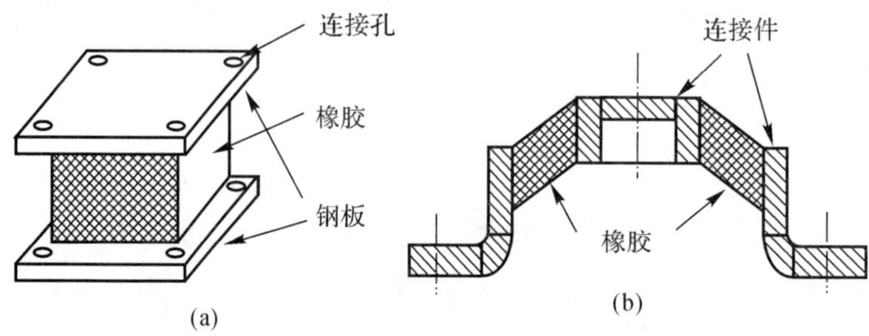

图3.2.5 橡胶隔振器结构形式

(a)承压橡胶隔振器；(b) 承剪橡胶隔振器

3.金属弹簧隔振器的设计

工程上常用的金属弹簧隔振器的结构形式有圆柱形螺圈弹簧、圆锥形螺圈弹簧、蝶形弹簧和板簧，常用材料为锰钢、硅锰钢和铬钒钢。金属弹簧隔振器的特点是具有较理想的弹性，其应力、应变在很大范围内成线性关系，材料和结构参数都可以在很大范围内变化，故能适应不同的载荷、变形和频率要求，且耐油、耐腐蚀、抗高温，使用寿命长。其缺点是阻尼较小，通常与其他阻尼材料配合使用。

圆柱形螺圈弹簧的水平刚度小于垂直刚度，工作时容易晃动，设计时应加以注意。圆锥形弹簧具有渐硬非线性刚度特性，蝶形弹簧可以单个使用或重叠使用(见图3.2.6)。

板片弹簧隔振器通常不单片使用，而是将多片长度不一的带有一定弧度形状的弹簧板叠在一起构成隔振器，在其受到振动而变形时，各板片间将产生强烈的摩擦，使振动能量转化为

大量的热能而耗散，从而具有较好的隔振效率。板片弹簧隔振器大量应用在车辆隔振上。板片弹簧的刚度是随外载荷变化的，载荷越大，参与承力的板片越多，刚度就越大。也可将隔振器设计成主、副两部分，当载荷较小时，仅主隔振器起作用，当载荷大到一定程度，副隔振器参与工作。板片弹簧这种变刚度特点使得它在不同使用载荷下，固有频率变化范围较小，从而可以获得较稳定的隔振效果。

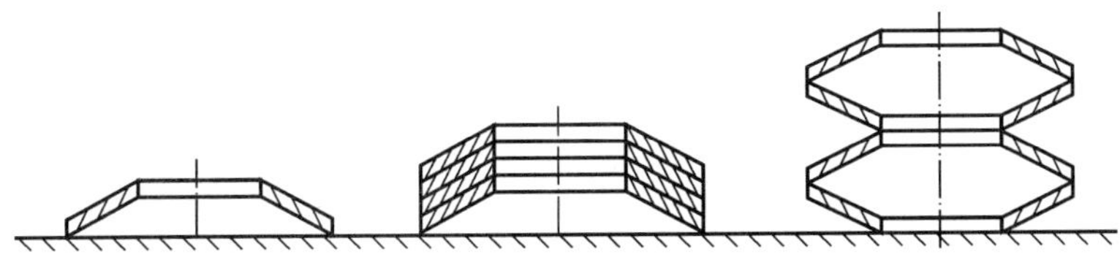

图 3.2.6　蝶形弹簧隔振器

4. 空气弹簧隔振器

空气弹簧隔振器是在密封的容器中充入压缩空气，利用气体的可压缩性实现弹簧的作用，通常空气弹簧隔振器由弹簧体、附加气室和高度控制器三部分构成。它具有优良的隔振性能，在隔振设计中获得了广泛的应用。

空气弹簧按其结构形式可分为囊式和膜式两大类，其空气囊都是由帘线层，内、外橡胶层和成型钢丝圈硫化而成的。空气弹簧的承载能力主要由帘线承担，帘线层数一般为 2～4 层，层层相交叉，内外橡胶层主要起密封和保护作用。密封方式有螺钉密封，即利用金属卡板和螺钉夹紧密封；压力自封式，即利用气囊内部工作压力把气囊端面与上下压板或内外筒壁卡紧自封。各类空气弹簧的形式及性能见表 3.2.1。

表 3.2.1　空气弹簧的形式和性能

形式 性能	囊式			膜式	
	单曲葫芦	双曲葫芦	三曲葫芦	自由膜	压缩膜
形状					
固有频率/Hz	2.1～3.0	1.5～2.3	1.2～1.8	0.7～1.6	0.9～1.6
安装高度/mm	80～120	160～200	240～280	—	—
垂直变形/mm	100	200	300	80	100
水平稳定性	优	良	一般	一般	优

在进行空气弹簧隔振设计时，应遵照如下的基本原则：

(1)分析振源的类型及传给被隔振物体的振动频率和响应，尽可能进行振动测量及频谱分析，测量被隔振物体的质量和重心位置，确定允许的振动水平，确定与隔振体有关的连接形式和安装尺寸。

(2)如果是对安装在地面上的大型设备进行隔振设计，则需要对安装处地基的地质进行分析，了解地基是否适合所采取的振动隔离措施。

(3)根据振动隔离特性要求和安装维护要求，按表 3.2.1 选择空气弹簧形式。

在具体选择空气弹簧的型号时，还要计算空气弹簧工作压力、空气弹簧轴向刚度及横向刚度、空气弹簧固有频率及振动传递率。在机械和设备的振动隔离系统中，采用空气弹簧有以下优点：

(1)空气弹簧刚度随载荷而变，因而在不同载荷下固有频率近似不变。

(2)通过高度控制系统，可以使其工作高度在任何载荷下保持不变或在同一载荷下具有不同高度，有利于工程应用。

(3)利用空气弹簧的非线性特性可以根据实际工程要求将其弹性特性曲线设计成比较理想的曲线。

(4)通过调整工作气压，同一弹簧可以具有不同的承载能力。空气弹簧也具有一定的径向承载能力和承扭能力。

(5)空气弹簧还具有较好的噪声隔离特性。通过弹簧体和附加气室之间的节流孔，空气通过节流孔时产生能量损耗，可增加隔振系统的阻尼。

3.3 动力吸振器的原理与设计

3.3.1 动力吸振器原理

所谓动力吸振，就是在原振动系统上附加一个由质量块和弹簧(阻尼器)构成的振动系统，通过适当的参数设计，使原系统的振动能量转移到附加的系统上。附加的系统就叫动力吸振器。从振动力学的原理讲，动力吸振就是利用多自由度系统的反共振特性，使原系统的振动幅值达到最小。以最简单的多自由度系统——无阻尼两自由度振动系统的强迫振动，来说明动力吸振器的工作原理。有阻尼动力吸振器除了吸振频带较宽外，吸振原理与其完全相同。

1.无阻尼动力吸振器

假定原来由质量块 m_1 和弹簧 k_1 组成的振动系统(称为主系统)的固有频率为 $\omega_1 = \sqrt{k_1/m_1}$，在受到激励力 $f(t)=F_0\sin\omega t$ 的作用下发生了强迫振动，当激振频率 $\omega=\omega_1$ 时，系统会发生共振而使振幅为无穷大。现在想要抑制主系统的振动，但由于某种原因，又不能改变主系统的参数，故设计一个由质量 m_2 和弹簧 k_2 组成的新振动系统(称为辅系统)，与主系统一起组成一个新的两自由度振动系统，如图 3.3.1 所示。

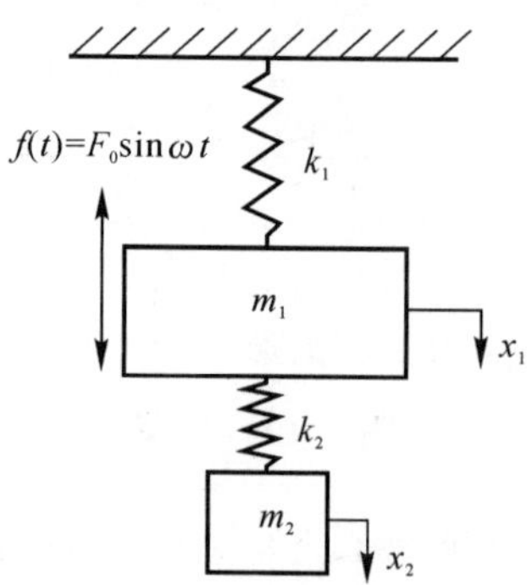

图 3.3.1 无阻尼动力吸振器

其振动方程为

$$\begin{bmatrix} m_1 & 0 \\ 0 & m_2 \end{bmatrix}\begin{Bmatrix} \ddot{x}_1 \\ \ddot{x}_2 \end{Bmatrix}+\begin{bmatrix} k_1+k_2 & -k_2 \\ -k_2 & k_2 \end{bmatrix}\begin{Bmatrix} x_1 \\ x_2 \end{Bmatrix}=\begin{Bmatrix} F_0 \\ 0 \end{Bmatrix}\sin\omega t \tag{3.3.1}$$

采用复指数解法，用 $F_0 e^{j\omega t}$ 代替 $F_0 \sin\omega t$，并取复响应的虚部作为所求的响应，设系统的解为 $\{x\}=\{X\}e^{j\omega t}$，则可解得

$$\begin{Bmatrix} X_1 \\ X_2 \end{Bmatrix}=\begin{Bmatrix} \dfrac{(k_2-\omega^2 m_2)F_0}{(k_1+k_2-\omega^2 m_1)(k_2-\omega^2 m_2)-k_2^2} \\ \dfrac{k_2 F_0}{(k_1+k_2-\omega^2 m_1)(k_2-\omega^2 m_2)-k_2^2} \end{Bmatrix} \tag{3.3.2}$$

令 $\omega_2=\sqrt{k_2/m_2}$ 为辅系统的固有频率，$X_0=F_0/k_1$ 为主系统的等效静态位移，$\mu=m_2/m_1$ 为辅系统质量与主系统质量的比，$\gamma=\omega/\omega_1$ 为外激励频率与原系统固有频率的比，$\delta=\omega_2/\omega_1$ 为原系统固有频率与辅系统固有频率的比，则

$$X_1(\omega)=\frac{(\delta^2-\gamma^2)X_0}{(1-\gamma^2)(\delta^2-\gamma^2)-\mu\delta^2\gamma^2} \tag{3.3.3}$$

$$X_2(\omega)=\frac{\delta^2 X_0}{(1-\gamma^2)(\delta^2-\gamma^2)-\mu\delta^2\gamma^2} \tag{3.3.4}$$

由式(3.3.3)可见，当外激励频率 $\omega=\omega_2$ 时，$X_1(\omega)=0$，即主系统的振幅为零。而且可以看到，即使此时的激振频率等于主系统的固有频率 $\omega=\omega_1$，但只要辅系统的参数设计使外激励频率等于辅系统的固有频率 ω_2，就可使主系统保持不动，从现象上看，主系统受到一个动态激励，却使得辅系统产生振动而主系统本身保持不动，即主系统的振动能量被辅系统(动力吸振器)吸收了，因而这种现象被称为动力吸振现象，而辅系统就称为动力吸振器，简称吸振器。当发生动力吸振时，吸振器的振幅为

$$X_2=-\frac{X_0}{\mu\gamma^2}=-\frac{F_0}{k_2} \tag{3.3.5}$$

即激振力与吸振器的弹簧力(也作用在主质量上)大小相等，方向相反，使得主系统质量块上的合力始终为零，从而它能保持不动。这就是动力吸振的一般原理。此时新系统具有两个固有频率，在 $\omega=\omega_1=\omega_2$ 的设计条件下，有

$$\Omega_{1,2}=\sqrt{\left(1+\frac{\mu}{2}\right)\mp\sqrt{\mu+\frac{\mu^2}{4}}}\,\omega_1 \tag{3.3.6}$$

新系统的两个固有频率只与质量比 μ 及原系统的固有频率 ω_1 有关，图 3.3.2 给出了 Ω/ω_1 与质量比的关系 μ，显然有 $\Omega_1<\omega_1<\Omega_2$。

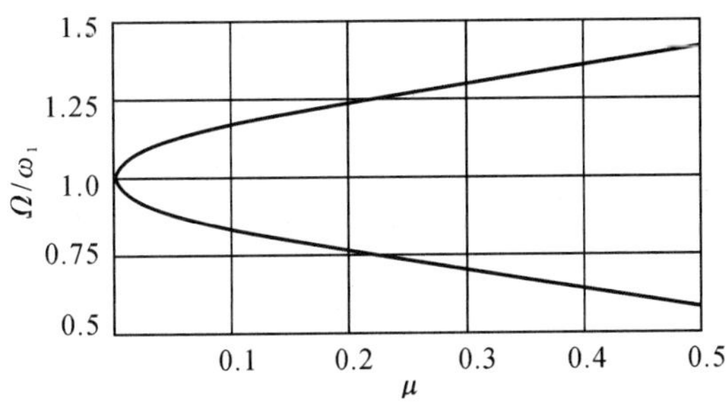

图 3.3.2　Ω/ω_1 与质量比的关系

2.有阻尼动力吸振器

在振动控制工程中,对于激励频率在一个较大的范围变化的场合,使用的都是带有阻尼的动力吸振器。有阻尼动力吸振器由质量块、弹簧和阻尼器组成,如图 3.3.3 所示。其振动方程为

$$\begin{bmatrix} m_1 & 0 \\ 0 & m_2 \end{bmatrix}\begin{Bmatrix} \ddot{x}_1 \\ \ddot{x}_2 \end{Bmatrix}+\begin{bmatrix} c_2 & -c_2 \\ -c_2 & c_2 \end{bmatrix}\begin{Bmatrix} \dot{x}_1 \\ \dot{x}_2 \end{Bmatrix}+\begin{bmatrix} k_1+k_2 & -k_2 \\ -k_2 & k_2 \end{bmatrix}\begin{Bmatrix} x_1 \\ x_2 \end{Bmatrix}=\begin{Bmatrix} F_0 \\ 0 \end{Bmatrix}\sin\omega t \tag{3.3.7}$$

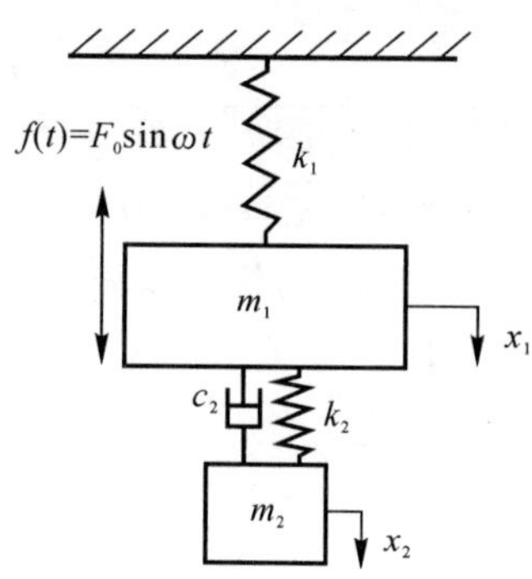

图 3.3.3 有阻尼动力吸振器

根据第 2 章中所讲的有阻尼两自由度系统的强迫振动求解方法,可以得到主系统与动力吸振器的复振幅为

$$\overline{X}_1(\omega)=\frac{k_2-\omega^2 m_2+\mathrm{j}\omega c_2}{|[Z(\omega)]|}F_0 \tag{3.3.8a}$$

$$\overline{X}_2(\omega)=\frac{k_2+\mathrm{j}\omega c_2}{|[Z(\omega)]|}F_0 \tag{3.3.8b}$$

式中

$$[Z(\omega)]=\begin{bmatrix} k_1+k_2-\omega^2 m_1+\mathrm{j}\omega c_2 & -(k_2+\mathrm{j}\omega c_2) \\ -(k_2+\mathrm{j}\omega c_2) & k_2-\omega^2 m_2+\mathrm{j}\omega c_2 \end{bmatrix} \tag{3.3.9}$$

在这里,关心的是如何选择吸振器参数 m_2,k_2,c_2,使得主系统在激励力作用下的稳态振动幅值减小到许可的范围内。为便于讨论,同样引入符号:

$$\frac{F_0}{k_1}=X_0,\quad \omega_1=\sqrt{\frac{k_1}{m_1}},\quad \omega_2=\sqrt{\frac{k_2}{m_2}},\quad \mu=\frac{m_2}{m_1}$$

$$c_0=2m_2\omega_2,\quad \gamma=\frac{\omega}{\omega_1},\quad \delta=\frac{\omega_2}{\omega_1},\quad \zeta=\frac{c_2}{c_0}$$

可得

$$X_1=|\overline{X}_1|=\sqrt{\frac{(\delta^2-\gamma^2)^2+4\delta^2\zeta^2\gamma^2}{[(1-\gamma^2)(\delta^2-\gamma^2)-\mu\delta^2\gamma^2]^2+4\delta^2\zeta^2\gamma^2(1-\gamma^2-\mu\gamma^2)^2}}X_0 \tag{3.3.10}$$

图 3.3.4 所示为 $\mu=1/20,\delta=1$ 时,主系统的无量纲振幅 X_1/X_0 随频率比 γ 变化的曲线(以不同吸振器阻尼比 ζ 为参量)。从图中可以看出,阻尼动力吸振器的吸振特性:当阻尼为零时,对应于无阻尼动力吸振器,它有一个反共振点和两个共振点,此时动力吸振器的工作频带很窄(仅在频率比 $\gamma=1$ 附近有效工作,但吸振效果很好);在吸振器阻尼较小时,系统有两个

共振点和一个振幅极小值点，此时动力吸振器的工作频带较宽；阻尼超过某一个值后，系统只有一个共振点；当阻尼为无限大时，系统成为由两个质量块 (m_1+m_2) 及弹簧 k_1 组成的单自由度振动系统，也只有一个共振点；当具有一个共振点时，主系统的振幅随吸振器阻尼增大而增大；同时可以看到，无论阻尼为何值，响应曲线都通过两个特殊的点 S 和 T，这两个点称为不动点。

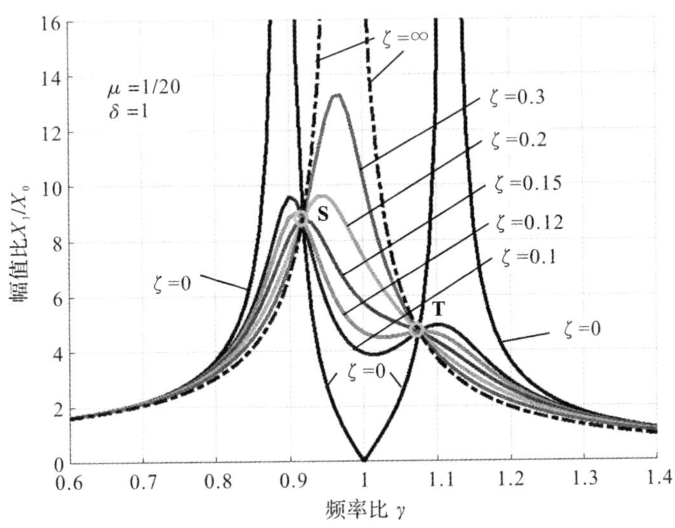

图 3.3.4　动力吸振器主系统响应曲线

3.3.2　动力吸振器设计

从图 3.3.4 可以看到，要想在一个较宽的频带内获得良好的吸振性能，在动力吸振器设计时，应该尽可能减小曲线上两个不动点 S 和 T 的高度，且使其高度接近或相等，此时系统具有最佳的幅频特性曲线。

由阻尼无限大时的单自由度系统可以求得：

$$\frac{X_1}{X_0}=\frac{1}{1-\gamma^2-\mu\gamma^2} \tag{3.3.11}$$

由于 S 点和 T 点的响应与阻尼无关，将式(3.3.11)与式(3.3.10)相等，可得

$$\gamma^4-2\gamma^2\frac{1+\delta^2+\mu\delta^2}{2+\mu}+\frac{2\delta^2}{2+\mu}=0 \tag{3.3.12}$$

求解上述方程，可以得到 S 点和 T 点对应的频率比 $\gamma_S(\delta,\mu)$ 和 $\gamma_T(\delta,\mu)$ 。

进而根据 $X_{1S}=X_{1T}$ ，结合式(3.3.11)以及上述求解获得的频率比 $\gamma_S(\delta,\mu)$ 和 $\gamma_T(\delta,\mu)$ ，可以求得

$$\delta=\frac{1}{1+\mu} \tag{3.3.13}$$

代入式(3.3.12)可得

$$\gamma_{S,T}=\frac{1}{1+\mu}\left(1\mp\sqrt{\frac{\mu}{2+\mu}}\right) \tag{3.3.14}$$

从而有

$$\frac{X_{1S}}{X_0}=\frac{X_{1T}}{X_0}=\sqrt{\frac{2+\mu}{\mu}} \tag{3.3.15}$$

在设计动力吸振器参数时，首先根据主系统允许的最大振幅，由式(3.3.15)确定质量比 μ，从而确定吸振器质量 m_2。把 μ 代入到式(3.3.13)得到 δ，即确定了 ω_2，进而可确定吸振器弹簧的刚度系数 k_2。最后吸振器阻尼系数 c_2 按如下原则确定，即要吸振器在一个相当宽的频率范围都有良好的吸振效果，应使 X_{1S} 和 X_{1T} 为响应曲线的两个极大值，即在 S 点和 T 点曲线有水平切线，由此可求出相应的 ζ 值。由于根据响应的两个极大值点求得的 ζ 并不相等，取其均值得到：

$$\zeta=\sqrt{\frac{3\mu}{8(1+\mu)}} \tag{3.3.16}$$

至此，吸振器所有参数均已确定。按此设计得到的动力吸振器称为“最佳调谐”动力吸振器。

此外，还可以按“等频率调谐”原则设计，其相应参数为

$$\delta=1 \tag{3.3.17a}$$

$$\zeta=\sqrt{\frac{\mu(\mu+3)\left(1+\sqrt{\mu/(\mu+2)}\right)}{8(\mu+1)}} \tag{3.3.17b}$$

$$\frac{X_1}{X_0}=\frac{1}{-\mu+(1+\mu)\sqrt{\mu/(\mu+2)}} \tag{3.3.17c}$$

当吸振器无弹簧元件而只由质量块和阻尼器组成时，称为“兰契斯特(Lanchester)吸振器”，其设计参数为

$$\delta=0 \tag{3.3.18a}$$

$$\zeta=\sqrt{\frac{1}{2(2+\mu)(1+\mu)}} \tag{3.3.18b}$$

$$\frac{X_{1S}}{X_0}=1+\frac{2}{\mu} \tag{3.3.18c}$$

由于工程实际中的结构基本上是多自由度系统，所以需要按多自由度动力吸振器来设计，但其设计难度较大，一般采用将多自由度系统解耦后，配置多个单自由度吸振器的方法来处理。对于安装在实际结构上的动力吸振器，其吸振效果除了直接与参数设计有关外，还与在主系统上的安装位置有关。

当动力吸振器安装在激振力作用点处时，效果最佳，主系统结构的整体振动被抑制。如果主系统结构的局部需要减振，则动力吸振器安装在需要减振的区域，但注意不能安装在主系统振动的节线上。一般情况下，则应将动力吸振器安装在需要减振的频率响应最大的位置。依据实际情况，工程中设计的动力吸振器外形各异，不一定都是用螺旋弹簧连接的一个质量块的形式。图 3.3.5 为 3 种常见的动力吸振器结构布局示意图，而图 3.3.6 为 2 种弯曲型动力吸振器外形示意图。

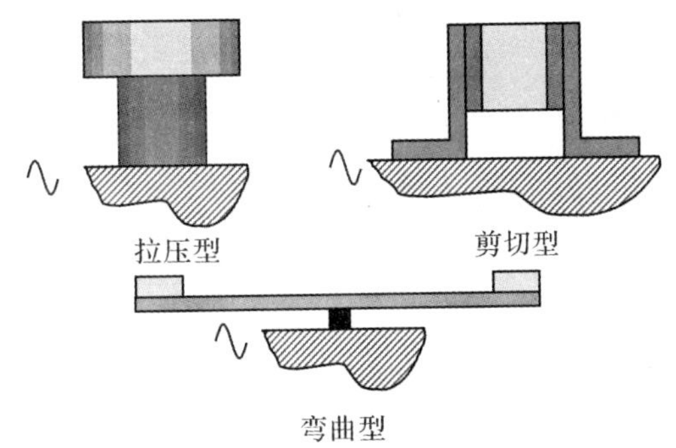

图 3.3.5　3 种常见的动力吸振器结构布局示意图

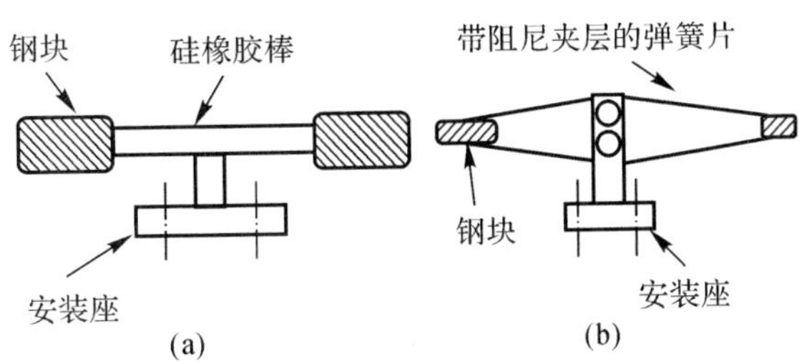

图 3.3.6　2 种弯曲型动力吸振器外形示意图

(a)单频吸振器;(b) 双频吸振器

上述的动力吸振器原理及设计都是针对简谐激励情况的,对于随机激励的情况也可以使用动力吸振器,但只有在激励为窄带随机激励,即振动能量集中在结构某阶固有频率附近的情况下,使用动力吸振措施才能取得较好的减振效果。

动力吸振器具有一定的质量,在发挥吸振作用后,吸振器本身也需要一定的体积空间和振动空间。因此,对于某些特殊的结构,例如飞机结构的减振,使用动力吸振器时,要考虑到它的增重效应和可以利用的空间,设计时要权衡处理。

动力吸振器在高层建筑结构(高耸结构)的抗风振和抗地震设计中应用也较多,通常在土木工程领域称为调谐质量阻尼器(Tuned Mass Damper,TMD),TMD 比较成功的应用案例包括中国台北 101 大楼、伦敦的 Millenium 大桥、上海中心大厦、上海环球金融中心等。以此为基础,近些年来又发展出了各种改进的主动动力吸振器,在高耸结构的振动控制中获得了许多成功应用。

3.4　缓冲器的原理与设计

3.4.1　缓冲的原理

所谓缓冲,就是采用某种装置,将冲击时的动能转化为势能暂存起来再缓慢释放,从而减缓冲击的作用。我们知道,质量块 m 在 Δt 时间间隔内受到冲击力 F 的作用,其速度有一个变化量 Δv ,即动量的改变为

$$m\Delta v = \int_0^{\Delta t} F(t)\mathrm{d}t \tag{3.4.1}$$

在结构振动理论研究的范围内，一般将作用时间 Δt 小于结构的最小固有振动周期 T 的动态激励作用称为冲击，而将系统在冲击作用下的瞬态响应称为冲击响应，因此也可以将缓冲解释为隔离系统的冲击响应。冲击具有如下特点：在冲击作用下，系统之间动能传递的时间很短，冲击载荷的频谱是连续频谱，冲击激励下的运动是瞬态的，其运动状态和持续时间与系统的固有特性有关。现以一个无阻尼单自由度缓冲系统为例来直观说明缓冲原理，运动方程为

$$\left.\begin{aligned} m\ddot{x} + kx &= 0 \\ x(0) = 0,\ \dot{x}(0) &= v_0 \end{aligned}\right\} \tag{3.4.2}$$

其速度响应为

$$\dot{x} = \omega_n B\cos\omega_n t \tag{3.4.3}$$

从而由初始条件 $\dot{x}(0) = \omega_n B = v_0$，得到 $B = v_0/\omega_n$，则

$$\ddot{x} = -\omega_n^2 B\sin\omega_n t = -\omega_n v_0 \sin\omega_n t \tag{3.4.3a}$$

当 $t = T/4$ 时，系统有最大加速度，质量块 m 上的最大力为

$$F_{\max} = m\ddot{x}_{\max} = m\omega_n v_0 = v_0\sqrt{mk} \tag{3.4.4}$$

由此可见，由于 m，v_0 是确定的，所以弹簧刚度越小(即弹簧越软)，冲击力最大值也越小，这是因为弹簧使冲击作用时间变长了。从能量方面考虑，质量的部分动能转化为弹簧的势能暂时储存起来，然后慢慢释放，这就是缓冲的基本原理。

通常用冲击传递系数 T_s 来评价缓冲器的性能：

$$T_s = \frac{F_m}{F_{m\infty}} = \frac{\ddot{x}_m}{\ddot{x}_{m\infty}} \tag{3.4.5}$$

式中，F_m 为有缓冲器系统所受的最大力；$F_{m\infty}$ 为无缓冲器系统所受的最大力。显然，只有当 $T_s < 1$ 时，才具有缓冲效果，即缓冲器起到了隔离冲击的作用。当 $T_s \geqslant 1$ 时，缓冲器失效，甚至起到相反的作用。

3.4.2 缓冲器工作特性与缓冲器设计

冲击的隔离分为两类：第一类是隔离冲击力，即隔离作用在支承结构上或基础上的冲击力，如机炮发射时，缓冲机炮传递给飞机机体的冲击力；冲床工作时，隔离传给基座的冲击力等。第二类是隔离基础的突然运动，即减小由于基础突然运动而传给设备的冲击力，如对包装内物体在跌落时的缓冲防护，车载设备在急刹车或碰撞时对设备的防护等。

用于缓冲器设计的弹簧有三种：第一种为线性弹簧，其刚度在弹性范围内为常数，第二种为硬弹簧，其刚度随压缩量增大而增大；第三种为软弹簧，其刚度随压缩量的增大而减小。弹簧的缓冲性能与弹簧的力特性有关，其中以软弹簧的缓冲性能最好。

下面以速度阶跃冲击下缓冲器的工作特性分析为例来说明上述结论。如图 3.4.1 所示，设备受到基础的一个速度阶跃的作用，系统的运动和初始条件为

$$\left.\begin{aligned} m\ddot{x} + F(\delta,\ \dot{\delta}) &= 0 \\ \delta(0) = 0,\ \dot{\delta}(0) &= \dot{u}_m \end{aligned}\right\} \tag{3.4.6}$$

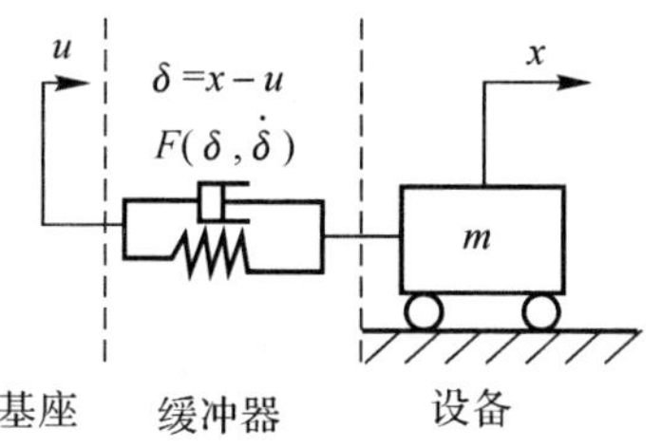

图 3.4.1　速度阶跃冲击下的缓冲系统

将 $\delta = x - u$ 代入式(3.4.6),不计缓冲器阻尼时,有

$$\left.\begin{aligned} m\ddot{\delta} + F(\delta,\dot{\delta}) &= -m\ddot{u} \\ \delta(0) = 0,\ \dot{\delta}(0) &= \dot{u}_m \end{aligned}\right\} \tag{3.4.7}$$

上述第一式两边同乘以 $\dot{\delta}$,并从 0 时刻积分到 t 时刻,可得

$$\dot{\delta}^2 = \dot{u}_m^2 - \frac{2}{m}\int_0^{\delta} F(\delta,\dot{\delta})\mathrm{d}\delta \tag{3.4.8}$$

当缓冲器的压缩量达到最大时,$\delta = \delta_m$,速度 $\dot{\delta} = 0$,故得

$$\int_0^{\delta} F(\delta,\dot{\delta})\mathrm{d}\delta = \frac{1}{2}m\dot{u}_m^2 \tag{3.4.9}$$

即当不计缓冲器阻尼时,物体的初始动能等于缓冲器压缩量最大时所储存的势能。

记 $\dot{u}_m$,$\ddot{x}_m$,δ_m 分别为速度阶跃峰值、缓冲器受冲击时的加速度和缓冲器压缩量,令

$$\eta = \frac{\ddot{x}_m\delta_m}{\dot{u}_m^2} \tag{3.4.10}$$

则

$$\eta = \frac{\ddot{x}_m\delta_m}{\dot{u}_m^2} = \frac{m\ddot{x}_m\delta_m}{m\dot{u}_m^2} = \frac{F_m\delta_m}{2\left(\frac{1}{2}m\dot{u}_m^2\right)} \tag{3.4.11}$$

式中,$m\ddot{x}_m$ 为缓冲器最大弹簧力;$m\ddot{x}_m\delta_m$ 为弹簧中可能储存的最大能量;$m\dot{u}_m^2$ 为弹簧中实际储存能量的 2 倍。η 值越小,说明储能越多,即缓冲效果越好。对于线性弹簧 $\eta = 1$,储存的能量为最大能量的一半,对于硬弹簧 $\eta > 1$,储存的能量小于最大能量的一半,对于软弹簧 $1/2 < \eta < 1$,储存的能量大于最大能量的一半。

对于系统受到加速度阶跃激励和脉冲力激励情况,可以按同样的分析方法获得缓冲器工作特性。

缓冲器设计的基本要求是:

(1)通过缓冲器传到设备或结构上的最大力或最大加速度应小于许可值。

(2)缓冲器的最大压缩量应小于许可值。

(3)寿命长,容易安装和维护。

因此在缓冲器设计时,首先要根据冲击激励性质,建立缓冲计算模型。然后根据缓冲要求,确定缓冲器最大压缩量、最大冲击力。此外,在缓冲器中加入一定阻尼,可以耗散部分冲击能量而减小冲击力,一般阻尼比 $\zeta < 0.5$,才会提高缓冲效果。阻尼比太高($\zeta > 0.5$),反而会使缓冲效果降低。在振动控制的工程实际应用中,缓冲器设计的具体过程,可参阅相关参考文献。

思考与练习题

1. 简述阻尼的作用、常用的阻尼模型以及阻尼减振的基本原理，并介绍阻尼减振在航空航天领域的应用实例。

2. 根据被减振对象的总重量 W 以及减振后系统的固有频率 f，给出橡胶减振器的设计流程。

3. 隔振器包含隔力及隔幅两类，根据两类隔振器模型，

1）分别推导两类隔振器的传递率公式；

2）当阻尼比 $\zeta > 0$ 时，推导最大传递率以及对应的频率比；

3）当阻尼比 $0 < \zeta \ll 0.5$ 时，推导最大传递率的近似表达式。

4. 简述隔振器的设计流程，并说明在隔振器设计中为什么要遵循如下两个原则：

1）如果振源不是单纯的简谐振动，振源频率应取其频谱的最低分量；

2）对多自由度隔振系统，系统的固有频率应取最高的固有频率。

5. 在图 3.3.3 所示的有阻尼动力吸振器模型中，如果原结构的阻尼系数为 c_1，推导幅值比 X_1/X_0 与系统参数之间的关系。

6. 搜集动力吸振器在工程中的应用案例并简要介绍其基本构造及工作原理。

7. 简述缓冲原理以及缓冲器设计的流程与基本要求。

8. 利用本章所学内容，对第 2 章思考与练习题 3 或 6 中的结构进行减振设计，将质量块 m_{eq} 或 m_1 的振动加速度幅值降低 10%。

第4章　结构动力学优化设计基础

随着科学技术水平的迅猛发展，为了保证结构的高可靠性和高安全性，结构设计已从传统的静态设计转变为静-动态耦合设计。结构动力学优化设计作为一门交叉性学科，已成为寻求最优结构动力学特性的现代先进设计方法之一，也是振动与噪声控制领域中比较前沿性的研究课题。结构动力学优化设计对提高新产品的设计水平、改进现有结构的设计方案和现行结构的设计方法，都具有重要的理论和应用价值。

结构的静力学优化设计主要取决于材料性能和工艺性能，而结构动力学优化设计需要考虑结构的惯性、阻尼和外载荷时变效应等，导致优化问题的非线性特点更加突出，求解的难度也更大。结构动力学优化设计问题，可以归结为一个数学规划问题，根据设计指标来确定优化的目标函数，例如，按所设计结构的固有频率、振型或动响应等要求来建立目标函数。为了保证设计的可靠性、合理性和可实现性，结构设计通常要受到一些条件的限制，这就构成了所谓的“约束条件”。如结构设计参数的变化应在一定的范围内；结构的总质量不允许超过某一指标；动力学设计时要保证满足静强度要求等，这样就构成了一个约束非线性规划问题。结构动力学优化设计就是在参数的可变化范围内，选择一组结构参数的组合方案，使其动力学性能最接近目标值。

本章主要介绍结构动力学优化设计的一些基础知识，包括结构动力学优化设计指标、动力学优化模型的数学描述、优化设计中的约束可行域和工程优化设计中常用的数值方法等。

4.1　结构动力学优化设计指标

结构动力学优化设计方法取决于设计指标，而且与设计措施密切相关。工程中常用的结构动力学优化设计指标有：

(1)避免有害的共振。要求对结构的固有频率进行优化设计，使之实现具有预期的固有频率。

(2)避免过度振动，降低振动水平。要求对结构的振动响应进行控制，从而提出了对动力学响应的优化设计要求。如在重要设备的安装位置需要把振动幅值控制在一定量值以下；发动机的安装设计中，要使由它诱发的汽车、飞机等振动量值下降到较低水平；重要的结构部件，应尽可能地减小其振动引起的动态应力。

(3)动稳定性要求。保证结构在稳定边界内正常工作，如为保证气动弹性稳定性，通过优化设计使其稳定性边界达到一个预定值。

4.2 结构动力学优化问题的数学描述

4.2.1 单目标优化问题

一般可将结构动力学优化问题归结为求解下述数学规划问题：寻求设计参数 $\{p_i\}$，$(i=1,2,\cdots,n)$，使其满足 $g_j(\{p_i\})\leqslant 0(j=1,2,\cdots,m)$，并使目标函数 $f(\{p_i\})$ 达到最小，即

$$\left.\begin{aligned}\min \quad & f(\{p_i\}) \\ \text{s.t.} \quad & g_j(\{p_i\})\leqslant 0 \quad (j=1,2,\cdots,m)\end{aligned}\right\} \tag{4.2.1}$$

由于 $f(\{p_i\})$ 和 $g_j(\{p_i\})$ 为设计变量 $\{p_i\}$ 的隐函数，为了避免优化过程中重复进行工作量极大的结构动力学分析，可采用近似方法，即仅在优化开始时进行一次完整的结构动力学分析及其相应特征参数的灵敏度分析，然后计算目标函数、约束条件及其导数，以构成优化设计所需的显式近似优化模型，即

$$\left.\begin{aligned}\min \quad & \tilde{f}(\{p_i\}) \\ \text{s.t.} \quad & \tilde{g}_j(\{p_i\})\leqslant 0 \quad (j=1,2,\cdots,m)\end{aligned}\right\} \tag{4.2.2}$$

式中，$\tilde{f}(\{p_i\})$ 和 $\tilde{g}_j(\{p_i\})$ 分别为 $f(\{p_i\})$ 和 $g_j(\{p_i\})$ 的显式近似式，一般可采用一阶泰勒展开近似式：

$$\tilde{f}(\{p_i\})\approx f(\{p_i\}_0)+\nabla f^{\mathrm{T}}(\{p_i\}-\{p_i\}_0) \tag{4.2.3a}$$

$$\tilde{g}_j(\{p_i\})\approx g_j(\{p_i\}_0)+\nabla g_j^{\mathrm{T}}(\{p_i\}-\{p_i\}_0) \tag{4.2.3b}$$

式中，$\{p_i\}_0$ 为优化设计参数的初始值。

4.2.2 多目标优化问题

当优化设计中需要考虑的目标超过一个并且需要同时处理时，就成为多目标优化问题。多目标优化问题起源于资源规划、交通运输、结构布局以及复杂系统建模设计等实际问题。很多现实中的决策问题都需要在众多可变的因素下，考虑在不同约束情况下同时处理若干相互冲突的目标，这就大大增加了问题的复杂程度。

多目标优化问题通常可以表述为

$$\left.\begin{aligned}\min \quad & \{f_1(\{p_i\}),f_2(\{p_i\}),\cdots,f_m(\{p_i\})\} \\ \text{s.t.} \quad & g_j\{p_i\}\leqslant 0 \quad (j=1,\cdots,m)\end{aligned}\right\} \tag{4.2.4}$$

多目标优化问题与单目标优化问题的最优解有很大的差异。仅考虑一个目标时，得到的最优解肯定比其他所有的解都要好。当有多个目标时，各个目标之间无法比较，因为它们可能是耦合甚至是冲突的，所以不一定所有的目标都达到最优解。一个可行的解对某个目标或者某几个目标来说是最好的，但是对其余目标来说这个解可能不是最好甚至可能是最差的。因此，多目标优化问题的最优解一般都是一个解集合，包含一系列无法直接比较的解。这种解称为非支配解(non - dominated solutions)或者 Pareto 最优解(Pareto optimal solutions)。

在解决实际问题时，需要从 Pareto 最优解中挑选出一个作为给定问题的最终解决方案。但是如果没有额外的准则，是无法决策出最终解的。一般来说，最终解主要依赖于决策者的偏

好，偏好可能是对某一个目标的强调，也可能是对所有目标的折中等，它反映了决策者对问题的掌握和理解。给定偏好以后，就可以对 Pareto 最优解集合中的所有解进行排序，这样就可以得到最终解，称为 Pareto 最优解中的最优妥协解(best compromised solution)。也可以认为偏好的存在使得多目标优化问题最终转换成了单目标优化问题。对多数多目标优化问题来说，最关键的步骤就是在所有解中找到 Pareto 最优解集合。目前应用较广泛的寻优算法有线性搜索、可行弧内点算法以及遗传算法等。

4.2.3　工程中常见的动力学优化设计问题

1. 多频优化设计问题

对结构的固有频率进行控制，要求避开外激励的主要频段，甚至限制在某些频率附近存在固有频率。在工程结构设计时，往往难以对多阶固有频率同时做出调整。因此，提出了基于多频率的动力学优化设计要求，具体为

$$\left.\begin{aligned} \min \quad & f(\{p_i\}) = \sum_{r=1}^{N} W_r \left(\frac{\omega_r^{\mathrm{O}}}{\omega_r^{\mathrm{T}}} - 1\right)^2 \\ \text{s. t.} \quad & p_i^{\mathrm{L}} \leqslant p_i \leqslant p_i^{\mathrm{U}} \ (i = 1, 2, \cdots, n) \end{aligned}\right\} \tag{4.2.5}$$

式中，W_r 为加权系数；下标“r”表示结构模态阶数；ω_r^{O} 和 ω_r^{T} 分别表示优化值和目标值。也可以将约束条件转变为

$$g_i = \left(\frac{p_i}{p_i^{\mathrm{U}}} - 1\right)\left(\frac{p_i}{p_i^{\mathrm{L}}} - 1\right) p_i^{\mathrm{L}} \leqslant 0 \quad (i = 1, 2, \cdots, n) \tag{4.2.6}$$

2. 动响应优化设计问题

为了降低结构的振动水平，要求结构某些指定部位的振动水平控制在一定的量值之下。因此，提出了基于动响应的动力学优化设计要求，具体为

$$\left.\begin{aligned} \min \quad & f(\{p_i\}) = \sum_{j=1}^{M} W_j \left(\left(\frac{x_j^{\mathrm{O}}}{x_j^{\mathrm{U}}} - 1\right)^2 + \mu \left(\frac{x_j^{\mathrm{O}}}{x_j^{\mathrm{L}}} - 1\right)^2\right) \\ \text{s. t.} \quad & p_i^{\mathrm{L}} \leqslant p_i \leqslant p_i^{\mathrm{U}} \quad (i = 1, 2, \cdots, n) \\ & x_j^{\mathrm{O}} \leqslant x_j^{\mathrm{U}} \end{aligned}\right\} \tag{4.2.7}$$

式中，W_j 为加权系数；μ 为设定参数，一般情况下取 1 或 0，通常取 1；M 为位移约束点数；j 为结构的自由度号。因为通常在要求的响应幅值约束 $x_j^{\mathrm{O}} \leqslant x_j^{\mathrm{U}}$ 成立的情况下，采用式(4.2.7)第一项时不能保证收敛到最优点，因此需要附加第 2 项，对于 x_j^{L} 可设定为 $0.6 \sim 0.8\, x_j^{\mathrm{U}}$ 。同样，也可以将约束条件转变为

$$g_i = \left(\frac{p_i}{p_i^{\mathrm{U}}} - 1\right)\left(\frac{p_i}{p_i^{\mathrm{L}}} - 1\right) p_i^{\mathrm{L}} \leqslant 0 \quad (i = 1, 2, \cdots, n) \tag{4.2.8}$$

3. 频率和动响应联合优化设计问题

对于工程中的某些特殊结构，即要求结构的基频处于一个特定的频段内，又要保证结构的振动响应低于某一量值，因此提出了频率和动响应联合优化设计的要求，如飞行器的仪器支架设计，即要求其固有频率避开整个飞行器结构的共振频段，又要保证仪器支架结构的振动响应最小。具体的数学描述如下：

(1)以多阶固有频率为目标函数，将振动响应作为优化约束，即

$$\left.\begin{aligned} &\min \quad f(\{p_i\}) = \sum_{r=1}^{N} W_r \left(\frac{\omega_r^{\mathrm{O}}}{\omega_r^{\mathrm{T}}} - 1\right)^2 \\ &\text{s.t.} \quad p_i^{\mathrm{L}} \leqslant p_i \leqslant p_i^{\mathrm{U}} \quad (i = 1,2,\cdots,n) \\ &\qquad x_j^{\mathrm{O}} \leqslant x_j^{\mathrm{U}} \quad (j = 1,2,\cdots,M) \end{aligned}\right\} \tag{4.2.9}$$

(2)同时将多阶固有频率和振动响应作为目标函数,将优化问题处理为单目标优化问题

$$\left.\begin{aligned} &\min \quad f(\{p_i\}) = \sum_{r=1}^{N} W_r \left(\frac{\omega_r^{\mathrm{O}}}{\omega_r^{\mathrm{T}}} - 1\right)^2 + \alpha\left\{\sum_{j=1}^{M} W_j \left[\left(\frac{x_j^{\mathrm{O}}}{x_j^{\mathrm{U}}} - 1\right)^2 + \mu\left(\frac{x_j^{\mathrm{O}}}{x_j^{\mathrm{L}}} - 1\right)^2\right]\right\} \\ &\text{s.t.} \quad p_i^{\mathrm{L}} \leqslant p_i \leqslant p_i^{\mathrm{U}} \quad (i = 1,2,\cdots,n) \end{aligned}\right\} \tag{4.2.10}$$

式中,$\alpha \in (0,\infty)$ 为加权系数,用来确保上述两个目标函数的值在相同量级。

(3)同时将多阶固有频率和振动响应作为目标函数,将优化问题处理为多目标优化问题:

$$\left.\begin{aligned} &\min \quad \{f_1(\{p_i\}), f_2(\{p_i\})\} = \left\{\sum_{r=1}^{N} W_r \left(\frac{\omega_r^{\mathrm{O}}}{\omega_r^{\mathrm{T}}} - 1\right)^2, \sum_{j=1}^{M} W_j \left[\left(\frac{x_j^{\mathrm{O}}}{x_j^{\mathrm{U}}} - 1\right)^2 + \mu\left(\frac{x_j^{\mathrm{O}}}{x_j^{\mathrm{L}}} - 1\right)^2\right]\right\} \\ &\text{s.t.} \quad p_i^{\mathrm{L}} \leqslant p_i \leqslant p_i^{\mathrm{U}} \quad (i = 1,2,\cdots,n) \end{aligned}\right\} \tag{4.2.11}$$

4.3 结构动力学特征参数的灵敏度分析

结构动力学优化设计问题中,结构动态特性参数对设计参数的灵敏度分析的目的主要有两个:一是定义设计参数与动态特性参数的关系,用于建立优化设计问题的目标函数;二是方便比较各个参数对动态特性的影响,用于选择优化变量。目前,灵敏度的定义主要有两种表达形式:因变量的变化/自变量的变化;因变量的相对变化/自变量的相对变化。

设函数 $y = y(x_1, x_2, \cdots)$,其中 $x_i \in \mathbf{R}$,则定义 y 对 x_i 的灵敏度为

$$\eta(y,x) = \lim_{\Delta x_i \to 0} \frac{\Delta y}{\Delta x_i} = \frac{\partial y}{\partial x_i} \tag{4.3.1a}$$

$$\eta(y,x) = \lim_{\Delta x_i \to 0} \frac{\dfrac{\Delta y}{y}}{\dfrac{\Delta x_i}{x_i}} = \frac{x_i}{y}\frac{\partial y}{\partial x_i} = \frac{\partial(\ln y)}{\partial(\ln x_i)} \tag{4.3.1b}$$

其中,式(4.3.1a)为灵敏度的第一种表达形式;式(4.3.1b)为灵敏度的第二种表达形式,称为相对灵敏度。

相对灵敏度便于比较各个设计参数对特征参数的影响。然而在结构动力学优化设计问题中,一般采用特征参数对设计变量的一阶泰勒展开来构建动力学优化问题的正则方程,因此在动力学优化问题中通常采用第一种灵敏度的表达形式。

4.3.1 固有频率灵敏度

对于无阻尼 N 自由度的离散结构,其特征方程可表示为

$$([K] - \omega_r^2[M])\{\varphi\}_r = \{0\} \quad (r = 1,2,\cdots,N) \tag{4.3.2}$$

且所有振型 $\{\varphi\}_r$ 对质量矩阵 $[M]$ 和刚度矩阵 $[K]$ 具有以下正交形式,即

$$\left.\begin{array}{l}\{\varphi\}_k^{\mathrm{T}}[M]\{\varphi\}_r=\delta_{kr}\\ \{\varphi\}_k^{\mathrm{T}}[K]\{\varphi\}_r=\omega_k^2\delta_{kr}\end{array}\quad(k,r=1,2,\cdots,N)\right\}\tag{4.3.3}$$

式中，δ_{kr} 为 Kronecker δ 函数，即

$$\delta_{kr}=\begin{cases}1,k=r\\0,k\neq r\end{cases}\tag{4.3.4}$$

将式(4.3.2)两边分别对设计变量 p 求一阶偏导，有

$$([K]-\omega_r^2[M])\frac{\partial\{\varphi\}_r}{\partial p}+\left(\frac{\partial[K]}{\partial p}-\omega_r^2\frac{\partial[M]}{\partial p}-\frac{\partial\omega_r^2}{\partial p}[M]\right)\{\varphi\}_r=\{0\}\tag{4.3.5}$$

式(4.3.5)两边同时左乘 $\{\varphi\}_r^{\mathrm{T}}$，则

$$\{\varphi\}_r^{\mathrm{T}}([K]-\omega_r^2[M])\frac{\partial\{\varphi\}_r}{\partial p}+\{\varphi\}_r^{\mathrm{T}}\left(\frac{\partial[K]}{\partial p}-\omega_r^2\frac{\partial[M]}{\partial p}\right)\{\varphi\}_r-\frac{\partial\omega_r^2}{\partial p}\{\varphi\}_r^{\mathrm{T}}[M]\{\varphi\}_r=\{0\}\tag{4.3.6}$$

利用式(4.3.2)和式(4.3.3)对式(4.3.6)进行简化，可得

$$\frac{\partial\omega_r^2}{\partial p}=\{\varphi\}_r^{\mathrm{T}}\left(\frac{\partial[K]}{\partial p}-\omega_r^2\frac{\partial[M]}{\partial p}\right)\{\varphi\}_r\tag{4.3.7}$$

式(4.3.7)即为固有频率 ω_r 对设计变量 p 的灵敏度表达式。

由式(4.3.7)可知，想要得到固有频率的灵敏度分析结果，还需要进一步计算出刚度阵和质量阵对设计变量的偏导数。首先通过求解单元刚度阵和质量阵对设计变量 p 的偏导数 $\frac{\partial[K]_e}{\partial p}$ 和 $\frac{\partial[M]_e}{\partial p}$，再将其从单元坐标系下转换到总体坐标系中，即

$$\frac{\partial[K]}{\partial p}=[T]_e^{\mathrm{T}}\frac{\partial[K]_e}{\partial p}[T]_e\tag{4.3.8a}$$

$$\frac{\partial[M]}{\partial p}=[T]_e^{\mathrm{T}}\frac{\partial[M]_e}{\partial p}[T]_e\tag{4.3.8b}$$

由式(4.3.8a)和式(4.3.8b)可以看出，总刚度矩阵和总质量矩阵对设计变量 p 的偏导数仅与单元刚度矩阵和单元质量矩阵有关(即单元类型有关)。对于一些单元类型(如 Euler - Bernoulli 梁单元、Kirchhoff 矩形板弯单元)可以直接获得其灵敏度公式；而对于其他单元类型，如计算四边形单元，通常采用差分来近似替代微分，一般采用的差分形式有两种形式，一种是向前(后)差分形式，有

$$\frac{\partial[K]_e}{\partial p}\approx\frac{[K(p\pm\Delta p)]_e-[K(p)]_e}{\Delta p}\tag{4.3.9}$$

另一种是中心差分形式，有

$$\frac{\partial[K]_e}{\partial p}\approx\frac{[K(p+\Delta p)]_e-[K(p-\Delta p)]_e}{2\Delta p}\tag{4.3.10}$$

一阶向前(后)差分的截断误差是差分步长 Δp 的一次方；而中心差分的截断误差是差分步长 Δp 的二次方，因此中心差分形式计算精度更高。但是采用中心差分需要计算两次受扰动的单元刚度矩阵和质量矩阵，计算和储存量相对较大，并且差分步长的选取对上述两种差分形式的计算精度都有影响。通常情况下，差分步长越小越好。然而，如果差分步长选取过小，计算舍入误差同样可能导致计算结果精度的下降。如何选取合理的差分步长，目前还没有普适的法则，一般取设计变量值的 0.1%～2%为宜。

4.3.2 固有振型灵敏度

固有振型灵敏度分析主要是计算固有振型一阶偏导数，目前常用的方法有两种，即显示方法和隐式方法。

1. 显式方法

假设结构前 $\hat{N}$ 阶模态可计算得到，则将第 r 阶振型的一阶偏导数 $\dfrac{\partial\{\varphi\}_r}{\partial p}$ 表示为

$$\frac{\partial\{\varphi\}_r}{\partial p}=\sum_{i=1}^{\hat{N}}c_i\{\varphi\}_i+\{S\}_R \tag{4.3.11}$$

式中，$\{S\}_R=\sum\limits_{j=\hat{N}+1}^{N}c_j\{\varphi\}_j$；$c_i\in\mathbf{R}$ 和 $c_j\in\mathbf{R}$ 是待定系数；$\hat{N}$ 为已计算得到的模态阶数；N 为模态截断阶数，$N>\hat{N}$。

根据式(4.3.6)可得

$$c_j=\frac{\{\varphi\}_j^{\mathrm{T}}\{F\}_r}{\omega_j^2-\omega_r^2}$$

式中

$$\{F\}_r=-\left(\frac{\partial[K]}{\partial p}-\omega_r^2\frac{\partial[M]}{\partial p}-\frac{\partial\omega_r^2}{\partial p}[M]\right)\{\varphi\}_r \tag{4.3.12}$$

则 $\{S\}_R$ 可改写为

$$\{S\}_R=\sum_{j=\hat{N}+1}^{N}\frac{\{\varphi\}_j^{\mathrm{T}}\{F\}_r\{\varphi\}_j}{\omega_j^2-\omega_r^2} \tag{4.3.13}$$

当 $r\ll\hat{N}$，$\omega_r^2\ll\omega_j^2$ 时，式(4.3.13)可近似地表示为

$$\{S\}_R\approx\sum_{j=\hat{N}+1}^{N}\frac{\{\varphi\}_j^{\mathrm{T}}\{F\}_r\{\varphi\}_j}{\omega_j^2} \tag{4.3.14}$$

或者

$$\{S\}_R\approx\sum_{j=1}^{N}\frac{\{\varphi\}_j^{\mathrm{T}}\{F\}_r\{\varphi\}_j}{\omega_j^2}-\sum_{j=1}^{\hat{N}}\frac{\{\varphi\}_j^{\mathrm{T}}\{F\}_r\{\varphi\}_j}{\omega_j^2} \tag{4.3.15}$$

由式(4.3.3)可知，$\{\varphi\}_j^{\mathrm{T}}[K]\{\varphi\}_j=\omega_j^2$，则式(4.3.15)的第一项可表示为

$$\sum_{j=1}^{N}\frac{\{\varphi\}_j^{\mathrm{T}}\{F\}_r\{\varphi\}_j}{\omega_j^2}=\sum_{j=1}^{N}\frac{\{\varphi\}_j^{\mathrm{T}}\{F\}_r\{\varphi\}_j}{\{\varphi\}_j^{\mathrm{T}}[K]\{\varphi\}_j}=[K]^{-1}\{F\}_r \tag{4.3.16}$$

将式(4.3.16)定义为结构的“静力模态”，有

$$\{y\}_r=[K]^{-1}\{F\}_r \tag{4.3.17}$$

同样定义，有

$$\{h\}_r=\sum_{j=1}^{\hat{N}}\frac{\{\varphi\}_j^{\mathrm{T}}\{F\}_r\{\varphi\}_j}{\omega_j^2} \tag{4.3.18}$$

则式(4.3.11)可改写为

$$\frac{\partial\{\varphi\}_r}{\partial p}=\sum_{i=1}^{\hat{N}}\{c\}_i\{\varphi\}_i+\{y\}_r-\{h\}_r=\sum_{i=1}^{\hat{N}}\{c\}_i\{\varphi\}_i+\{w\}_r \tag{4.3.19}$$

由式(4.3.19)可以看出，采用显式方法计算得到的固有振型对设计变量的一阶偏导数是由低阶可计算模态的线性组合和残余“静力模态”$\{w\}_r$ 组成。

2. 隐式方法

同理，第 r 阶振型的一阶偏导数 $\dfrac{\partial\{\varphi\}_r}{\partial p}$ 也可表示成如下隐式方程：

$$\frac{\partial\{\varphi\}_r}{\partial p}=[T]\{q\}+c_r\{\varphi\}_r \tag{4.3.20}$$

式中，$[T]=[[\tilde{\varphi}]|\{w\}_r]$；$[\tilde{\varphi}]=[\{\varphi\}_1 \quad \cdots \quad \{\varphi\}_{\hat{N}}]$ 且 $\{\varphi\}_r\not\subset[\tilde{\varphi}]$。

待定系数向量 $\{q\}$ 可通过以下方程求解：

$$[A]\{q\}=\{b\} \tag{4.3.21}$$

式中

$$[A]=[T]^{\mathrm{T}}([K]-\omega_r^2[M])[T] \tag{4.3.22}$$

$$\{b\}=[T]^{\mathrm{T}}\{F\}_r \tag{4.3.23}$$

由式(4.3.21)可求得

$$\begin{aligned}[T]\{q\}&=\frac{[T]^{\mathrm{T}}\{F\}_r}{[T]^{\mathrm{T}}([K]-\omega_r^2[M])}=\frac{[T]^{\mathrm{T}}\{F\}_r[T]}{[T]^{\mathrm{T}}([K]-\omega_r^2[M])[T]}\\&=\sum_{\substack{i=1\\i\neq r}}^{\hat{N}}\frac{\{\varphi\}_i^{\mathrm{T}}\{F\}_r\{\varphi\}_i}{\{\varphi\}_i^{\mathrm{T}}([K]-\omega_r^2[M])\{\varphi\}_i}+\frac{\{w\}_r^{\mathrm{T}}\{F\}_r\{w\}_r}{\{w\}_r^{\mathrm{T}}([K]-\omega_r^2[M])\{w\}_r^{\mathrm{T}}}\end{aligned} \tag{4.3.24}$$

将式(4.3.24)代入式(4.3.20)中，则有

$$\frac{\partial\{\varphi\}_r}{\partial p}=\sum_{i=1}^{\hat{N}}\frac{\{\varphi\}_i^{\mathrm{T}}\{F\}_r\{\varphi\}_i}{\{\varphi\}_i^{\mathrm{T}}([K]-\omega_r^2[M])\{\varphi\}}+\frac{\{w\}_r^{\mathrm{T}}\{F\}_r\{w\}_r}{\{w\}_r^{\mathrm{T}}([K]-\omega_r^2[M])\{w\}_r^{\mathrm{T}}} \tag{4.3.25}$$

当 $r\ll\hat{N}$，$\omega_r^2\ll\omega_i^2$ 时，式(4.3.25)可近似地表示为

$$\frac{\partial\{\varphi\}_r}{\partial p}\approx\sum_{i=1}^{\hat{N}}c_i\{\varphi\}_i+d_r\{w\}_r \tag{4.3.26}$$

式中

$$d_r=\frac{\{w\}_r^{\mathrm{T}}\{F\}_r}{\{w\}_r^{\mathrm{T}}([K]-\omega_r^2[M])\{w\}_r^{\mathrm{T}}} \tag{4.3.27}$$

比较式(4.3.19)和式(4.3.26)可以看出，固有振型一阶偏导数的隐式表达式和显式表达式的区别在于，前者在残余静力模态上乘了一个系数。

4.3.3 频响函数灵敏度

结构在 k 点输入，i 点输出的频响函数应为

$$H_{ik}(\omega)=\sum_{r=1}^{n}\frac{\varphi_{ir}\varphi_{kr}}{\omega_r^2-\omega^2+2\mathrm{j}\,\xi_r\omega\,\omega_r}=R(H_{ik})+\mathrm{j}I(H_{ik}) \tag{4.3.28}$$

其中，$R(H_{ik})=\sum\limits_{r=1}^{n}\dfrac{\varphi_{ir}\varphi_{kr}(\omega_r^2-\omega^2)}{(\omega_r^2-\omega^2)^2+(2\zeta_r\omega_r\omega)^2}$；$I(H_{ik})=\sum\limits_{r=1}^{n}\dfrac{-2\varphi_{ir}\varphi_{kr}\zeta_r\omega_r\omega}{(\omega_r^2-\omega^2)^2+(2\zeta_r\omega_r\omega)^2}$。

当设计参数 p 仅与质量矩阵和(或)刚度矩阵相关时，频响函数 $H_{ij}(\omega,p)$ 对设计变量 p 的灵敏度可通过基于有限元的数值解析法求得，其表达式为

$$\begin{aligned}\frac{\partial R(H_{ij}(\omega,p))}{\partial p}&=\frac{\partial R(H_{ij}(\omega,p))}{\partial \omega_r^2(p)}\frac{\partial \omega_r^2(p)}{\partial p}+\frac{\partial R(H_{ij}(\omega,p))}{\partial \varphi_{ir}(p)}\frac{\partial \varphi_{ir}(p)}{\partial p}\\&\quad+\frac{\partial R(H_{ij}(\omega,p))}{\partial \varphi_{jr}(p)}\frac{\partial \varphi_{jr}(p)}{\partial p}\\&=\sum_{r=1}^{n}\left\{\left[\frac{\varphi_{ir}\varphi_{jr}}{(\omega_r^2-\omega^2)^2+(2\zeta_r\omega_r\omega)^2}\right.\right.\\&\quad\left.-\frac{2\varphi_{ir}\varphi_{jr}(\omega_r^2-\omega^2)(\omega_r^2-\omega^2+2\zeta_r^2\omega^2)}{[(\omega_r^2-\omega^2)^2+(2\zeta_r\omega_r\omega)^2]^2}\right]\frac{\partial \omega_r^2(p)}{\partial p}\\&\quad\left.+\frac{\omega_r^2-\omega^2}{(\omega_r^2-\omega^2)^2+(2\zeta_r\omega_r\omega)^2}\left[\frac{\partial \varphi_{ir}(p)}{\partial p}\varphi_{jr}+\varphi_{ir}\frac{\partial \varphi_{jr}(p)}{\partial p}\right]\right\}\end{aligned}\tag{4.3.29}$$

$$\begin{aligned}\frac{\partial I(H_{ij}(\omega,p))}{\partial p}&=\frac{\partial I(H_{ij}(\omega,p))}{\partial \omega_r^2(p)}\frac{\partial \omega_r^2(p)}{\partial p}+\frac{\partial I(H_{ij}(\omega,p))}{\partial \varphi_{ir}(p)}\frac{\partial \varphi_{ir}(p)}{\partial p}\\&\quad+\frac{\partial I(H_{ij}(\omega,p))}{\partial \varphi_{jr}(p)}\frac{\partial \varphi_{jr}(p)}{\partial p}\\&=\sum_{r=1}^{n}\left\{-\left(\frac{\zeta_r\omega\varphi_{ir}\varphi_{jr}}{\omega_r[(\omega_r^2-\omega^2)^2+(2\zeta_r\omega_r\omega)^2]}\right.\right.\\&\quad\left.-\frac{4\varphi_{ir}\varphi_{jr}\zeta_r\omega_r\omega(\omega_r^2-\omega^2+2\zeta_r^2\omega^2)}{[(\omega_r^2-\omega^2)^2+(2\zeta_r\omega_r\omega)^2]^2}\right)\frac{\partial \omega_r^2(p)}{\partial p}\\&\quad\left.-\frac{2\zeta_r\omega_r\omega}{(\omega_r^2-\omega^2)^2+(2\zeta_r\omega_r\omega)^2}\left(\frac{\partial \varphi_{ir}(p)}{\partial p}\varphi_{jr}+\varphi_{ir}\frac{\partial \varphi_{jr}(p)}{\partial p}\right)\right\}\end{aligned}\tag{4.3.30}$$

式中，$\frac{\partial \omega_r^2(p)}{\partial p}$ 和 $\frac{\partial \varphi_{jr}(p)}{\partial p}$ 详见式(4.3.7)和式(4.3.19)或式(4.3.26)。

4.3.4 时域响应灵敏度

结构动力学瞬态分析的方法一般可以分为直接积分法与模态迭加法，因此结构时域响应灵敏度的计算也可以采用直接积分法与模态迭加法，前者可以通过数值积分直接得到结果，精度较高但会受到结构规模的限制，后者计算效率较高，但计算精度略差。

1. 直接积分法

结构时域响应的灵敏度可以采用下式计算得到：

$$[M]\frac{\partial\{\ddot{x}(t)\}}{\partial p}+[C]\frac{\partial\{\dot{x}(t)\}}{\partial p}+[K]\frac{\partial x(t)}{\partial p}=-\frac{\partial[M]}{\partial p}\{\ddot{x}(t)\}-\frac{\partial[C]}{\partial p}\{\dot{x}(t)\}-\frac{\partial[K]}{\partial p}\{x(t)\}\tag{4.3.31}$$

从上面的公式可以看出，结构时域响应关于设计参数的灵敏度可以采用与时域响应计算相同的数值方法，只需将式(4.3.31)右端项看作等效力。

2. 模态迭加法

当结构的自由度较多时，采用直接积分法计算结构的时域响应以及时域响应灵敏度的效率会较低，此时可以选用模态迭加法。本节将介绍采用考虑高阶模态影响的模态迭加法(即模态加速度法)计算结构的时域响应灵敏度。

结构的时域响应可以近似表示为前 N 阶模态的线性组合，则系统的位移响应可以表达为

$$\{x(t)\} = \sum_{r=1}^{N} \{\varphi\}_r q_r(t) \tag{4.3.32}$$

式中，$q_r(t)$ 为第 r 阶模态位移。

通过式(4.3.32)将结构响应转换到模态坐标系下，即可将系统的动力学方程转换为 N 个解耦的方程，即

$$\ddot{q}_r(t) + (\alpha + \beta\lambda_r)\ \dot{q}_r(t) + \lambda_r q_r(t) = \{\varphi\}_r^{\mathrm{T}}\{F\} \tag{4.3.33}$$

式中，$\lambda_r = \omega_r^2 = K_r / M_r$，$C_r = \alpha M_r + \beta K_r$，$M_r$，$K_r$，$C_r$ 分别为第 r 阶模态质量、模态刚度及模态阻尼，模态振型 $\{\varphi\}_r$ 已按模态质量为一进行归一化(即 $M_r = 1$)。将式(4.3.33)两边同时对设计参数求偏导，可得到如下公式：

$$\frac{\partial \ddot{q}_r(t)}{\partial p} + (\alpha + \beta\lambda_r)\frac{\partial \dot{q}_r(t)}{\partial p} + \lambda_r \frac{\partial q_r(t)}{\partial p} = \frac{\partial \{\varphi\}_r^{\mathrm{T}}}{\partial p}\{F\} - \frac{\partial \lambda_r}{\partial p}[\beta\ \dot{q}_r(t) + q_r(t)] \tag{4.3.34}$$

从式(4.3.34)可以看出，结构模态响应关于设计参数灵敏度的计算格式与模态响应的计算格式基本一致，可以将式(4.3.34)的右端项看作等效力，采用相同的数值积分方法即可得到模态响应的灵敏度。

采用式(4.3.32)，即模态位移法，计算结构动响应时，往往不必考虑完备的 N 阶模态，而仅采用前 $\widehat{N}$ (一般远小于 N)阶模态，当然这样会产生截断误差。为了降低截断误差，可引入模态加速度法对结果进行修正。首先对式(4.3.33)进行变化，可得到如下形式：

$$q_r(t) = \frac{\{\varphi\}_r^{\mathrm{T}}\{F\}}{\lambda_r} - \frac{\ddot{q}_r(t)}{\lambda_r} - \frac{(\alpha + \beta\lambda_r)\ \dot{q}_r(t)}{\lambda_r} \tag{4.3.35}$$

将式(4.3.35)代入到坐标转换式(4.3.32)中，可得

$$\{x(t)\} = \sum_{r=1}^{N} \{\varphi\}_r \left\{ \frac{\{\varphi\}_r^{\mathrm{T}}\{F\}}{\lambda_r} - \frac{\ddot{q}_r(t)}{\lambda_r} - \frac{(\alpha + \beta\lambda_r)\ \dot{q}_r(t)}{\lambda_r} \right\} \tag{4.3.36}$$

根据特征向量的正交性，则式(4.3.36)的右端第一项可以表达为

$$\sum_{r=1}^{N} \frac{1}{\lambda_r}\{\varphi\}_r\ \{\varphi\}_r^{\mathrm{T}}\{F\} = [K]^{-1}\{F\} \tag{4.3.37}$$

式(4.3.37)为结构对外载的伪静态响应，然后将式(4.3.37)代入式(4.3.36)，并采用前 $\widehat{N}$ 阶模态，得到位移响应的表达式为

$$\{x(t)\} = [K]^{-1}\{F\} - \sum_{r=1}^{\widehat{N}} \{\varphi\}_r \left\{ \frac{\ddot{q}_r(t)}{\lambda_r} + \frac{(\alpha + \beta\lambda_r)\ \dot{q}_r(t)}{\lambda_r} \right\} \tag{4.3.38}$$

式(4.3.33)两端同乘以 $\dfrac{1}{\lambda_r}$，并对方程进行重新整理，可得：

$$-\frac{\ddot{q}_r(t)}{\lambda_r} - \frac{(\alpha + \beta\lambda_r)\dot{q}_r(t)}{\lambda_r} = q_r(t) - \frac{\{\varphi\}_r^{\mathrm{T}}\{F\}}{\lambda_r} \tag{4.3.39}$$

将式(4.3.39)代入式(4.3.38)，可得：

$$\begin{aligned} \{x(t)\} &= [K]^{-1}\{F\} + \sum_{r=1}^{\widehat{N}} \{\varphi\}_r \left\{ q_r(t) - \frac{\{\varphi\}_r^{\mathrm{T}}\{F\}}{\lambda_r} \right\} \\ &= \sum_{r=1}^{\widehat{N}} \{\varphi\}_r q_r(t) + \left([K]^{-1} - \sum_{r=1}^{\widehat{N}} \{\varphi\}_r \lambda_r^{-1}\ \{\varphi\}_r^{\mathrm{T}}\right)\{F\} \end{aligned} \tag{4.3.40}$$

通过上面推导的公式可以得到较为准确的结构位移响应，在此基础上，本节采用中心差分

法计算结构的速度和加速度响应，其计算格式为

$$\{\dot{x}(t)\}=\frac{1}{2\Delta t}(\{x(t)\}_{n+1}-\{x(t)\}_{n-1}) \tag{4.3.41a}$$

$$\{\ddot{x}(t)\}=\frac{1}{\Delta t^2}(\{x(t)\}_{n+1}-2\{x(t)\}_n+\{x(t)\}_{n-1}) \tag{4.3.41b}$$

式中，Δt 表示计算中所采用的时间步长，下标 n 表示时刻。

对式(4.3.40)中两端关于设计参数求偏导，可得如下表达式：

$$\begin{aligned}\frac{\partial\{x(t)\}}{\partial p}=&\sum_{r=1}^{\hat{N}}\left(\frac{\partial\{\varphi\}_r}{\partial p}q_r(t)+\{\varphi\}_r\frac{\partial q_r(t)}{\partial p}\right)\\&+\left[\frac{\partial[K]^{-1}}{\partial p}-\sum_{r=1}^{\hat{N}}\left(\frac{\partial\{\varphi\}_r}{\partial p}\lambda_r^{-1}\{\varphi\}_r^{\mathrm{T}}+\{\varphi\}_r\frac{\partial\lambda_r^{-1}}{\partial p}\{\varphi\}_r^{\mathrm{T}}+\{\varphi\}_r\lambda_r^{-1}\frac{\partial\{\varphi\}_r^{\mathrm{T}}}{\partial p}\right)\right]\{F\}\end{aligned} \tag{4.3.42}$$

其中，$\frac{\partial[K]^{-1}}{\partial p}=-[K]^{-1}\frac{\partial[K]}{\partial p}[K]^{-1}$，$\frac{\partial\lambda_r^{-1}}{\partial p}=-\lambda_r^{-1}\frac{\partial\lambda_r}{\partial p}\lambda_r^{-1}$，$\frac{\partial\{\varphi\}_r^{\mathrm{T}}}{\partial p}=\left(\frac{\partial\{\varphi\}_r}{\partial p}\right)^{\mathrm{T}}$。可以看出，上式右端第一项就是模态截断以后利用模态位移法获得的灵敏度，而第二项就是模态加速度法对灵敏度求解结果的修正值。

由式(4.3.42)得到位移响应关于设计参数的灵敏度，而速度、加速度响应关于设计参数的灵敏度同样可以采用中心差分法得到，在此不赘述。

4.4 数值优化方法

4.4.1 基于局部搜索的优化算法

函数的导数提供了函数局部增减方向和快慢的信息，不难证明，函数的梯度对应于函数值局部增加最快的方向。这些信息对于构造优化问题的数值求解算法极为有用。以目标函数最小化问题为例，基于局部搜索优化算法的构造主要围绕以下两个不断重复的基本步骤：

第一步：确定“最优”搜索方向。即从当前设计点出发寻找一个使目标函数下降的局部“最优”的(可行)方向。

第二步：一维搜索确定最优步长。沿第一步给出的方向进行一维搜索，确定最优步长(即按该步长移动当前设计点，将在满足约束的前提下使目标函数值在给定的搜索方向上达到最小)；根据“最优”方向和最优步长更新当前设计点，得到一个新的设计点作为下一个循环的起始设计点。

在第一步搜索的方向确定中，“最优”加上了引号，表示此“最优”是在一定判据基础上的最优，而不同判据所对应的“最优”方向往往不同。在上述循环的基础上再补充初始点设定以及迭代终止条件的判定，就形成了一个完整的数值优化流程。基于上述思路的求解流程如图4.4.1所示。

处理约束优化问题和无约束优化问题的主要区别在于：前者在确定搜索方向和步长时，只须考虑目标函数的局部或总体下降速度，而后者还须保证搜索方向是可行方向，同时由搜索步长所确定的下一个设计点必须在可行域内。

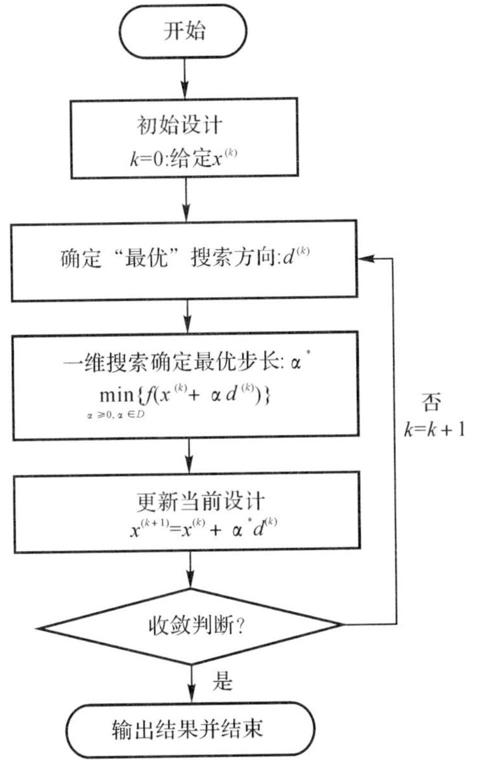

图 4.4.1　基于局部搜索的数值优化算法流程

4.4.2　约束优化问题的一般解法

当优化模型中存在约束时，一般的处理思路是直接在数值搜索中考虑约束对搜索方向和步长的影响。当设计点位于可行域内部时，搜索方向不受约束限制，可以按无约束问题处理，例如采用目标函数的负梯度方向作为一维搜索方向；当设计点位于约束边界上时，搜索方向受到约束的限制，不能任意选取，其典型的选取方式大致有两种：①可行方向法，要求搜索方向是可行下降方向；②梯度投影法，要求搜索方向与约束（或部分约束）边界相切，同时尽可能使目标函数的下降速度最快。对于后者，当约束为线性约束时，搜索方向即为可行下降方向；当约束含有非线性约束时，沿约束边界切向进行一维搜索可能导致设计点离开约束边界并落到非可行域内，此时通常需要对设计点做进一步修正使其回到约束边界。关于这两种方法的详细介绍，读者可参阅相关文献资料。

4.4.3　约束优化问题的智能算法

智能算法一般通过减少有限元分析次数或是避免进行灵敏度分析来提高结构优化设计的计算效率。而且智能优化方法都具有良好的兼容性，几乎所有的智能算法都已经被应用到了结构动力学优化设计领域，其中遗传算法和粒子群优化算法在实际的结构动力学优化设计中应用最广。

遗传算法(GA)是一种模拟生物进化自然选择过程的非确定性搜索方法，源于达尔文的进化论和孟德尔的遗传定律，由美国 Michigan 大学的 Holland 教授在 20 世纪 70 年代首先提出。生物理论指出，同一种群的不同个体拥有着各自不同的基因组，因而导致了由基因决定的个体的性状不尽相同，对自然环境的适应能力就存在差异。在自然选择的作用下，一部分环境适应能力较差的个体会死亡被淘汰，而环境适应能力较强的个体则更多地存活下来并繁衍后代，因此比较适应环境的基因会有较大的概率遗传到下一代。遗传算法正是仿照上述理论，将一个问题的解空间进行编码，每一个编码代表一个个体，建立一个包含潜在的解的群体作为种群，在环境作用下通过选择(selection)、交叉(crossover)和变异(mutation)一代代繁衍，由于子代的环境适应力一般优于父代，所以算法最终能够得到问题的较优解。遗传算法的基本流程如图 4.4.2 所示。

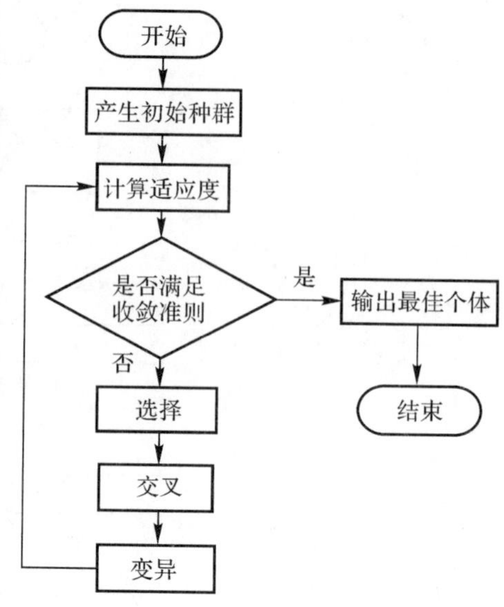

图 4.4.2　遗传算法的基本流程

粒子群优化算法(Particle Swarm Optimization，PSO)是由 Kennedy 和 Eberhart 提出的一种新型优化算法，该算法是受觅食过程中的鸟群和个体行为的启发而产生的。粒子群优化算法将每一次迭代看成是一次鸟群的迁徙，鸟群中的每个个体可以看成是解空间的一个可行解，称为粒子。所有的粒子都有一个由被优化的函数决定的适应度值，每个粒子还有一个速度决定它们飞翔的方向和距离。然后，粒子们就追随当前的最优粒子在解空间中搜索。粒子群算法的运算流程具体如图 4.4.3 所示。

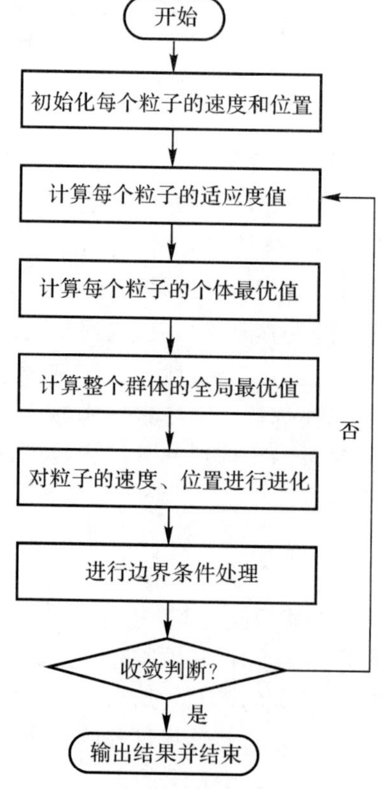

图 4.4.3　粒子群算法的基本运算流程

4.5　工程结构案例

某微小卫星搭载舱体结构如图 4.5.1 所示，其为一多面体棱柱型硬壳式结构，在上、中、下部位各有一块圆形仪器设备安装板。上、下安装板通过螺栓法兰与舱体装配在一起，中安装板与舱体壳体一体化铸造成型。舱体通过下部的外法兰与转接框相连，再通过转接框固定在运载火箭上。卫星主承力筒和转接框材料均为镁合金，材料参数为 $E=43.4\mathrm{GPa}$，$\nu=0.33$，$\rho=1\,800\ \mathrm{kg/m^3}$；上、下安装板材料为铝合金，材料参数为 $E=71.0\mathrm{GPa}$，$\nu=0.33$，$\rho=2\,700\mathrm{kg/m^3}$。

卫星在发射主动段要经历恶劣的振动环境。采用随机振动激励模拟结构所经受的振动环境，输入的环境条件如图 4.5.2 所示，输入的总均方根(RMS)加速度为 $10.86g$。

卫星的上安装板主要用于安装敏感仪器设备，如惯性导航组合等，对振动环境控制的要求很高。图 4.5.3 给出了卫星上安装板某敏感设备质心处的随机振动响应。由图可知，在振动频率 60Hz 附近，有效载荷质心处的振动响应峰值最大，响应的均方根值达 $12.9g$，需要采取振动控制措施降低敏感设备在随机振动下的动力学响应。本例确定采用敷设黏弹性阻尼材料的附加约束阻尼层方法进行减振。

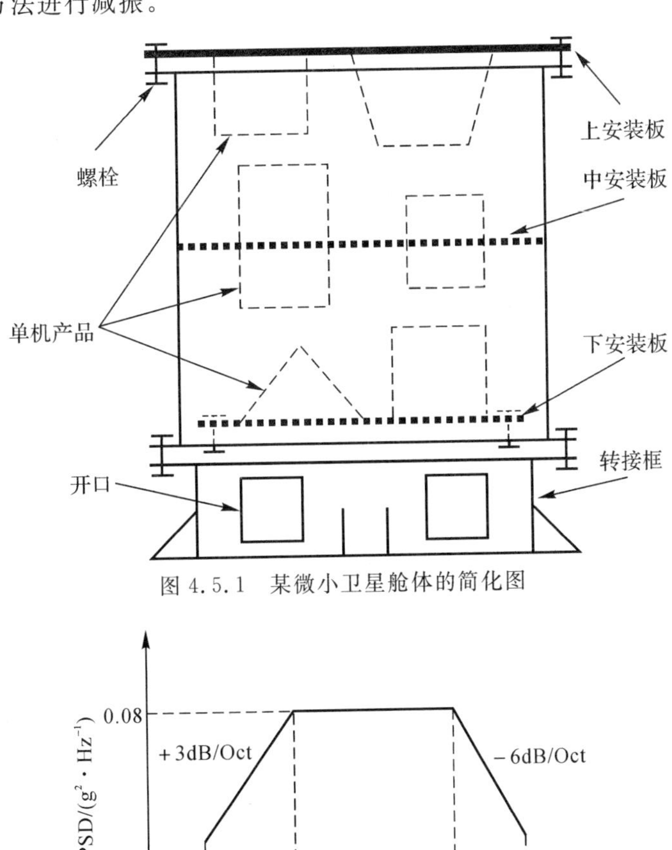

图 4.5.1　某微小卫星舱体的简化图

图 4.5.2　随机振动输入条件

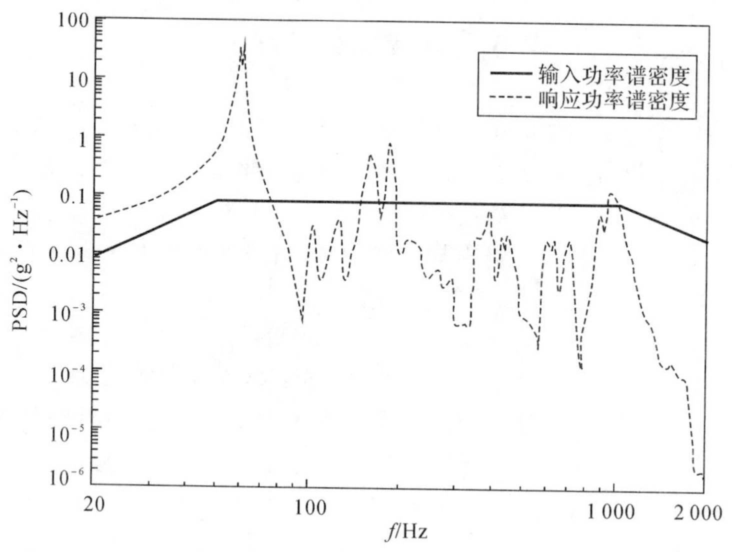

图 4.5.3　上安装板某敏感设备质心处加速度响应功率谱密度

4.5.1　约束阻尼敷设区域的确定

进一步对卫星舱体结构进行模态参数分析，得到的结果见表 4.5.1。表 4.5.1 中给出了 60Hz 附近结构的三阶固有模态以及这三阶振动模态下结构各个部位模态应变能的贡献百分比。

表 4.5.1　前三阶模态的频率、振型及按模型区域给出的应变能百分比

模态阶次		1	2	3
频率/Hz		57.30	59.86	60.84
主要振型描述		中板一阶弯曲	上板一阶弯曲	下板一阶弯曲
应变能百分比/(%)	上安装板	0.37	61.70	11.22
	中安装板	95.65	3.79	14.50
	下安装板	2.45	5.37	37.76
	搭载舱壳体	0.46	24.65	22.45
	转接框	1.07	4.49	14.07
	总应变能	100	100	100

由表 4.5.1 可知，图 4.5.3 中的峰值响应频率对应于固有频率为 59.86Hz 的结构振动模态，该模态振动能量的主要贡献来自上安装板，达 61.70%。因此，可以认为上安装板有效载荷处过大的振动响应主要是由于上安装板的局部弯曲振动引起的。约束阻尼减振是在宽频内抑制薄壁结构振动的有效措施。依据约束阻尼减振原理，阻尼材料应敷设在结构振动应变能较大的区域才会起到比较明显的抑制振动效果。因此，从降低所关心有效载荷振动响应的角度出发，就可以确定上安装板作为阻尼处理的部件。

4.5.2　约束阻尼减振多目标优化设计

针对本节的约束阻尼结构设计问题，虽然上节已确定阻尼敷设的大致部位，但对整个安装板全部敷设约束阻尼层，会有附加质量过大的问题。因此，必须优化阻尼在上安装板上的敷设区域。这里，将上安装板划分成 13 个子区域，如图 4.5.4 所示，假设可以在 13 个子区域的任意一个或多个区域进行阻尼敷设。

此外，在敷设阻尼层区域，阻尼层材料一般根据使用温度等条件选定，但阻尼层和约束层的厚度可以作为设计变量。因此，这里选取约束阻尼处理的位置以及两层材料的厚度为优化设计变量。

设计时需要兼顾附加结构质量和阻尼性能，因此本节中选取附加质量最小化和某阶模态损耗因子最大化作为优化设计的目标。同时设计变量的取值范围作为约束条件。

本节对阻尼敷设位置进行优化设计时采用二进制编码方式，即“1”代表对该区域进行阻尼敷设，“0”代表该区域无阻尼敷设。例如编码“1111100101000”即代表如图 4.5.5 所示的敷设区域。

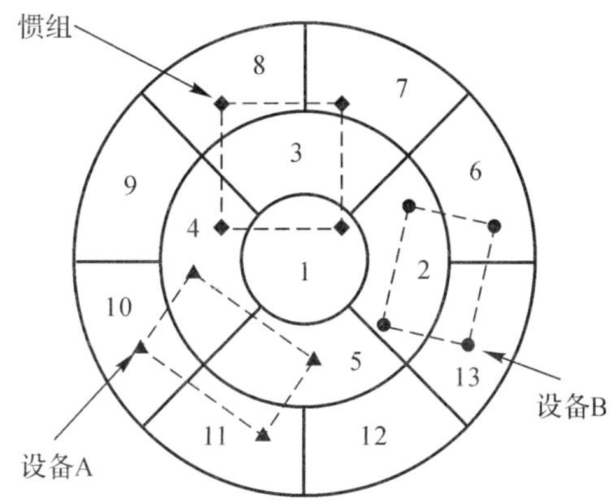

图 4.5.4　约束阻尼处理的可行区域

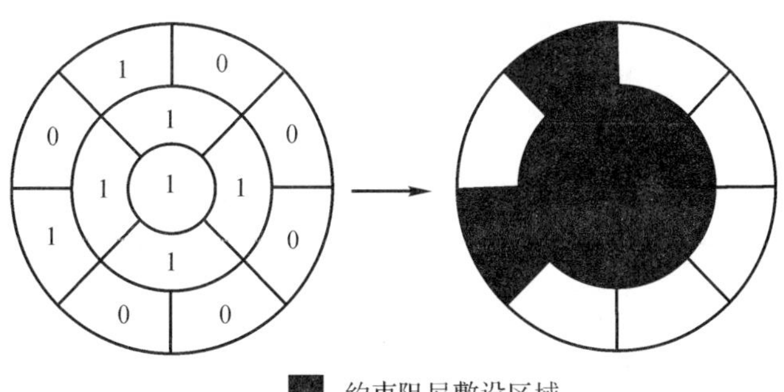

图 4.5.5　敷设区域的编码方法

由于约束层和阻尼层的厚度均为连续型变量，这里都采用实数编码方式，限定约束层厚度区间为[1.5mm，4mm]，阻尼层厚度区间为[0.5mm，1.5mm]。由于上安装板有效载荷处的响应主要受到上安装板一阶弯曲振动模态的影响，所以选取一阶弯曲模态损耗因子最大化作为优化设计目标之一。采用改进非支配排序遗传算法(NSGA-II算法)进行优化设计,种群数量取为60,设定进化至100代时终止,此时获得的最优解集合即认为优化结果。

改进非支配排序遗传算法(NSGA-II)是近年来发展的一种高效的多目标优化求解算法,其流程如图4.5.6所示。该算法首先生成初始种群,然后通过选择、交叉和变异等遗传操作,由亲代种群产生子代种群,进而合并得到集合,然后对该集合中的个体进行目标函数值求解。

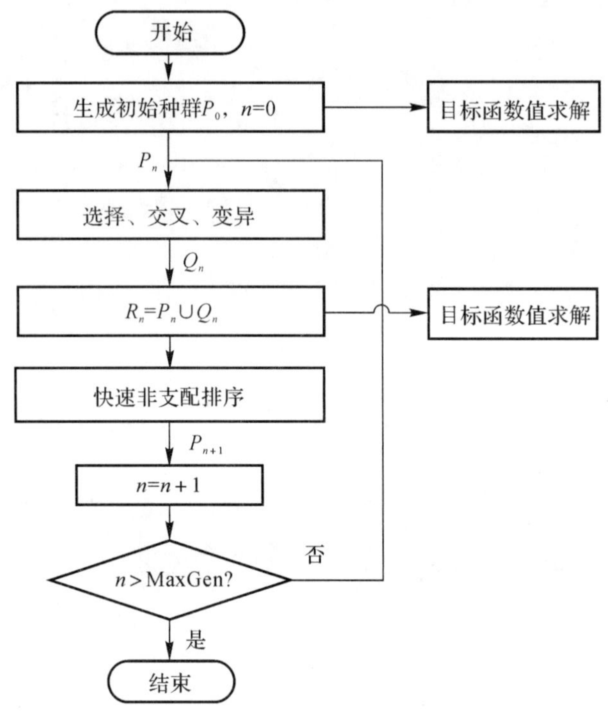

图4.5.6　NSGA-II算法流程

4.5.3　优化结果与分析

根据使用温度条件,选取国产ZN-1阻尼橡胶作为阻尼层材料,其参数为$E=2.5$MPa,$\nu=0.495$,$\rho=1\ 150$kg/m^3,损耗因子为1.2。约束层材料与安装板材料相同。

图4.5.7给出了种群个体的演化规律图,图中纵轴为附加质量与安装板结构质量的比值,横轴为安装板一阶弯曲模态的损耗因子。比较4幅图可知,在优化算法进化至30代就已经基本收敛。

最终优化后的最优解集合如图4.5.8所示。图中η和Δ分别为安装板的一阶模态损耗因子和附加结构质量百分比。从图中的离散点可以看出,要获得比较大的模态损耗因子,就需要付出附加质量大的代价。因此折中选取一种设计方案。在此设计方案下,$\eta=0.154$,$\Delta=0.498$。阻尼约束层的敷设区域编码为"1111100101000",敷设区域如图4.5.5所示,阻尼层和约束层的厚度分别为0.5mm和2.1mm。

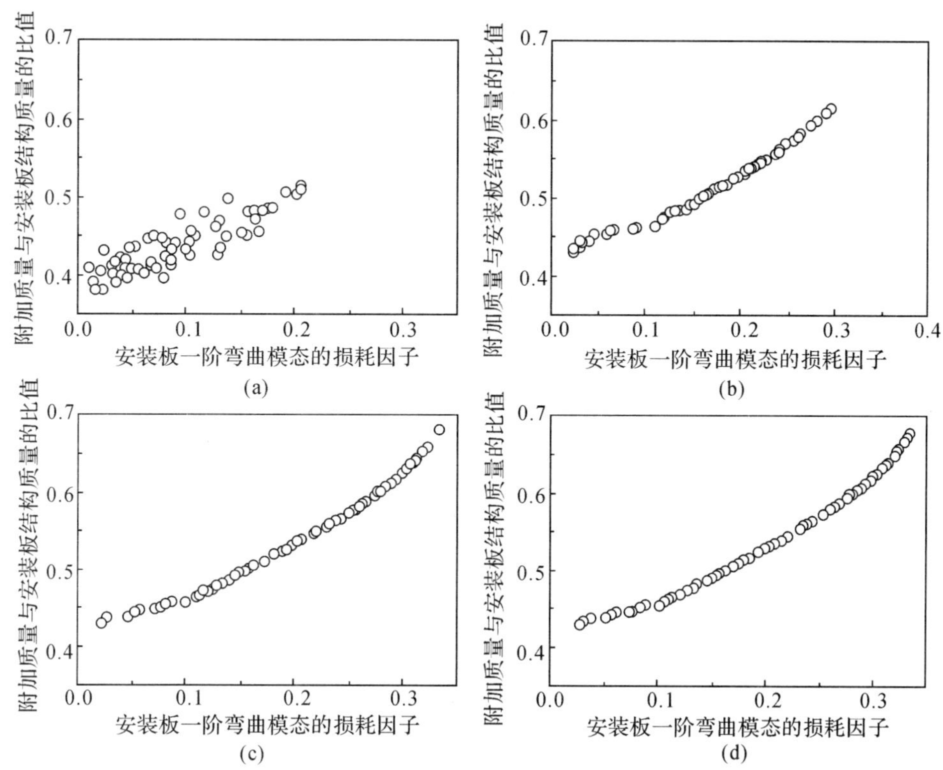

图 4.5.7　种群个体的演化规律

(a)第 1 代;(b)第 10 代;(c)第 30 代;(d)第 100 代

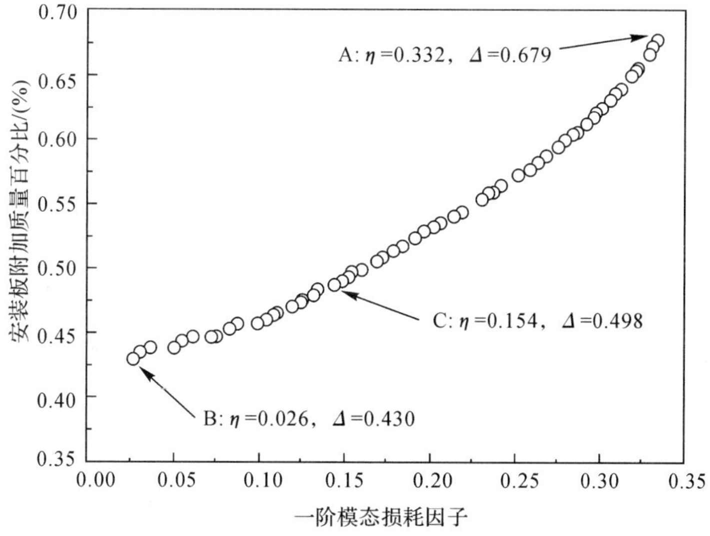

图 4.5.8　进化至 100 代时的最优解集合

确定优化减振方案以后，为了进一步验证优化后整个舱体结构的阻尼性能，在商用有限元软件 MSC. Patran/Nastran 中对优化之后的结构进行有限元仿真，并对比无阻尼结构、约束阻尼结构中敏感设备在随机激励下的动力学响应，计算结果如图 4.5.9 所示。对结构进行约束阻尼处理之后，上安装板一阶模态对应频率处的响应峰值有了大幅度的下降；同时，设备处的响应均方根值为 6.85g，与无阻尼结构相比，降低达 46.9%，减振效果非常明显。

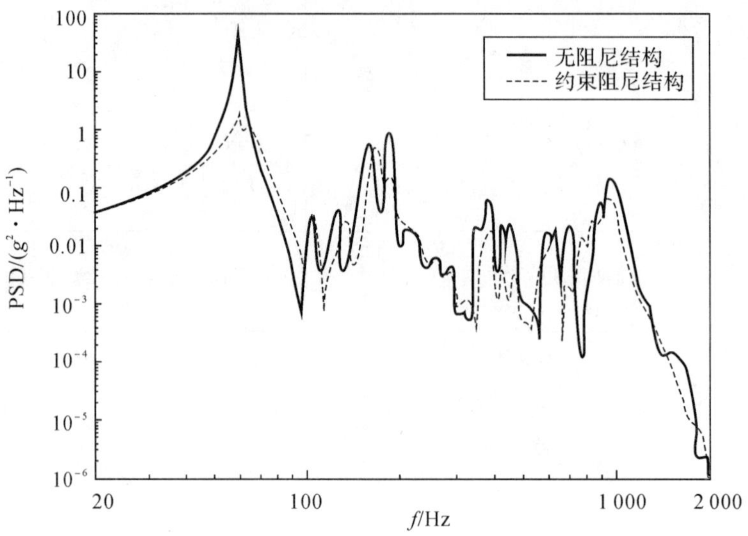

图 4.5.9　约束阻尼处理前后结构的随机振动响应对比

思考与练习题

1. 结构动力学优化模型的基本构成要素有哪些？结合一个结构动力学优化工程实例进行说明。

2. 什么是灵敏度分析，总结灵敏度分析在结构动力学优化问题中的作用。

3. 推导黏滞阻尼下模态参数的灵敏度分析表达式。

4. 建立一个约束优化模型，并利用其最优性条件来证明目标函数的负梯度方向是欧式范数意义下局部下降最快的方向。

5. 如何理解多目标优化问题的结果，将多目标问题转化为单目标优化问题，存在哪些问题。

6. 将第 4.5 节中的多目标动力学优化问题算例转化为单目标优化问题，并给出具体的优化流程。

7. 建立一个梁结构的多频动力学优化设计问题。已知梁长度为 620mm，宽度为 30mm，材料为铝合金，边界条件为两端固支，以梁截面高度为优化变量（梁截面高度的初始值可设定为 6mm），来建立优化方法，使得梁结构的前三阶固有频率分别为 103Hz、264Hz 和 511Hz。

第 5 章　振动主动控制

5.1　振动主动控制概述

振动主动控制是振动控制领域中的一个重要分支，由于其潜在的优点，在振动控制工程中获得了越来越多的重视。特别是随着生产与科学技术的发展，工程上对减振的要求越来越高，传统振动被动控制技术已经不能适应那些具有高标准减振要求的情况，因此融合现代控制工程理论和结构减振理论的振动主动控制技术应运而生。振动主动控制技术实际上是一个融合振动分析理论、传感器/作动器技术、现代控制理论、信号处理技术、计算机技术以及先进材料等学科的一门综合技术。从 20 世纪 20 年代出现的振动主动控制雏形——采用电磁阀控制的缓冲器，发展到目前采用智能材料结构概念的振动主动控制技术，振动主动控制技术已经成为一个内容丰富的研究领域，出现了许多新的研究方向。本章只对其基本的原理和涉及的学科理论做一个概论性的介绍。

5.1.1　基本原理

振动主动控制又称为有源振动控制，振动主动控制分为开环控制和闭环控制两大类。开环振动主动控制系统又叫程序控制系统，其控制器中的控制律参数是事先设计好的，控制器的输出指令与振动状态无关。目前的主动控制系统绝大多数是所谓的闭环控制系统，其控制律参数是由控制器根据被控系统的振动状态来实时产生的。一个典型的闭环振动主动控制系统包括被控制对象、传感器、作动器（执行器）、控制器及能源五个部分。其工作原理是用传感器拾取结构的振动响应信号，作为控制系统的反馈信号，经调制放大后，传送到控制器，由控制器按所采用的控制律（控制策略），生成控制器的输出指令，通过功率放大器后发送到执行器（作动器），由作动器对结构施加控制力，控制所需的能量则由能源提供。本章仅讨论闭环振动主动控制的内容。

图 5.1.1 所示为开环与闭环情况下振动主动控制系统的框图。注意，图中附加子系统是指某些情况下作动器的力通过一个附加结构（如机翼颤振主动控制系统使用的控制小翼面）间接施加在被控结构（如机翼）上，它不是振动主动控制系统必需的环节，因此图中用虚框表示。

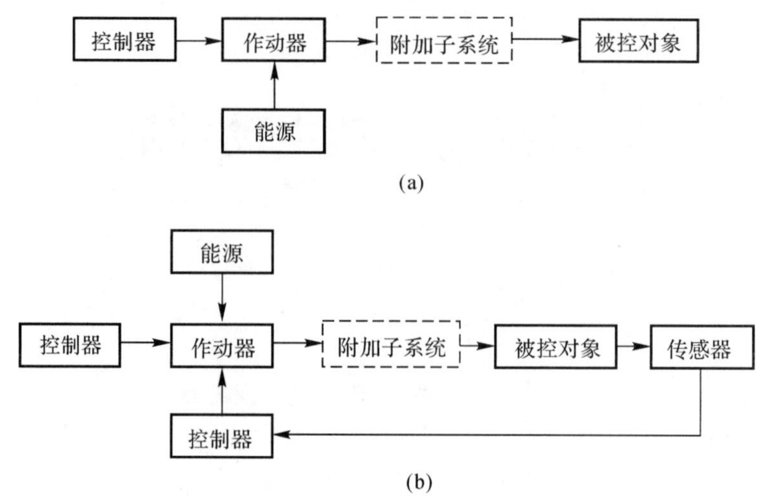

图 5.1.1 振动主动控制系统框图

(a)开环主动控制系统;(b)闭环主动控制系统

5.1.2 应用领域

振动主动控制的任务可以分为两类:结构振动响应的主动控制和结构动态稳定性的主动控制。

结构振动响应的主动控制是在特定的外激励作用下对受控结构的振动响应进行主动控制,结构振动响应的主动控制可以直接以控制振动响应为目标来设计控制律,也可以通过对重要振动模态参数的主动控制,来间接达到主动控制振动响应的目的。

结构动态稳定性的主动控制是主动控制振动系统各阶振动模态的稳定程度,使不稳定的模态变成稳定的模态或者使稳定模态达到所要求的稳定裕度值。

众所周知,许多新技术的研究和应用都是从航空航天领域开始的。振动主动控制形成一个成熟的技术体系也是开始于航空工程领域。20 世纪 50 年代末期,美国开始进行了以降低结构载荷的机身结构弯曲模态的主动控制研究,随后又在 20 世纪 60 年代末 70 年代初,以降低飞机突风响应为目的,研制了抑制结构低频振动模态的主动控制系统。振动主动控制在飞机工程领域中的重要应用之一是飞机颤振主动控制。1968 年 Boeing - Wichita 公司开始研究对飞机颤振模态主动控制的可行性,采用翼尖副翼及颤振主动控制系统,使颤振临界速度增加了 20%。在航空工程领域内,对振动主动控制的研究还应用到飞机滑跑着陆响应的主动控制、直升机“地面共振”和“空中共振”的主动控制等。

在航天工程领域内,由于大型柔性航天结构(空间站、大型天线和太阳能电池板等)的振动模态频率低而密集,且阻尼很小,一旦受到外界扰动,会产生衰减很慢的自由振动响应,影响其正常工作。由于航天结构对振动环境有较严格的要求,传统的振动被动控制难以满足需要,所以这使得振动主动控制在航天结构中的应用研究成为非常活跃的一个方向。

在土木工程领域,随着高层建筑和大跨度桥梁的出现,振动主动控制的概念和技术也在结构风振响应和地震响应的控制中得到了应用研究。比较成功的应用主要有控制高层建筑振动的主动式动力吸振器,即主动质量调谐阻尼器(Active Tuned Mass Damper,ATMD)。目前正在研究的振动主动控制技术途径有主动气动翼板、主动腱等。

在机械工程领域内，柔性机器臂振动的主动控制、柔性转子的振动主动控制等都是振动主动控制的研究热点。在车辆工程领域内，振动主动控制的研究主要集中于车辆的主动隔振以及半主动隔振研究。

随着 20 世纪 80 年代末智能材料结构技术在航空航天研究领域的兴起，智能材料结构技术已经渗入到振动主动控制的各个方面，智能材料制作的传感器、智能材料制作的作动器、智能信息处理技术等在振动主动控制实践中也已经取得了一定的进展。

5.1.3　优点和局限性

与振动的被动控制技术相比，振动主动控制的优点体现在以下几方面：

(1)控制效果好。控制效果优于被动控制，例如主动式动力吸振器可以始终跟踪外激励频率的变化而使吸振器始终保持“调谐”状态。

(2)适应性强。由于振动主动控制系统采用受控系统的振动信息作反馈，所以能适应外界激励的变化和受控系统参数的不确定性，能够比较符合实际地确定控制对象的数学模型，提高控制器设计的精确度。

(3)对原结构改动小。采用振动主动控制系统进行振动控制，通常都是在原结构上增加一个相对独立的控制系统，对原结构无须改动或改动较小，一般只须对控制器的参数进行修改。

根据目前技术发展情况看，振动主动控制的实际应用还受到一些因素的限制：

(1)可实现性问题。振动主动控制中，符合要求的控制能源、作动器以及传感器等硬件往往成为振动主动控制系统设计和应用中的限制因素。

(2)经济性问题。虽然振动主动控制的效果要好于被动控制系统，但构成一个闭环振动主动控制系统的成本一般要高于解决同一问题的被动控制系统。在一些振动控制的性能指标要求较高的场合，高成本的代价也是必要的。

(3)可靠性问题。闭环振动主动控制系统一般都具有各种机械、电子电路环节，与只有简单机械环节的被动控制系统相比，振动主动控制系统各环节失效的可能性较大，而其中任何一个环节的失效，都会导致整个控制系统的失效。因此，在设计振动主动控制系统时必须考虑到相应的可靠性保证措施。

5.2　振动主动控制的基本原理

5.2.1　硬件组成

从硬件结构上讲，振动主动控制系统由如下几个必要的硬件部分组成：

(1)控制对象。它可以是单自由度结构、多自由度结构或无限自由度(连续)结构。有时要根据被控对象的振动特性或振动控制的目的来确定。

(2)传感测量系统。它包括传感器、信号适调器和放大器等，它们的作用是拾取振动系统的位移、速度或加速度信号等振动信息并传输到控制器的输入端，用于控制器控制指令的确定。常用的传感器有压电式、压阻式加速度计、磁电式速度计、电位计式位移传感器和光电式位移传感器等。

(3)控制器。即控制系统的信息处理中心,是闭环控制系统的核心环节。它的作用是根据传感测量系统的输入信号以及所采用的控制理论,形成所需的控制律,并输出控制信号。

(4)作动器。又称为执行器或执行机构。它的作用是提供控制所需的力或力矩。控制力(力矩)可以直接作用在受控结构上,或作用在一个附加子结构上产生附加的作动力再作用在被控结构上。作动力也可以作用在被控系统的某些环节(如刚度器件、阻尼器件)上,通过改变系统的刚度、阻尼参数,来实现对振动的控制。常用的作动器有伺服液压式、伺服气压式、电磁式、电动式和压电式。近年来,又发展出了各种智能材料作动器如分布式压电作动器、电致伸缩、磁致伸缩及形状记忆合金作动器。

(5)能源。它的作用是给作动机构提供工作所需的能量。根据作动器的类型,控制系统的能源有液压源、电源和气源。

5.2.2 数学模型

振动主动控制系统的设计一般是先建立系统的数学模型,以便对控制律进行设计和对闭环系统进行动态特性分析。目前主要采用的控制系统数学模型描述方法是状态空间描述、传递函数描述和权函数描述。它们在数学上又可以分别用时间的连续函数形式和时间的离散函数形式来建立模型。

1.状态空间描述

状态空间描述是一种时域描述方法。考虑可用线性微分方程描述的连续系统,其最基本的状态空间方程可以写成:

$$\{\dot{x}(t)\} = [A]\{x(t)\} + [B]\{u(t)\} \tag{5.2.1a}$$

$$\{y(t)\} = [C]\{x(t)\} + [D]\{u(t)\} \tag{5.2.1b}$$

式中,矩阵 $[A]$,$[B]$,$[C]$,$[D]$ 分别称为系统矩阵、控制矩阵、输出矩阵和传递矩阵。通常 $[D]=[0]$。

振动主动控制系统的状态空间描述反映了系统的内部关系,由状态空间方程可以确定系统的内部关系。同时对一个给定的振动主动控制系统,其状态空间描述不是唯一的,因而为控制设计提供了多种可能的模式。

我们知道,现代控制理论是建立在系统状态空间概念之上的。对振动主动控制系统采用状态空间描述,使得现代控制理论的方法可以很方便地应用到振动主动控制系统的控制律设计中。常用的设计方法有线性二次型最优控制律设计、特征结构配置方法和自适应控制律设计方法。

2.传递函数描述

传递函数描述也称为频响函数描述。它是建立在系统的频域描述基础上的,即直接从系统的输入-输出关系出发,建立系统的数学描述方程。其基本形式为

$$[H(s)] = [H_{ij}(s)] = \left[\frac{b_{ij}(s)}{a_{ij}(s)}\right] \tag{5.2.2}$$

式中,$a_{ij}(s)$,$b_{ij}(s)$ 为 s 的多项式;$[H(s)]$ 的行、列数为系统的输入、输出变量个数。

传递函数描述只给出了振动主动控制系统输入-输出的外部关系,没有给出系统内部结构的信息。一般,建立系统输入-输出的外部关系要比建立系统内部结构的关系简单得多。对于结构振动控制系统,根据激励力与振动响应之间的输入-输出关系,借助于现代测试技术及信

号分析技术，可以很容易得到系统的传递函数(频响函数)描述。采用传递函数描述方法时，只要确定了系统的输入和输出，其传递函数的描述是唯一的。

3. 权函数描述

权函数描述是建立在系统时域描述基础上的，又称为脉冲响应函数描述。它直接从系统的输入-输出关系出发获得其数学描述形式。第 2 章已经以单自由度振动系统(典型单输入单输出系统)为例，讨论了系统的脉冲响应函数 $h(t)$，以及求系统在外激励 $u(t)$ 作用下系统响应 $y(t)$ 的卷积积分：

$$y(t)=\int_0^t h(t-\tau)u(\tau)\mathrm{d}\tau \tag{5.2.3}$$

对于多输入多输出系统，响应与外激励的关系仍然与上式一样，只是形式上应写成矩阵形式：

$$[h(t)]=[h_{ij}(t)] \tag{5.2.4}$$

权函数反映的也是系统输入与输出的外部关系，它与传递函数之间形成拉普拉斯变换对，有

$$H(s)=\mathscr{L}(h(t)) \tag{5.2.5}$$

对于式(5.2.1)用状态空间描述的系统，可以表示为用权函数描述的形式：

$$\{x(t)\}=\int_0^t \mathrm{e}^{[A](t-\tau)}[B]\{u(\tau)\}\mathrm{d}\tau \tag{5.2.6a}$$

$$\{y(t)\}=\int_0^t [C]\mathrm{e}^{[A](t-\tau)}[B]\{u(\tau)\}\mathrm{d}\tau+[D]\{u(t)\} \tag{5.2.6b}$$

其中，$\mathrm{e}^{[A]t}=\mathscr{L}^{-1}[(s[I]-[A])^{-1}]$。

4. 离散状态空间描述

由于数字计算机应用技术的发展，离散控制(数字控制)逐渐受到了重视。采用离散控制的振动主动控制系统也要相应地采用时间离散函数形式的数学模型。

将连续系统数学模型(5.2.1)离散化，即用一阶差分方程代替一阶微分方程后，可得

$$\{X(n+1)\}=[A(n)]\{X(n)\}+[B(n)]\{U(n)\} \tag{5.2.7a}$$

$$\{Y(n)\}=[C(n)]\{X(n)\}+[D(n)]\{U(n)\} \tag{5.2.7b}$$

式中，$\{X(n)\}$，$\{Y(n)\}$，$\{U(n)\}$ 分别为在时间 $t_n=nT(n=1,2,3,\cdots)$ 所确定的状态向量、输出向量和控制向量，T 为采样周期；$[A(n)]$，$[B(n)]$，$[C(n)]$，$[D(n)]$ 分别为时间 $t_n=nT$ 所确定的系统矩阵、控制矩阵、输出矩阵和传递矩阵。

5.2.3　控制律设计

控制律也称为控制策略，是控制器输入与输出之间的传递关系，它是振动主动控制中的核心环节，甚至可以说，控制律设计问题是振动主动控制系统设计成功与否的关键问题。进行控制律的设计，一方面要以现代控制理论等控制领域的研究成果为基础，灵活运用已有的各种控制律设计方法，另一方面，又要考虑到所要解决的振动控制问题的特殊性，发展各种具有结构振动控制特色的控制律设计方法，如结构振动主动控制所特有的独立模态空间控制方法。

从一般意义上讲，振动主动控制中的控制律可分为时域设计法和频域设计法。控制律时域设计是在系统状态空间内进行的，它首先需要建立系统的状态空间数学模型，尤其适用于多输入多输出控制器的控制器设计。时域控制律设计有特征结构配置法、最优控制法、次优控制

法、独立模态空间控制法和自适应控制法等。频域设计法是在实频或复频域内进行的，因此它需要系统的传递函数或传递函数矩阵。它适合于单输入单输出或单输入多输出控制器的控制律设计。由于振动控制工程中的问题大多是多输入多输出系统，所以时域控制律设计成为振动主动控制律设计的主要方法。

在进行控制律设计时，还涉及所用到的反馈信号，如果用式(5.2.1)所表示的系统状态空间的状态量 $\{x(t)\}$ 作为反馈信号，即 $\{u(t)\}=-[K_1(t)]\{x(t)\}$，$[K_1(t)]$ 称为状态反馈矩阵，这种反馈方法称为状态反馈控制，状态反馈控制需要测量系统全部的状态信息，在工程实际中这是很难实现的，而且对高阶系统，有些状态分量是没有物理意义的，根本无法测量得到，因此在振动控制的工程实践中，状态反馈控制条件的要求是难以满足的；如果用系统输出量 $y(t)$ 作为反馈信号，即 $\{u(t)\}=-[K_2(t)]\{y(t)\}$，而输出量 $y(t)$ 是可以全部测量得到的，这种控制方法称为次最优控制，也称为部分状态反馈控制。

目前根据各种振动主动控制问题的要求，已经发展出了各种控制律设计方法。本章仅简要介绍几种常用的控制律设计方法。

1. 最优控制

所谓最优控制，是指兼顾响应与控制能量两方面相互矛盾的要求，使其性能指标达到最优的一类控制律设计方法。

(1)基于线性二次型性能指标极小的最优控制设计。这种设计方法适用于系统只受确定性外激励的情况，它以系统状态偏离平衡位置的偏移量与控制能量最优来确定状态反馈阵。

系统状态方程为

$$\{\dot{x}\}=[A]\{x\}+[B]\{u\} \tag{5.2.8}$$

现在寻求一个状态负反馈矩阵 $[K]$，$\{u\}=-[K]\{x\}$，使下列线性二次型性能指标达到极小：

$$J=\int_0^{\infty}(\{x\}^{\mathrm{T}}[Q]\{x\}+\{u\}^{\mathrm{T}}[R]\{u\})\mathrm{d}t \tag{5.2.9}$$

式中，$[Q]$ 为半正定加权阵；$[R]$ 为正定加权阵，它们的取值根据对状态偏移量与控制功率的不同要求而确定。负反馈矩阵由下式确定：

$$[K]=[R]^{-1}[B]^{\mathrm{T}}[P] \tag{5.2.10}$$

式中，矩阵 $[P]$ 由下面的黎卡提(Riccati)方程确定：

$$[P][A]+[A]^{\mathrm{T}}[P]-[P][B][R]^{-1}[B]^{\mathrm{T}}[P]+[Q]=0 \tag{5.2.11}$$

从系统稳定性角度看，$[Q]$ 与 $[R]$ 的不同取值，对应着不同的闭环系统极点；从系统动力学特性的角度看，是使闭环系统具有不同的模态阻尼比，因此，最优控制设计方法是系统动态稳定性控制以及系统动力响应控制的有效方法。最优控制设计的缺点是它要求测得系统全部状态量，这在许多情况下特别是对高阶系统是难以满足的，通常要用设计状态观测器来解决。这种基于全状态量观测的最优控制又称为LQR(Linear Quadratic Regulator)控制。

(2)基于线性二次型高斯理论的最优控制设计。在上面的最优控制问题中，考虑输入噪声与测量噪声，并引入卡尔曼滤波器，使得控制器的设计更加符合实际和更具工程可行性，这种控制设计也称为LQG(Linear Quadratic Gaussian)控制。

考虑输入噪声的系统状态方程为

$$\{\dot{x}\}=[A]\{x\}+[B]\{u\}+[D]\{\xi_1\} \tag{5.2.12}$$

考虑测量噪声的输出方程为

$$\{z\}=[C]\{x\}+[F]\{\xi_2\} \tag{5.2.13}$$

式中，$[D]$ 为输入白噪声分布矩阵；$\{\xi_1\}$ 为具有谱密度阵为 $[V]$ 的零均值高斯白噪声向量（通常在响应控制问题中视为随机干扰）；$[F]$ 为测量噪声分布矩阵；$\{\xi_2\}$ 为具有谱密度阵为 $[V_m]$ 的零均值高斯白噪声向量。现寻求最优反馈控制 $\{u\}=-[K]\{x\}$，使如下的线性二次型性能指标 J 达到极小，即

$$J=E\left(\int_0^{\infty}(\{x\}^{\mathrm{T}}[Q]\{x\}+\{u\}^{\mathrm{T}}[R]\{u\})\mathrm{d}t\right) \tag{5.2.14}$$

式中，$E(\cdot)$ 为取集合平均。$[K]$ 阵仍由式(5.2.10)和(5.2.11)确定。卡尔曼滤波器的状态空间方程为

$$\{\dot{\hat{x}}\}=[A]\{\hat{x}\}+[B]\{u\}+[S](\{z\}-[C]\{\hat{x}\}) \tag{5.2.15}$$

式中，$[S]$ 为卡尔曼滤波器增益矩阵，有

$$[S]=[P_1][C]^{\mathrm{T}}([F][V_m][F]^{\mathrm{T}})^{-1} \tag{5.2.16}$$

式中，$[P_1]$ 由如下的黎卡提方程解得：

$$[A][P_1]+[P_1][A]^{\mathrm{T}}+[D][V][D]^{\mathrm{T}}-[P_1][C]^{\mathrm{T}}([F][V_m][F]^{\mathrm{T}})^{-1}[C][P_1]=0 \tag{5.2.17}$$

这样，以卡尔曼滤波器为观测器的输出作为反馈的控制系统方程为

$$\left.\begin{aligned}\{\dot{\hat{x}}\}&=([A]-[S][C]-[B][R]^{-1}[B]^{T}[P_1])\{\hat{x}\}+[S]\{z\}\\ \{u\}&=-[R]^{-1}[B]^{T}[P_1]\{\hat{x}\}\end{aligned}\right\} \tag{5.2.18}$$

在上述 LQG 控制中，使用卡尔曼滤波器使得不一定要满足状态量全观测的要求，但由于卡尔曼滤波器的阶数与系统同阶，所以在对高阶系统应用 LQG 控制时，通常需要对滤波器进行降阶处理。

2. 次最优控制

次最优控制设计不需要系统的全部状态量作反馈，而只须用部分状态量（通常是可测的输出量）作反馈。其控制效果与全状态反馈最优控制的效果十分接近，是一种较切实可行而性能又较好的控制律设计方法，又称为带控制器结构约束的最优控制。

系统状态方程与输出方程为

$$\left.\begin{aligned}\{\dot{x}\}&=[A]\{x\}+[B]\{u\}\\ \{y\}&=[C_1]\{x\}\end{aligned}\right\} \tag{5.2.19a}$$

现寻求次最优控制律

$$\{u\}=-[K_2]\{y\}=-[K_2][C_1]\{x\} \tag{5.2.19b}$$

使得如下二次型性能指标达到极小：

$$J=\int_0^{\infty}(\{x\}^{\mathrm{T}}[Q]\{x\}+\{u\}^{\mathrm{T}}[R]\{u\})\mathrm{d}t=\{x\}_0^{\mathrm{T}}[P]\{x\}_0 \tag{5.2.20}$$

$[K_2]$ 为负反馈控制阵，$[P]$ 满足如下方程：

$$\begin{aligned}&[P]([A]-[B][K_2][C_1])+([A]-[B][K_2][C_1])^{\mathrm{T}}[P]\\ &\quad+[Q]+[C_1]^{\mathrm{T}}[K_2]^{\mathrm{T}}[R][K_2][C_1]=0\end{aligned} \tag{5.2.21}$$

显然，由 $\{u\}=-[K_2][C_1]\{x\}=-[F]\{x\}$，仍可以按最优控制设计确定矩阵 $[F]$，但由于矩阵 $[C_1]$ 不是方阵，不能求逆，所以不能由 $[F]=[K_2][C_1]$ 求得负反馈控制阵 $[K_2]$，只

能由别的方法来求解。常用的方法有莱文-阿莎斯方法，它通过求解以 J 的上限即 $[P]$ 矩阵的迹 $\mathrm{Tr}[P]$ 为性能指标，以式(5.2.21)为约束条件的优化问题，得到一组迭代方程为

$$\left.\begin{aligned}&[K]=[R]^{-1}([B]^{\mathrm{T}}[P][V][C]^{\mathrm{T}})([C][V][C]^{\mathrm{T}})^{-1}[V]([A]-[B][K][C])^{\mathrm{T}}+\\&\qquad([A]-[B][K][C])[V]+[I]=0\\&[P]([A]-[B][K_2][C_1])+([A]-[B][K_2][C_1])^{\mathrm{T}}[P]+[Q]+\\&\qquad[C_1]^{\mathrm{T}}[K_2]^{\mathrm{T}}[R][K_2][C_1]=0\end{aligned}\right\}\tag{5.2.22}$$

式(5.2.22)迭代有时会出现不收敛的情况，因此，又发展了各种近似方法，如最小误差激励法和最小范数法，具体的过程可参阅相关文献。

3. 极点配置法

系统特征方程的根就是系统传递函数的极点，反映了系统各阶模态频率(虚部)与阻尼(实部)，这些特征参数不仅直接决定系统的稳定性与稳定程度，而且对系统的动力学响应有重要的影响，因此，如果控制了系统的极点分布，就控制了系统的稳定性。同时也控制了系统的动力学响应。极点配置设计方法还具有适用范围广的优点，适用于单输入控制、多输入控制、状态反馈和输出反馈等情况。

对于 n 自由度振动系统方程：

$$\{\dot{x}\}=[A]\{x\}+[B]\{u\}\tag{5.2.23}$$

现要寻求状态反馈矩阵 $[K]$，反馈量 $\{u\}=-[K]\{x\}$，或者输出反馈矩阵 $[K]_2$，反馈量 $\{u\}=-[K]_2\{y\}$(通常输出量就是测量值)，$\{y\}=[C]\{x\}$，使闭环系统的极点满足预定的分布要求。

(1)单输入控制情况。单输入状态反馈控制下，反馈控制矩阵为具有 n 个元素的行矩阵，如果系统是完全能控、完全能观的，则采用状态反馈控制可得到如下的极点配置方程：

$$\{d_c(s)\}=\{d(s)\}+[K]\{g(s)\}\tag{5.2.24}$$

式中，$d_c(s)$ 为开环(无控)系统的特征多项式；$d(s)$ 为闭环系统的特征多项式，$\{g(s)\}$ 为 $(s[I]-[A])^{-1}$ 中的分子列阵。比较式(5.2.24)两边 s 同类项的系数，可以得到关于行阵 $[K]$ 的 n 个元素的线性方程，在要求的极点分布确定后，式(5.2.24)中除 $[K]$ 的元素外，都是已知的，从而可以唯一确定状态反馈矩阵 $[K]$，即采用状态反馈可以对极点进行任意配置。

在采用输出反馈控制时，同样可以得到如下形式的极点配置方程：

$$\{d_c(s)\}=\{d(s)\}+[K_2]\{g(s)\}\tag{5.2.25}$$

式中，$\{g(s)\}$ 为 $[C](s[I]-[A])^{-1}$ 中的分子列阵。如果输出数等于状态数，即 $m=n$，则 $[K]$ 的 m 个元素可唯一确定，通常情况下，输出数少于状态数，要使式(5.2.23)有唯一解，必须增加 $(n-m)$ 个相容条件，或者只能找出按一定的误差条件极小来确定的解，所以在此时不能任意进行极点配置。

(2)多输入控制情况。在多输入控制情况下，可以有多个状态反馈矩阵满足极点配置要求，但这些状态反馈矩阵一般难以确定。通常采用对反馈矩阵施加约束条件的方法，以减少待求的反馈矩阵未知元素。或者将极点配置要求转化为使如下目标函数极小来确定反馈矩阵的元素：

$$J=\sum_{i=1}^{n_1}W_i(\lambda_i-\bar{\lambda}_i)(\lambda_i-\bar{\lambda}_i)^*\tag{5.2.26}$$

式中，λ_i，$\bar{\lambda}_i$ 分别为闭环系统第 i 个特征值和所要求的闭环系统第 i 个特征值；W_i 为第 i 个特征值的加权因子；$(\cdot)^*$ 表示复共轭；n_1 为所要求的极点配置个数。采用优化计算方法，来确定使 J 有极小值的反馈矩阵 $[K]$ 的各元素。

4. 模态控制

模态控制是考虑到结构振动的特点而在模态空间内进行的控制律设计方法。对于弹性体结构的振动控制问题通常经过离散化后化为模态控制问题。

现以一个无阻尼 N 自由度系统为例，在有控制的情况下，系统振动方程为

$$[M]\{\ddot{x}(t)\}+[K]\{x(t)\}=\{u(t)\} \tag{5.2.27}$$

其中，$\{x(t)\}$，$\{u(t)\}$ 分别为系统的 N 维位移向量和控制向量，引入模态坐标变换：

$$\{x(t)\}=\sum_{i=1}^{N}\{\varphi\}_i q_i(t)=[\Phi]\{q(t)\} \tag{5.2.28}$$

其中，$\boldsymbol{\Phi}=[\{\varphi\}_1\{\varphi\}_2\cdots\{\varphi\}_n]$ 为按模态质量为 1 归一化的模态(振型)矩阵；$\{\varphi\}_i$ 为第 i 阶振型列阵；$\boldsymbol{q}_i(t)$ 为模态坐标向量。将式(5.2.28)代入式(5.2.27)，根据固有模态的正交性，可以得到 n 个相互独立的模态坐标下的运动方程：

$$\ddot{q}_i(t)+\omega_i^2 q_i(t)=N_i(t)\quad(i=1,2,\cdots,n) \tag{5.2.29}$$

式中，ω_i 为系统第 i 阶固有频率；$N_i(t)$ 为第 i 阶模态控制力：

$$N_i(t)=\boldsymbol{\varphi}_i^{\mathrm{T}}\{u(t)\}\quad(i=1,2,\cdots,n) \tag{5.2.30}$$

进行反馈控制设计时，模态控制力 $N_i(t)$ 可以采用两种方式来设计：

(1)模态控制力是所有模态坐标及其导数的线性组合。

$$N_i(t)=-\sum_{s=1}^{N}(g_{is}q_s(t)+h_{is}\dot{q}_s(t)) \tag{5.2.31}$$

实际的控制力为

$$\{u(t)\}=\sum_{i=1}^{N}[M]\{\varphi\}_i N_i(t)=-\sum_{i=1}^{N}\sum_{s=1}^{N}M\{\varphi\}_i(g_{is}q_s(t)+h_{is}\dot{q}_s(t)) \tag{5.2.32}$$

式中，g_{is}，h_{is} 为模态控制增益。闭环系统在模态坐标下的控制方程为

$$\ddot{q}_i(t)+\sum_{i=1}^{n}h_{is}\dot{q}_s(t)+\sum_{i=1}^{n}(g_{is}+\omega_i^2\delta_{is})q_s(t)=0 \tag{5.2.33}$$

式中，δ_{is} 为 kronecker Delta 函数。由于采用式(5.2.31)的模态控制力后，闭环系统的运动式(5.2.33)中各个方程不再是独立的，故这种控制又称为耦合控制。

(2)模态控制力 $N_i(t)$ 仅与其对应模态坐标及其导数有关。

$$N_i(t)=-g_i q_i(t)-h_i\dot{q}_i(t) \tag{5.2.34}$$

从而闭环系统在模态坐标下的控制方程为

$$\ddot{q}_i(t)+h_i\dot{q}_i(t)+(g_i+\omega_i^2)q_i(t)=0 \tag{5.2.35}$$

由此可知，采用式(5.2.34)的模态控制力，式(5.2.35)中各个闭环系统运动方程仍然是相互独立的。这种控制律设计方法称为独立模态空间控制或独立模态控制。实际作用于系统的控制力为

$$\{u(t)\}=-\sum_{i=1}^{N}[M]\{\varphi\}_i(g_i q_i(t)+h_i\dot{q}_i(t)) \tag{5.2.36}$$

5.3 振动半主动控制概述

前一节所讲到的主动控制，是对系统直接施加一个控制力来达到振动控制目的。而振动半主动控制不是采用直接施加主动力的方法，而是根据反馈的振动信息，去主动改变闭环系统的某种特性参数，达到控制系统的动稳定性或动力学响应的目的。我们知道一个振动系统的特性参数有惯性参数、刚度参数和阻尼参数。因此可以通过测试系统的某种响应量，按照某种反馈控制律，驱动某种作动装置去改变系统的特性参数。按照具体的驱动装置和抑振原理，常用的半主动控制措施有半主动吸振、半主动隔振及半主动动稳定性（变刚度、变阻尼）控制等。

5.3.1 半主动吸振

我们知道，经典（被动）动力吸振器的缺点是吸振器的工作频率固定或工作频带很窄，并且在吸振器质量较小时，其本身的振幅较大。为了克服这个缺点，可以将主动控制技术融合到动力吸振技术中，即按照一定的规律主动去改变动力吸振器的弹性元件或惯性元件的特性，或者通过作动器驱动吸振器的质量块按一定规律运动。不管采用主动调节惯性或主动调节刚度，其结果都是为了主动调节吸振器的频率，使系统在变化的外激励频率下始终处于反共振状态，即主动调谐动力吸振。工程实际中进行半主动的动力吸振器设计时，要根据被控振动系统的实际情况而采用不同的具体形式。

5.3.2 半主动隔振

半主动隔振是在被动隔振设计的基础上，再并联一个受到主动控制的阻尼器，通过适当控制阻尼器的阻尼系数来达到有效隔离振动的目的。主动式阻尼器可以提供大小可连续调节的阻尼力。半主动隔振系统中阻尼器的调节原则是使半主动隔振系统的阻尼力接近主动隔振系统（作动器的力直接作用在受控物体上）产生的阻尼力，有时半主动隔振的控制律采用比较简单的“开-关”控制。半主动隔振适用于超低频隔振和高精度隔振设计，其优点是实现简单，所需控制能量小。半主动隔振的示意图如图 5.3.1 所示。

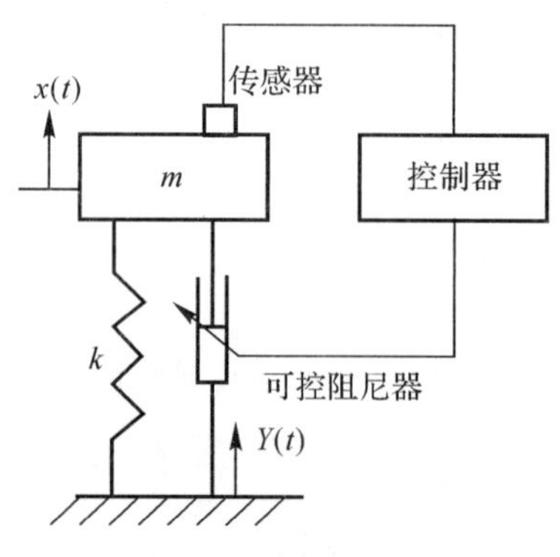

图 5.3.1 半主动隔振示意图

5.3.3 动稳定性的半主动控制

我们知道，系统的动稳定性与系统特性参数有关。一般说来，系统存在一个稳定性边界，超过此边界系统就处于失稳状态。对于振动系统的失稳，对应着系统的发散振动。要控制系统的失稳发散振动，不一定要直接对系统施加控制力，只要能按一定规律改变系统的某个特性参数，就可提高系统失稳的临界参数，达到使系统处于稳定边界内的动稳定性控制目的。例如在带外挂物的飞机机翼颤振控制中，就可以采用控制改变挂架与机翼连接刚度的方法，来提高其颤振临界速度。

思考与练习题

1. 简述振动主动控制的基本原理及系统构成，并分别介绍开环控制以及闭环控制的系统框图与具体流程。

2. 搜集航空航天工程中的振动主动控制技术实例，分析其设计原理及优缺点。

3. 简述振动半主动控制的概念与特点，并介绍几种振动半主动控制技术。

4. 搜集半主动控制起落架的相关研究现状，分析其设计原理及优缺点。

第 6 章 声学噪声的基本理论

一提到声，人们就会联想到我们听到的各种声音，其实，除了人耳能听到的声音外，自然界还存在着各种人耳听不到的“次声”和“超声”。从物理学的观点来讲，声是一种波动，即弹性波。当一个物体振动时，会引起物体表面附近空气分子的振动，依靠空气的惯性和弹性性质，空气分子振动以波的形式向四周传播。当这种弹性波进入人耳，被鼓膜接受后，传入内耳再转换成神经脉冲，通过听觉神经传到脑组织，人就感知到声音。当然声波也能被传感器接收，并转换成电信号记录下来。声学就是研究声波发生、传播和接收的一门科学。

从物理意义上说，声是物体(包括固体、气体和液体)振动所产生的一种物理现象，既然声波是一种弹性波，它必然与质点的振动联系在一起，因此也可以说声是振动的一种表现形式，振动的物体就是声源。如果只有声源，没有声波传播的介质，声波就无法传播，我们也听不到声音。声音除了在空气中传播外，固体和液体中也能传播声音。声波按其质点振动的方向可分为两种，一种是质点振动方向平行于波传播方向的波，称为纵波或胀缩波，另一种是质点振动方向垂直于波传播方向的波，称为横波或切变波。在液体和气体中传播的声波一般是纵波，在固体中传播的声波则既有纵波又有横波。声波的传播是靠动量的传播而不是靠物质的移动。一定频率范围内的声波传入人耳就成为声音。本章的内容也只涉及人耳可听到的声音。

噪声是声音的一种，它具有声波的一切特性。从声学的观点看，噪声是指声能量大小和频率的变化都不规则的、杂乱无章的声音。但从噪声控制工程的意义上讲，凡是人们不需要的声音，都属于噪声。例如，悦耳动听的歌声、琴声对正在睡觉的人也是干扰的噪声。要研究噪声控制，首先必须对声波的物理性质有所认识，对声学噪声的一些基本理论和分析方法有基本的掌握。作为一个科学研究领域，声学的研究内容非常广阔。本章只简要介绍一些与噪声控制工程有关的声学噪声基本理论知识。

6.1 声波基本性质

6.1.1 声波的产生和传播

前面已经谈到了声波的产生过程：物体的振动引起其周围弹性媒质产生一个弹性波，这种弹性波经过媒质的传播到达人耳，引起人耳鼓膜振动，从而使人主观上感觉为声音。那么物体的振动是怎样在媒质中以波动的形式传到人耳的呢？这就是要讨论的声波传播过程。为了形象地说明这个问题，用一个质点-弹簧振动系统来进行比拟。这里质点代表媒质的质点，弹簧代表媒质弹性。假定振动物体在弹性媒质的一个局部区域激发了一个扰动，并使媒质的质点A产生图示水平方向的运动。质点A的运动必然会推动相邻的质点B，即这部分媒质受到了压缩，由于媒质具有弹性，这部分媒质被压缩时会产生一个反抗压缩的力，并作用于质点 A 使它恢复到原来的平衡位置。另一方面，由于质点 A 的惯性，它经过平衡位置时，速度并不为零，经过平衡位置后会继续运动，从而它的运动又会压缩另一侧相邻的媒质，被压缩的媒质的弹性恢复力又会使质点 A 向平衡位置运动。这样初始扰动就使得质点 A 在其平衡位置附近往复振动。由于同样的原因，与质点 A 相邻的质点 B 以及更远的质点 C，D 等都会在其平衡位置附近振动起来，只是每个质点的振动依次滞后一段时间。这种媒质质点的振动传播过程就称为声振动的传播或称为声波。由此可见，声波实际上是一种机械波。具有一定频率和强度的这种机械波传到人耳，使耳膜振动就使人感受到声音，如图 6.1.1 所示。

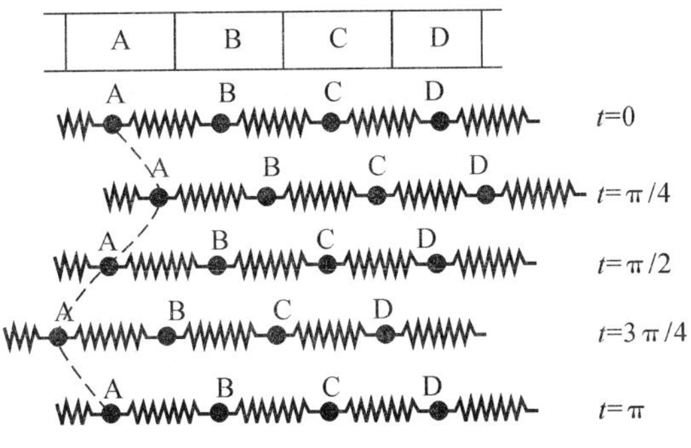

图 6.1.1　声波的传播过程

从上述的比拟分析看到，声源在媒质中振动时，必须依靠媒质的弹性和惯性才能够将这种振动传播出去，媒质的弹性和惯性是传播声音的必要条件，由于真空中没有物质，声音在真空中是不能传播的。特别要注意的是，声波在媒质中是向四面八方传播的，每一个方向上的传播过程都可以用上述的“质量-弹簧”系统的振动来比拟。但在声波传播过程中，媒质质点只在其平衡位置附近往复振动，媒质本身并没有传播出去，传播出去的是媒质的运动。这种运动形式叫波动，声波传播经过的空间或者说有声波存在的区域叫声场。声场可能是无限大的，也可能限于一个特定的局部区域。一般声场可以分为自由场、扩散场和半扩散场三种类型。在均匀各向同性的媒质中，边界影响可以忽略不计的声场称为自由场，在自由声场中，声波在任何方向无反射，声场各点接受的声音只有直达声而无反射声。声能量均匀分布，并在各个传播方向上做无规则传播的声场，称为扩散声场或混响场，声波在混响场内接近全反射状态。工程实际中介于自由场和扩散场之间的声场，称为半扩散场。

6.1.2　描述声波的基本物理量

1. 声压

由于在环境噪声控制中所涉及的主要是在空气中传播的空气声，所以就考察声波在空气中的传播情况。当物体振动时，激励其周围的空气质点产生振动，这时振动体一侧的空气质点被压缩而变得密集，另一侧变得稀疏，由于空气是弹性媒质，物体的振动就使其周围的空气形成周期性的疏密相间层状态，这种状态由声源向外传播，就形成空气中的声波，如图 6.1.2 所示。

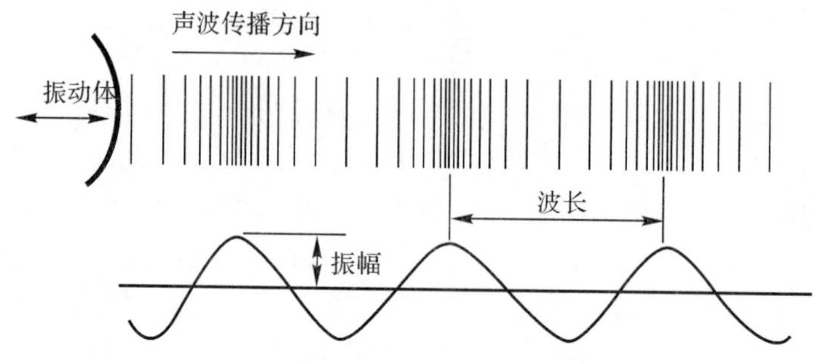

图 6.1.2　振动与声波的传播

一部分体积的空气变密时，这部分空气的压强就会变得比平衡状态下的大气压强(静态压强) P_0 大；一部分体积的空气变疏时，这部分空气的压强就会变得比静态压强 P_0 小，也即是说，声波传播时大气压强随着声波发生周期性的变化。因此，当声波通过时，可用声扰动所产生的逾量压强(逾压)来表述声波状态：

$$p = P - P_0 \tag{6.1.1}$$

这个逾压 p 就称为声压。当然声场中媒质质点的振动位移和速度也可以用来描述声波，但由于声压的测量比较容易实现，人耳对声音的感受也是直接与声压有关，且其他物理量可以通过声压间接求出，所以，声压成为描述声波性质的一个基本物理量。

有了声压的概念后，也可以说存在声压的空间就是声场。声场中某一瞬时的声压值称为瞬时声压。在一定时间间隔中最大的瞬时声压值称为峰值声压。如果声压的变化是简谐的，则峰值声压就是声压的幅值。在一定时间间隔中瞬时声压对时间取均方根值称为有效声压，有

$$p_e = \sqrt{\frac{1}{T}\int_0^T p^2 \mathrm{d}t} \tag{6.1.2}$$

式中，T 可以是一个周期或者是比周期大的时间间隔。一般测量得到的声压就是有效声压，人们习惯上所说的声压也往往是有效声压。声压这个物理量的大小反映了声波的强弱。声压的单位是 Pa(帕斯卡)，$1\mathrm{Pa}=1\mathrm{N/m^2}$。

通过下面一些典型的有效声压值，可以对声压有一个直观的理解：人耳对 1 000Hz 声音的可听阈(即刚刚能察觉到这个声音的声压)约为 2×10^{-5} Pa；微风吹动树叶的声音的声压约 2×10^{-4} Pa，房间中高声谈话时相距 1m 处声音的声压约 0.05～0.1Pa，交响乐演奏时相距 5～10m 处的声压约 0.3Pa。

2. 声波的波长、声速、频率和相位

与其他波一样，声波在一个周期内在媒质中传播的距离叫波长，记为 λ，单位为 m(米)。声波的传播实质上是振动能量在媒质中的传播，振动能量在媒质中自由传播的速度叫声速，记为 c，单位为 m/s(米/秒)。理想气体中：

$$c = \sqrt{\frac{\gamma P_0}{\rho_0}} \tag{6.1.3}$$

式中，P_0 为标准大气压；ρ_0 为媒质密度；γ 为媒质定压比热与定密比热之比。

对于空气，在 0℃时，$P_0 = 1.013\times10^5\,\mathrm{Pa}$，$\gamma = 1.402$，$\rho_0 = 1.293\mathrm{kg/m^3}$，因此，在这个状态下空气中声速为 $c = 331.4\mathrm{m/s}$。表 6.1.1 第二、三列分别给出了常温(20℃)下几种常见

媒质中的声速及其密度。

表 6.1.1　几种常见媒质的声学特性

媒质	声速/($m \cdot s^{-1}$)	密度/($kg \cdot m^{-3}$)	声特性阻抗/Rayl
空气	344	1.29	413
水	1 450	1 000	1 450 000
海水	1 510	1 025	1 550 000
钢	5 000	7 800	39 000 000
玻璃	4 900～5 800	2 500～5 900	13 000 000～34 000 000
铝	5 100	2 700	13 000 000
混凝土	5 000	2 600	13 000 000
砖	3 600	1 800	6 500 000
松木	3 500	400～700	1 570 000

如果媒质质点振动频率为 f，它就是声波的频率，也是声压变化的频率，单位为 Hz，且有

$$c = \lambda f \tag{6.1.4}$$

如果质点的振动是周期的，则每重复一次所需的时间就是声波的周期，记为 T，单位为 s，且有

$$T = \frac{1}{f} \tag{6.1.5}$$

由式(6.1.4)看到，声波波长与频率成反比，频率越低，波长越长，反之亦然。由于声波在每种媒质中传播的速度是一定的，所以声源振动的频率决定了声波的波长。人耳可听阈的声波频率范围为 20 ～ 20 000 Hz，相应空气声的波长为 17m～1.7cm。低于 20Hz 的声波称为次声波，高于 20 000Hz 的声波叫超声波。声波频率也是一个描述声音物理性能的重要参数。不同频率范围内的声音都有其特定的应用范围，如研究 20Hz 以下声波的次声学主要应用在台风、地震、核爆和天体研究中；20～20 000Hz 的可听声主要应用在语言声学、电声学、建筑声学、水声学、仿声学和噪声学等中；而 20 000～10^9 Hz 的超声主要应用在超声检测、超声加工、超声诊疗和超声器件等领域；10^9 Hz 以上的超声主要应用于物理学的物质结构研究领域。

有了声压和频率的概念，声音可以定义为在空气、水和其他媒质中人耳所能感受到的任何频率超过 20Hz 的压力变化。由气候变化引起的大气压力变化极为缓慢，人耳无法察觉，因此这样的气压变化不是声音。当这种压力变化的频率达到 20Hz 以上时，就能被人耳感觉到而成为声音。可见，压力变化成为可听声有两个条件，一是压力幅值超过可听阈，二是压力变化的频率超过 20Hz。

声波的相位是指任一时刻媒质质点的振动状态，包括振动位移和方向或者压强的变化。相位对声波的合成有重要的作用，所以也是描述声波的重要物理量。

3. 波阵面

声波从声源发出，其传播的方向称为波线（也称为声线）。由声源辐射的声波在同一时刻由相位相同各点的轨迹组成的空间几何叫波阵面（也称为波前）。波线和波阵面如图 6.1.3 所

示。波阵面为平面的声波叫平面波，即在同一时刻，振动相位相同的质点在同一无限延伸的平面上。当一个点声源在无反射物的空间中辐射声波时，在距声源足够远地方的声波，可以近似作为平面声波。平面声波是最简单的声波。根据波阵面的形状，还可有柱面波和球面波。

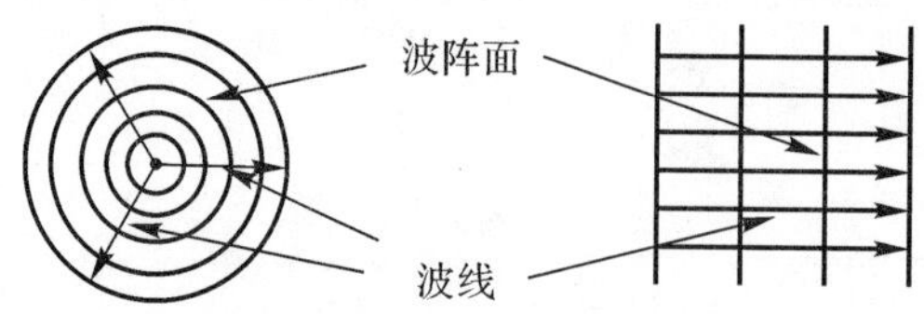

图 6.1.3　波线和波阵面

实际生产和生活中，声源及声波的产生及传播要复杂得多。但为了处理问题简便起见，人们常对问题作一些简化。一般说来，常见的声源可以简化为“点声源”或“线声源”。如单个机器、飞机和汽车在距测量点足够远时，可视为点声源；发声的管道、多台紧密排列的机器以及车流密度稳定的公路，可视为线声源。

4. 质点振动速度与媒质特性阻抗

声波传播的速度即波速与媒质的质点振动的速度是两个完全不同的概念。对于无反射空间的一维平面声波，声压与媒质质点沿 x 方向振动速度间的关系为

$$u = -\frac{1}{\rho}\int \frac{\partial p}{\partial x}\mathrm{d}t \tag{6.1.6}$$

对沿 x 正方向传播的简谐平面波，质点振动速度幅值与波速的关系为

$$U = \frac{P}{\rho c} \tag{6.1.7}$$

式中，P 为声压幅值；ρ 为空气密度。

在声波的传播中，声阻抗率是一个重要的物理量，定义为声场中某位置的声压与该位置的质点振动速度之比

$$Z_s = \frac{P}{u} \tag{6.1.8}$$

声阻抗率一般为复数，其实部反映了能量的传播损耗（不是能量转化为热量的损耗）。对于平面波，声阻抗率为

$$Z_c = \rho c \tag{6.1.9}$$

可见，平面声场中各位置的声阻抗率数值相同，且为实数，即平面声场中各位置上都无能量存储，前一个位置上的能量可以完全传播到后一个位置上去。媒质密度和媒质中声速的乘积 ρc 具有声阻抗率的量纲，称为媒质的声特性阻抗，单位为瑞利（Rayl），1Rayl＝1N · s/m^3。常用媒质的声特性阻抗也列于表 6.1.1 中的最后一列。

5. 声功率、声强、声能密度

声波传播到原来静止的媒质中，一方面使媒质质点产生振动而获得动能，另一方面，媒质中的压缩和膨胀使媒质具有变形势能，两者之和就是声能，声波的传播也就是声能量的传播。对于声场中体积元 ΔV 上的媒质，其垂直于声传播方向的截面积为 S，声压作用在它上面的瞬时声功率为

$$W = Spu \tag{6.1.10}$$

声功率的单位为 W(瓦特),1W=1J/s=1N·m/s。声功率也可表述为声源在单位时间内向外辐射的声能量。一个周期 T 内的平均声功率为

$$\overline{W} = \frac{S}{T}\int_0^T pu\,\mathrm{d}t \tag{6.1.11}$$

对于平面波,有

$$\overline{W} = SP_e U_e \tag{6.1.12}$$

式中,$P_e = P/\sqrt{2}$,$U_e = U/\sqrt{2}$ 分别为声压和质点振动速度的均方根值。

单位时间内在垂直于声波传播方向上单位面积所通过的声能量为声强,单位为 W/m²(瓦特/平方米):

$$I = \frac{W}{S} \tag{6.1.13}$$

对于平面波,$I = P_e U_e$;对于球面波,离声源 r 处,$I = W/4\pi r^2$ 。

单位体积内所具有的声能量称为声能密度,单位为 J/m³(焦耳/立方米):

$$\varepsilon = \frac{Wt}{LS} = \frac{I}{c} \tag{6.1.14}$$

式中,体积通常取圆柱,圆柱底面面积为 S,柱长 $L = ct$ 。

6. 声波的波动性质

声波与光波一样,具有波动的一切性质,即具有反射、折射、透射、干涉、散射和衍射现象。当声波从一种媒质中传播到另一种媒质界面时,一部分声能在界面上反射,另一部分声能透射进入媒质并发生折射,还有一部分声能被耗散,如图 6.1.4 所示。

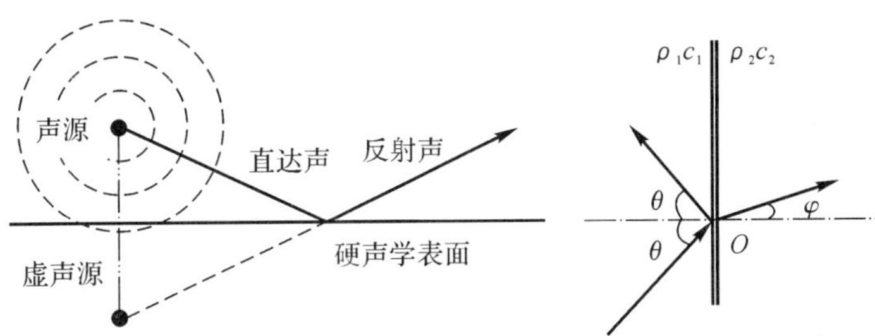

图 6.1.4　声波的反射与折射

声波在平面上的反射与光波的反射规律一样,入射角等于反射角。在凸面或不规则表面上声波将发生散射,而凹面使声波聚焦。

声波从一种媒质入射到另一种媒质时,发生折射的关系和光波的折射相似,入射角与折射角的正弦之比等于声波在两种媒质中声速的比:

$$\frac{\sin\theta}{\sin\varphi} = \frac{c_1}{c_2} \tag{6.1.15}$$

声波在媒质界面上反射和透射的能量大小与声特性阻抗和入射角、折射角有关。反射波能量和入射波能量比为

$$\tau = \frac{I_r}{I_i} = \left(\frac{\rho_2 c_2\cos\theta - \rho_1 c_1\cos\varphi}{\rho_2 c_2\cos\theta + \rho_1 c_1\cos\varphi}\right)^2 \tag{6.1.16}$$

I_i,I_r 分别是入射波和反射波的能量,在正入射时,$\theta = \varphi = 0$,则有

$$\tau = \left(\frac{\rho_2 c_2 - \rho_1 c_1}{\rho_2 c_2 + \rho_1 c_1} \right)^2 \tag{6.1.17}$$

由此可见，当两种媒质声特性阻抗相同时，$\tau = 0$，即入射声波能量全部透射而无反射。当两种媒质声特性阻抗相差特别大(由"软" 媒质进入"硬"媒质或者相反)则 $\tau \approx 1$，即声波接近全反射而无透射，所以声波几乎不能从空气或固体中传到水中，也不能从水中传到空气或固体中。所以声波在空气中传播遇到建筑物或山丘等障碍物，几乎就会被全部反射。但由于声波的波长较长，当声波波长大于障碍物几何尺寸时，声波遇到障碍物后会绕过障碍物继续向前传播，这种现象称为声波的衍射或绕射。低频声波与高频声波的衍射情况是不同的。图 6.1.5 为低频声波的两种衍射情况，左图为低频声波遇到高度不大的板状障碍物，衍射波以 P 点为新起点，呈柱形波传播；右图为声波遇到带有小孔的板状障碍物，衍射声波以 P 点为起点呈球面波传播。图 6.1.6 所示为高频声波遇到上述两种障碍物的衍射情况，高频波通过小孔后，呈射线状传播。在噪声控制中，采用隔声措施时，由于隔声物尺寸有限或有各种小孔、缝隙而不能将噪声(特别是低频声)完全隔绝，就是由于声波的衍射效应。

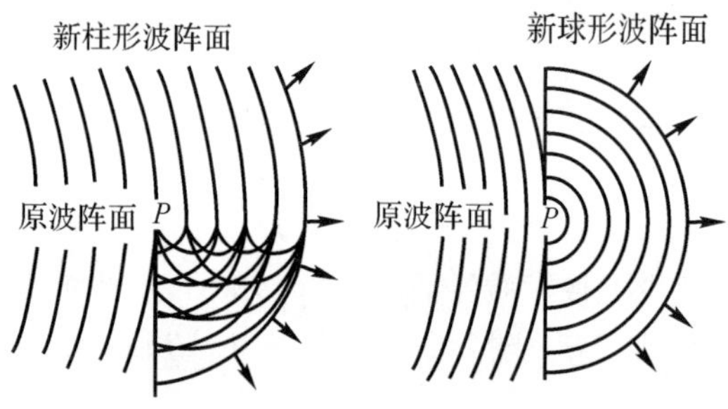

图 6.1.5　低频声波的衍射

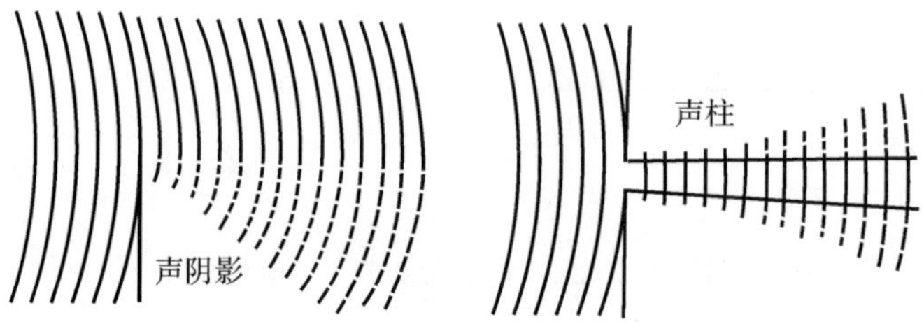

图 6.1.6　高频声波的衍射

当声波来自不同的声源时，声场中各点接收到的是各个声源的声波的叠加。现考虑两个简谐声波的干涉现象。两个频率相同的简谐声波，在声场中某点产生的声压分别为 $p_1 = P_1\cos(\omega t - \varphi_1)$ 和 $p_2 = P_2\cos(\omega t - \varphi_2)$，从而该点的总声压为

$$p = p_1 + p_2 = P_T\cos(\omega t - \varphi_0) \tag{6.1.18}$$

其中

$$P_T^2 = P_1^2 + P_2^2 + 2P_1P_2\cos(\varphi_2 - \varphi_1),\varphi_0 = \arctan\frac{P_1\sin\varphi_1 + P_2\sin\varphi_2}{P_1\cos\varphi_1 + P_2\cos\varphi_2} \tag{6.1.19}$$

当两列声波的相位差 $\varphi_2 - \varphi_1$ 保持为常数时，就会产生声波的干涉现象。声波的干涉会使声场中某些点声压幅值和声能量密度有极大值而某些点有极小值，从而形成所谓的驻波声场。

具有相同频率且有固定相位差的声波才能够成为相干波。

当 n 个声波频率不同、或不存在固定的相位差，那么这些声波叠加后的声场将不会出现驻波现象。此时有

$$P_{Te}^2 = P_{1e}^2 + P_{2e}^2 + \cdots + P_{ne}^2 = \sum_{i=1}^{n} P_{ie}^2 \tag{6.1.20}$$

式中，P_{ie} 为声压的有效值。通常在不引起混淆的情况下，用 p 来表示声压有效值 P_e。

7. 声在传播过程中的衰减

理论上，平面声波在理想均匀媒质中自由传播时，声压和能量不随传播距离的增加而衰减。但人们都有这样的体验，即离同一个声源越近，听到的声音越大，越远声音就越小。这说明声波在自然界媒质中传播时是不断衰减的。

声波传播过程中发生衰减的原因主要有两方面：一是当声波从声源向四面八方传播时，波阵面的面积随传播距离的增加而增加，致使声能分散。单位面积通过的声功率减小，即发生扩散衰减。二是由于媒质的黏滞、热传导等作用使声能转化为其他形式的能量，即声能被吸收。此外，媒质不均匀、界面反射、散射及其他原因，也会使在某一方向传播的声波衰减。声波在大气中传播还要受到气象条件的影响，与温度、湿度和风等有关。

(1)声随距离的衰减。在不考虑声场指向性的情况下，点声源和不相干线声源的声强随距离衰减的规律分别为

$$I = W/4\pi r^2 \text{（点声源）} \tag{6.1.21}$$

$$I = W/2r \text{（线声源）} \tag{6.1.22}$$

(2)空气对声波的吸收。一般用声压衰减系数 α 来反映空气对声波的吸收程度，声压衰减系数由两部分组成，第一部分叫经典吸收，由空气黏滞性、热传导等引起，它与声波频率的二次方成正比。第二部分由空气中氧分子和氮分子振动弛豫(vibration relaxation)所产生的声能损耗引起，也与声波频率有关。声压衰减系数一般由实验测得。在近声源处，随距离增加而产生的衰减占主要地位，远离声源处，由空气吸收而产生的衰减占主要地位。噪声控制中，一般在声波频率不太高(低于 1 000Hz)，传播距离不太远(小于 100m)时，空气吸收的影响一般可以忽略。

(3)地面吸收对声传播的影响。由于实际地面不是刚性的，而且存在一定程度的起伏，所以沿地面传播的声波会产生附加的衰减。对于厚实的草地和覆盖了灌木丛的地面，1 000Hz 声波沿地面传播时会有高达每百米 20dB 的衰减(dB 的意义见下节)。稀疏树林对声波的衰减大约为每百米 3dB，浓密树林对声波的衰减为每百米 15～20dB，所以如果传播距离不大(小于 50m)，那么实际的衰减是有限的。

6.2 噪声的客观度量

6.2.1 分贝制、声功率级、声强级与声压级

前面讲过，频率是描述声音物理性能的一个重要参数，可听声的频率范围为 20～20 000Hz。另一个描述声音的物理参数是声压幅值。健康人耳能听到的最微弱的声压是 20μPa(微帕)，大约是标准大气压的 $1/50\times10^9$，同时人耳能承受的最高声压(痛阈)大约比

20 μPa高出 100 万倍。其间声功率从 10^{-8} W 变到 10^{8} W，变化范围为 10^{16} W。可见在对声压或声功率进行数据处理时，会带来很大的难度，十分不便。因此，在度量声音幅度大小时，采用了一种特殊的单位制，即分贝制。

分贝(decibel，简写为 dB)是一个对数单位，没有量纲，反映的是一个物理量与其基准物理量值的比值的对数值，这个对数值就具有了"级"的概念，如果采用 10 为底的常用对数，则给"级"定一个单位，称为 Bel(贝尔)，由于贝尔的分度太粗，再将其分成十级，每一级的单位就称为分贝(dB)。注意采用 dB 尺度来表示一个物理量时，不是表示绝对值而是相对比值，即表示它比基准量高出了多少"级"。有了 dB 制，就可以用它来表示声功率、声强和声压的大小，即用声功率级、声强级和声压级来对噪声来进行量度。表 6.2.1 列出了声功率级、声强级、声压级的定义、单位和基准值。表中的声压级、声功率级和声强级计算公式中，均是指声压、声强和声功率的平均值。在有了声压级的定义式后，可以容易算出人耳的听阈和痛阈的声压级，分别为 0dB 和 120dB，可见，采用声压级和 dB 制就把相差 100 万倍的声压压缩到了 0～120dB 的范围内，显然，这样的表示方法要方便得多。

表 6.2.1　声功率级、声强级、声压级的定义、单位和基准值

物理度量	声功率	声强	声压
定义	单位时间内声波对媒质所做的功	单位时间内通过与声波前进方向垂直的单位面积的声能	声扰动所产生的逾量压强
单位	W	W/m^2	Pa
量纲	N·m/s	N/(m·s)	N/m^2
"级"的定义	声功率级(PWL) $L_W = 10\lg\frac{W}{W_0}$ (dB)	声强级(IL) $L_I = 10\lg\frac{I}{I_0}$ (dB)	声压级(SPL) $L_p = 10\lg\frac{p^2}{p_0^2} = 20\lg\frac{p}{p_0}$ (dB)
"级"的基准(ISO)	$W_0 = 10^{-12}$ W	$I_0 = 10^{-12}$ W/ m^2	$p_0 = 2\times10^{-5}$ N/ m^2

在进行声压级、声功率级、声强级的和、差及平均运算时，不能直接用算术运算法则，而要按对数运算法则进行。以声压级的计算为例，在已知各声源在某一点处的声压级，要求该点的总声压级时，应该先求出各声源在该点处的声压，用算术法则求出总声压，再按表 6.2.1 的公式求出总声压级。求声压级的差或取平均值时亦如此。

对于 n 个互不相干的噪声源，由式(6.1.20)，有

$$p_T^2 = p_1^2 + p_2^2 + \cdots p_n^2 \tag{6.2.1}$$

由声压级的定义得 $p^2 = p_0^2 \times 10^{0.1L_p}$ ，代入上式得到

$$10^{0.1L_{p_T}} = 10^{0.1L_{p_1}} + 10^{0.1L_{p_2}} + \cdots 10^{0.1L_{p_n}} = \sum_{i=1}^{n} 10^{0.1L_{p_i}} \tag{6.2.2}$$

式(6.2.2)两端取常用对数，得到总声压级为

$$L_{p_T} = 10\lg(\sum_{i=1}^{n} 10^{0.1L_i}) \tag{6.2.3}$$

由于声功率级表征了声源辐射的声功率特性，所以它广泛地应用于噪声的测量与评价。表 6.2.2 给出了一些典型声源的声功率及声功率级。

表 6.2.2　典型声源的声功率及声功率级

噪声源	声功率/W	声功率级/dB
中央空调供气口	10^{-10}	20
耳语	$10^{-9}\sim10^{-8}$	30～40
小型空调机	10^{-6}	60
普通谈话	10^{-5}	70
钢琴	10^{-3}	90
汽车喇叭	10^{-2}	100
0.5kW 汽油机	10^{-2}	100
离心式通风机	5^{-2}	106
织布机	10^{-1}	110
高音喇叭	10^{-1}	110
风动铆枪	1	120
100kW 柴油机	1	120
大型高压风机	10	130
喷气式飞机	10^{2}	140
螺旋桨飞机	10^{2}	140
涡轮发动机	10^{4}	160
火箭发动机	10^{6}	180

6.2.2　声压级、声功率级、声强级的关系

自由声场中，声强与声压的关系为

$$I = \frac{p^2}{\rho c} \tag{6.2.4}$$

代入到声强级定义公式中，得到声强级与声压级的关系：

$$L_I = 10\lg\frac{I}{I_0} = 10\lg\frac{p^2}{I_0\rho c} = 10\lg\frac{p^2}{p_0^2} + 10\lg\frac{p_0^2}{I_0\rho c} = L_p - 10\lg k \tag{6.2.5}$$

在一定条件下，$k = \rho c\ I_0/\ p_0^2$ 为常数。例如，在一个大气压下，温度为 38.9℃时，ρ_c — 400Rayl，则 $k = 1$，因此 $L_I = L_p$，声强级与声压级相等。在其他温度下，k 也接近于 1，则式(6.2.5)中的 $10\lg k$ 项的值在噪声控制中通常认为可以忽略，因此常温下一般可认为声压级与声强级相等。

由声强与声功率的关系 $I = W/S$（S 为垂直于声传播方向的面积），有

$$L_p \approx L_I = 10\lg\frac{I}{I_0} = 10\lg\left(\frac{W}{S}\ \frac{1}{I_0}\right) = 10\lg\left(\frac{W}{W_0}\ \frac{W_0}{I_0}\ \frac{1}{S}\right) = L_W - 10\lg S \tag{6.2.6}$$

式(6.2.6)是在常温和自由声场条件下得出的。现在通过几个例子来增加对噪声客观度量的感性认识。

例 1 在远离声源 r 处(即距声源的距离为 r)测得的声压级 L_p,求该声源的声功率 W 。

解 对一般机械噪声,在远场区可按点声源处理,$S = 4\pi r^2$,则

$$L_p \approx L_I = L_W - 10\lg S = L_W - 10\lg 4\pi r^2 = L_W - 20\lg r - 11$$

$$L_W = L_p + 20\lg r + 11$$

根据声功率级公式,可得

$$W = W_0 10^{0.1L_W}$$

假定 $r = 5$ m, $L_p = 75$dB,可求得声功率级和声功率为

$$L_W \approx 100(\text{dB}), \quad W = 0.01(\text{W})$$

由此例看到,尽管声源的功率只有 0.01W,但在距离 5m 处声压级可达到 75dB。

例 2 飞机发动机的声功率级为 165dB,为保护人耳不受损伤,应使人耳处的声压级小于 120dB,问飞机起飞时人应至少离开飞机多远(假定飞机为点声源)?

解 根据题意,假设最小距离为 r, $S = 4\pi r^2$,则

$$L_p \approx L_I = L_W - 10\lg S = L_W - 10\lg 4\pi r^2 = L_W - 20\lg r - 11$$

$$r = 10^{\frac{L_W - L_p - 11}{20}}$$

将 $L_W = 165$dB, $L_p = 120$dB 代入得到:

$$r = 10^{\frac{65-20-11}{20}} = 50(\text{m})$$

由此例看到,对于一定的声源,其声功率级是不变的,而声压级、声强级一般都随离声源的距离不同而变化。

例 3 设有三个声源产生的声压级各为 70dB,70dB 和 75dB,求总声压级。

解 由 $L_{p_T} = 10\lg(\sum_{i=1}^{n} 10^{0.1L_i})$ 可知,

$$L_{p_T} = 10\lg(10^{0.1\times70} + 10^{0.1\times70} + 10^{0.1\times75}) = 77.1(\text{dB})$$

例 4 试推导声压级降低量与声功率减少率的关系。

解 考虑自由声场中的点声源,因为在环境噪声控制中,大多数噪声源都按点声源处理。设在距声源为 r 的某点,对噪声控制前测得的声压级分别是 L_{p1}, L_{p2},对应的声功率分别为 W_1, W_2,则有

$$L_{p_1} = L_{W_1} - 10\lg S_1$$

$$L_{p_2} = L_{W_2} - 10\lg S_2$$

因为考察的是同一点,$r_1 = r_2$, $S_1 = S_2$,上两式相减得到:

$$\Delta L_p = L_{p_1} - L_{p_2} = L_{W_1} - L_{W_2} = 10\lg\frac{W_1}{W_0} - 10\lg\frac{W_2}{W_0} = 10\lg\frac{W_1}{W_2}$$

$$\frac{W_1}{W_2} = 10^{\frac{\Delta L_p}{10}}$$

声功率的减低率 η 与声压级降低量 ΔL_p 之间的关系为

$$\eta = \frac{W_1 - W_2}{W_1} \times 100\% = (1 - 10^{-0.1\Delta L_p}) \times 100\%$$

假定采取噪声控制措施后,声压级分别降低了 1dB,3dB,5dB 和 10dB,则相应的声功率级降低分别为

$$\Delta L_p = 1\text{dB}, \quad \eta = 20.57\%$$

$$\Delta L_p = 3\text{dB},\quad \eta = 49.88\%$$
$$\Delta L_p = 5\text{dB},\quad \eta = 68.38\%$$
$$\Delta L_p = 10\text{dB},\quad \eta = 90.00\%$$

从上述计算结果可以感知一下噪声控制的难度。要想将噪声的声压级降低 3dB(这看起来似乎不难)，就必须将噪声的能量降低一半(有点困难)；要将噪声的声压级降低 5dB，就必须将噪声能量减少 2/3；而要想将声压级降低 10dB，就要将噪声能量减少 90%，可以再计算一下，要想把噪声的声压级降低 20dB(这一般是噪声控制的目标)，就需要将噪声能量减少到原来的 1%。可见，噪声控制从技术上讲是有很大难度的。

6.2.3　噪声的频谱、谱级和频程

为了了解一个噪声的特性并对其进行控制，仅知道它的声压级或声功率级是不够的，还应知道它的频率成分和各频率对应的声压级与声功率级，通常将这种频率成分与能量分布的关系称为噪声的频谱。噪声的频率特性可以很直观地用频谱来描述。以噪声频率为横坐标，分别以各频率所对应的声压级、声功率级或声强级为纵坐标绘出噪声强弱随频率变化的曲线，叫作噪声的频谱图。

频谱有两类：乐器发出的声音，其频谱为离散的谱线，即乐声由单频声组成，这些单频声的频率或为整数倍关系，称为谐和声(见图 6.2.1(a))，或者不为整数倍关系，称为非谐和声(见图 6.2.1(b))。频率最低的音叫基音，相应的频率叫基频，频率与基频成整数倍的音叫谐音。另一类噪声如一般机械结构振动辐射的噪声，其频谱是连续的，即噪声的能量连续分布在一个较宽的频带内(见图 6.2.1(c))。有些噪声除了连续的频谱外，还在某些频率位置上有突出的谱线(见图 6.2.1(d))，说明其在某些频率上的噪声能量强度特别突出。

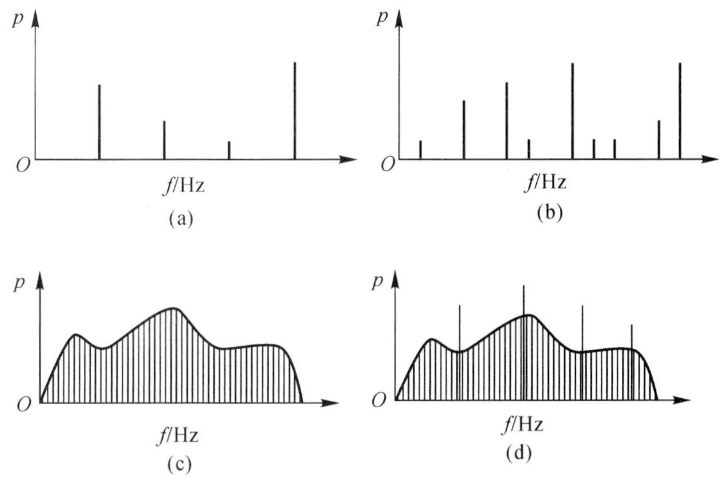

图 6.2.1　典型的声谱图

(a)谐和声；(b)非谐和声；(c)连续谱；(d)连续谱+离散谱

对连续谱噪声，只能测出在一个频带 Δf 内的声压或声强。单位频带(1Hz)内的声压均方值称为声谱密度，用它来统一描述连续频谱中各频率所含能量的大小。实际中测得一个有限频带内的声压均方值后，声谱密度计算公式为

$$W(f) = p^2/\Delta f \tag{6.2.7}$$

噪声的谱级用下式来定义：

$$L_{pS} = 10\lg\left(\frac{p^2/\Delta f}{p_0^2/\Delta f_0}\right) \tag{6.2.8}$$

式中，p^2 为 Δf 频带宽内的声压均方值；p_0^2 为基准声压；Δf_0 为基准带宽，一般取 1Hz，因此

$$L_{pS} = 10\lg\frac{p^2}{p_0^2} - 10\lg\frac{\Delta f}{\Delta f_0} = L_p - 10\lg\Delta f \tag{6.2.9}$$

式中，L_p 为 Δf 频带内的声压级，计算谱级时必须注明该频带的位置，即频带的中心频率。

频带又叫频程，其划分方法有两种：一种是恒定带宽划分，即把 20～20 000Hz 的声频范围划分为若干相等的频率段落，这种频程的上、下限频率之差为常数，这种划分方法常用于频谱的窄带分析。由于人耳对不同频率的声音进行比较时，有意义的是两个频率的比值，而不是它们的差值，所以另一种频程划分方法是恒定相对带宽划分，这样划分的各个带宽的上下限频率之比为常数。这种划分方法得到的中心频率 f_0 和上限频率 f_2、下限频率 f_1 之间的关系为

$$f_2 = 2^n f_1 \tag{6.2.10a}$$

$$f_0 = \sqrt{f_1 f_2} \tag{6.2.10b}$$

中心频率 f_0 代表一个倍频程的频率范围，常数 n 称为倍频程数。$n=1$ 时称为 1 倍频程，$n=1/2$ 称为 1/2 倍频程，$n=1/3$ 称为 1/3 倍频程。噪声分析中常采用的是 1/3 倍频程。现在的噪声分析可以进行比 1/3 倍频程更加精细的倍频程分析，如 1/12 倍频程、1/24 倍频程。如果用固定带宽测量，具有均匀连续频谱的噪声称为白噪声；用正比于中心频率的带宽测量，具有均匀连续频谱的噪声称为粉红噪声。表 6.2.3 给出了常用 1/3 倍频程的中心频率和上下限频率(近似值)。

表 6.2.3　常用 1/3 倍频程的中心频率和上下限频率　　单位：Hz

f_0	20	25	31.5	40	50	63	80	100	125
$f_1 \sim f_2$	18～22	22～28	28～36	36～45	45～56	56～71	71～89	89～112	112～141
f_0	160	200	250	315	400	500	630	800	1000
$f_1 \sim f_2$	141～178	178～224	224～282	282～355	355～447	447～562	562～708	708～891	891～1122
f_0	1 250	1 600	2 000	2 500	3 150	4 000	5 000	6300	8 000
$f_1 \sim f_2$	1 122～1 413	1 413～1 778	1 778～2 239	2 239～2 818	2 818～3 548	3 548～4 467	4 467～5 623	5 623～7 079	7 079～8 913

6.3　噪声的主观度量

根据第 1 章的定义，既然噪声是人们不需要的声音，所以在对噪声进行评价时，只靠客观度量的物理参数来进行描述显然是不够的。噪声控制特别是环境噪声控制的目的，是为了保护人们的身心健康，而生活实际表明，噪声对人产生的影响不但与噪声的声压、声强等客观特性有关，而且与人的心理和生理等主观因素有关：高频噪声的干扰比同声压级低频噪声严重；突发噪声和声压级变化大的噪声的干扰比同声压级的平稳噪声要大；同一噪声源在夜晚要比

在白天更使人感到烦恼。所以在描述噪声对人的影响程度和制定噪声控制标准时，应该将噪声的客观评价量与人的主观感受程度联系起来考虑。这项工作就是噪声主观评价的任务，其目的是通过客观的测量和数值计算的结果，来定量表达与人的主观反映一致的评价。显然，由于评价中人主观因素的参与，所以要进行准确完善的评价是有一定难度的。

噪声特性不同，评价目的不同，评价的标准也不一样。要较客观全面地评价噪声，必须解决的两个主要问题是：用什么样的量表示噪声才合理？噪声量应控制在多大才合适？要解决这两个问题实际上是有一定困难的。多年来，各国研究人员对噪声的危害和影响程度进行了大量研究，提出了各种评价指标和方法，涉及对人耳听觉特征有关的评价和对人体健康有关的工厂噪声标准以及与人们室内外活动有关的生活噪声标准。本章将简要介绍一些已经基本获得采用的评价量和相应的国内外噪声标准。

6.3.1　响度和响度级

人耳对声音强弱的主观感受程度就是声音的响亮程度，声音越强听起来越响亮。为了定量描述这种对声音响亮程度的客观评价，通常以具有给定声压级的 1 000Hz 纯音为基准，改变其他频率纯音的声压级，使它们听起来与基准纯音一样响，我们把以上述声压级为纵坐标，频率为横坐标画出的曲线叫作等响曲线。等响曲线是由人的主观感觉得到的，所以它与反映声音客观强弱的声压级一般是不相同的。例如在等响曲线上，67dB 100Hz 的纯音与 60dB 1000Hz 的纯音，虽然声压级不同，但人耳的主观感觉是一样响的。

图 6.3.1 所示是目前作为国际标准的纯音等响曲线，它是用一组年龄在 18～25 岁之间的听力正常青年人进行消音室实验测试的结果进行统计平均后得出的。试验以 1 000Hz 纯音为基准，在人耳能听到的声压级 0～120dB 范围内，以 10dB 为间隔将声压级分为 12 个等份。对应这 12 等份，把人耳听到的声音强弱定级为响度级，即声音的响度级定义为等响的频率为 1 000Hz纯音的声压级，记为 L_N，单位为方(phone)。这样响度级的范围为 0～120phone。例如，频率为 1 000Hz、声压级 50dB 的纯音，响度级为 50 phone，但当其频率降低为 50Hz 时，要达到同样的 50 phone 响度级，声压级必须提高到 73dB。显然根据定义，只有在频率为 1 000Hz时，dB 数(客观量)与 phone 数(主观量)是一致的。采用响度级这一参数，把声压级和频率这两个客观量与人耳的主观感觉量联系在一起。但是响度级是一个相对量，只能表示被研究的声音与什么样的声音响亮程度相当，不表示声响强弱的绝对程度，即不同响度级的声音不能直接互相比较。

定量反映声音响亮程度的主观量叫作响度，它与正常听力者对该声音的主观感受程度成正比。响度的符号为 N，单位为宋(sone)。一般取响度级 40phone 为响度标准，称为 1 宋，用另一个声音与它比较，如果许多听力正常的人判断它听起来有两倍响，这个声音响度就是 2 宋。即响度增加 1 倍，声音听起来也响亮 1 倍。经过大量统计实验，在可听声范围内，响度与响度级的关系为

$$N = 2^{\frac{L_N - 40}{10}} \tag{6.3.1}$$

或者

$$L_N = 40 + 10 \log_2 N \tag{6.3.2}$$

用响度来评价噪声控制效果比较直观，但对于环境噪声和工业噪声，由于其频率成分十分复杂，不能简单地用上述公式计算其响度，即使两个声音叠加时，也不能把它们的响度简单地

代数相加，必须对不同频率的声音进行经验修正后求出总响度。因此，在噪声控制研究中，采用响度或响度级来评价也有一定的局限性。

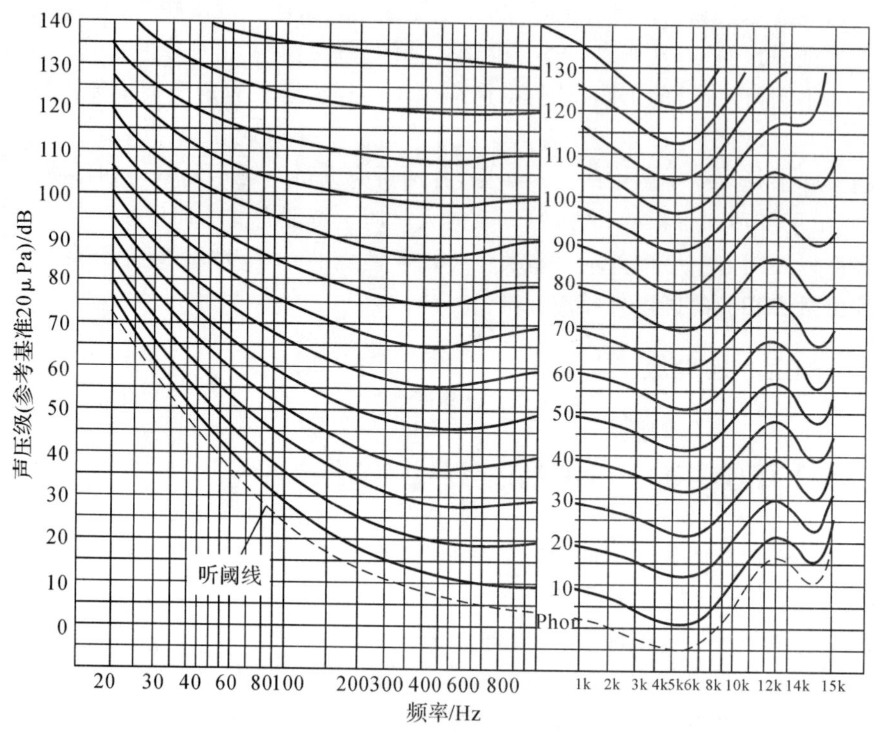

图 6.3.1 纯音等响曲线

6.3.2 计权声级

用人耳的直接感受和上述计算方法对日常生活中的噪声进行定量评价是很不方便的，甚至可以说是不可行的。实际上对噪声响度级的测量一般是用专业的仪器(如声级计)进行的。因而人们就希望这些仪器能具有模拟人耳对响度的感觉能力，使得测试人员可以直接从仪器上读出近似于人耳主观感觉的数据来。

在目前的声学测量仪器上，常设置一些计权网络，对测量得到的声音给予不同程度的衰减和增强。这样，仪器显示的数据，就不是直接测量得到的数据，而是经过按某一条等响曲线修正过的、反映人耳听力主观感觉的数值，这种通过计权网络读出的声级称为计权声级。

现在国际上普遍采用的标准计权网络有 A，B，C，D，E 等几种。在目前使用的声级计上，一般除能直接测量总声级 L_{pT}（线性挡）外，通常还设置了 A，B，C 三挡计权。A，B，C 计权网络的频率响应曲线如图 6.3.2 所示，A，B，C 计权分别是模拟人耳对 40phone，70phone，100phone 纯音的响应特性设置的计权网络，使测量接收到的声信号经网络滤波后，按频率获得不同程度的衰减。采用仪器上 A 计权挡读出的声级称为 A 计权声级，简称 A 声级，相应测得的结果记为 dBA 或 dB(A)。A 声级对低频范围衰减较大，在 1 250～5 000Hz 范围反而略有提高。用 A 声级表示的噪声，与人的感觉十分接近，因而目前在国内外噪声测量和评价中得到最广泛的应用。C 计权只对人耳可听声范围内的低频端和高频端予以较小的衰减，在大部分频域保持平直，因此 C 计权测出的声级接近仪器线性挡测得的总声级，B 计权声级的衰减特性介于 A 计权和 C 计权之间，现在基本已逐渐被淘汰。D 计权是对噪声参量的模拟，近似人耳的感觉噪度，主要用于测量评价航空噪声和冲击噪声。E 计权是根据响度计算方法做出来的，由斯蒂文斯推荐，又叫耳计权。SI 计权是韦布斯特推荐的在人的语音频率范围内测量噪声对语言干扰的计权网络。

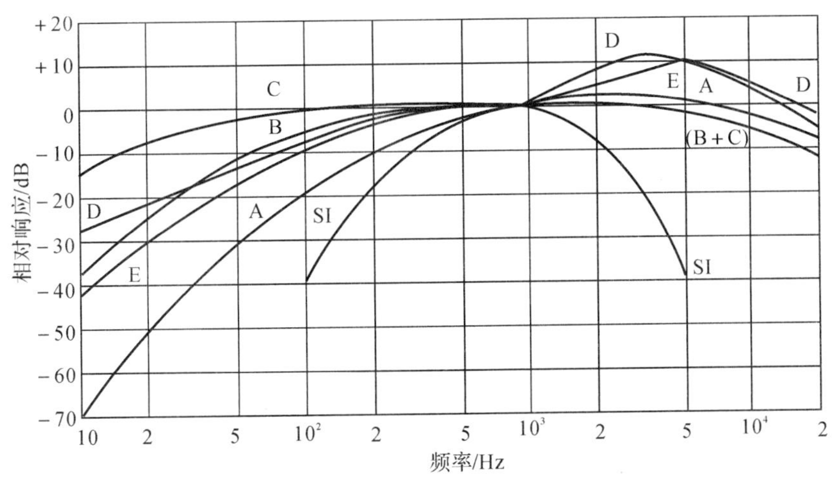

图 6.3.2　国际标准计权网络 A,B,C,D 及推荐的 E，SI 计权网络

根据上述声级计权的性质，可以利用声级计按照 A，C 及线性挡测量的声级，大致得出噪声的频谱，而不需要外接的滤波器。例如用 A，C 及线性挡测量的结果差不多时，即可确定测得的噪声以中高频为主，频率成分在 600Hz 以上，特别是 A 挡测得的结果略高于 C 挡甚至线性挡，可以确定噪声频谱成分主要在 1 600～4 000Hz 范围；如果 A 挡测得的结果明显低于 C 挡及线性挡测量结果，则可确定测得的噪声是 500Hz 以下的低频噪声，如果这时 C 挡和线性挡差不多，则噪声主要成分在可听声范围，如果 C 挡显著低于线性挡，则可以确定噪声主要成分是在次声范围。

6.3.3　噪声评价数

为了表示不同噪声级和不同频率的噪声对人造成的听力损失、语言干扰和烦恼程度，国际标准组织公布了一组噪声评价曲线(Noise Rating，NR 曲线)，又叫噪声评价数(NR 数)。它的噪声级范围为 0～130dB，频率范围为 31.5～8 000Hz，9 个倍频程，如图 6.3.3 所示。

噪声评价曲线按噪声级由低到高进行编号，号数就是噪声评价数 NR。规定 NR 数值等于中心频率 1 000Hz 的倍频程声压级的 dB 数，在同一条噪声评价曲线上的各倍频程声压级具有相同的干扰程度。例如在 NR80 曲线上，1 000Hz 时倍频程声压级为 80dB，8 000Hz 时降为 74dB，而 125Hz 时提高到 92dB。噪声评价数与倍频程声压级的关系为

$$L_p = a + b\mathrm{NR} \tag{6.3.3}$$

常数 a，b 的数值列于表 6.3.1 中。一般认为噪声评价数与 A 声压级的关系为

$$L_\mathrm{A} = \mathrm{NR} + 5 \tag{6.3.4}$$

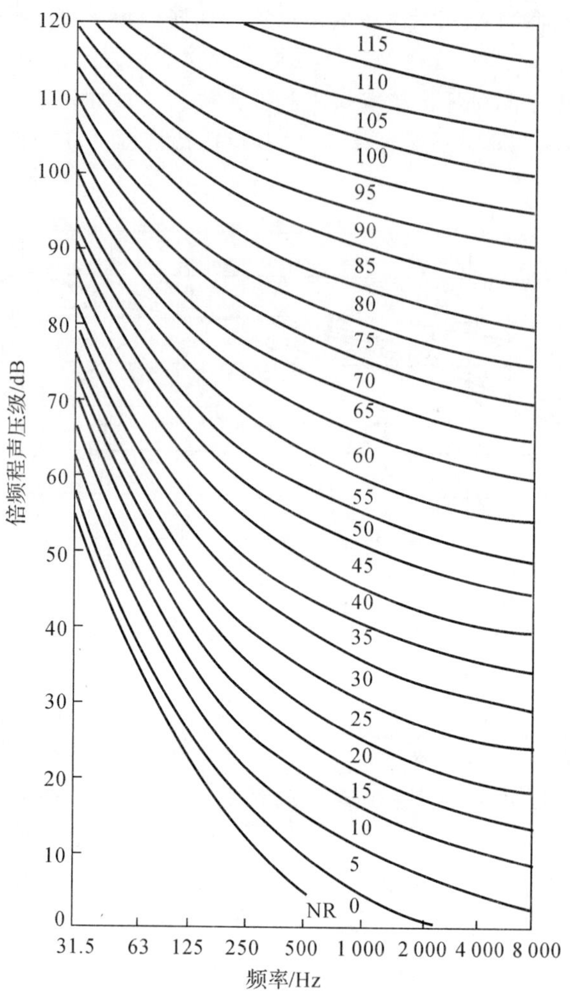

图 6.3.3 噪声评价曲线

表 6.3.1 NR 的曲线 a,b 参数值

倍频程中心频率/Hz	a/dB	b/dB
31.5	55.4	0681
63	35.5	0.790
125	22.	0.870
250	12.0	0.930
500	4.8	0.974
1 000	0	1.000
2 000	−3.5	1.015
4 000	−6.1	1.025
8 000	−8.0	1.030

6.3.4　等效连续声级

评价噪声对人的影响时，不仅要考虑噪声的强弱，还应该考虑噪声作用的时间。如果在同一噪声级环境下工作不同长度的时间，所受噪声的影响容易评价，但如果某人在 90dB(A)环境下工作 8h，另一人在 90dB(A)环境下工作 2h，又在 95dB(A)环境下工作 1h，再在 100dB(A)环境下工作 3h，应该怎样评价两人受噪声影响的程度呢？为此，需要引入等效连续 A 声级概念，其定义为在声场中一定点位置上，用某一段时间内能量平均的方法，将间歇暴露的几个不同的 A 声级噪声，以一个 A 声级来表示该段时间内的噪声大小。这个 A 声级就是等效连续 A 声级，简称等效连续声级，单位仍为 dB(A)。其计算公式为

$$L_{eq} = 10\lg\left(\frac{1}{T}\int_0^T 10^{L_A/10}\,\mathrm{d}t\right) \tag{6.3.5}$$

用等效连续 A 声级衡量噪声对人的影响比较合理，因为它考虑了噪声能量的累积效应。

6.3.5　感觉噪声级

感觉噪声级是按照噪声的“烦恼度”而不是“响度”的主观分析来对噪声进行评价的。因为同样响度的噪声，在频率高低不同时，人的烦恼程度也不一样。感觉噪声级最初用于评价在测量区域单独飞行的飞机的噪声，表示飞机噪声物理特性与人的烦躁程度的关系。与响度级定义类似，定义感觉噪声级为以中心频率 1 000Hz 的窄带噪声为基准，某一噪声在烦恼程度上主观感觉与基准噪声相同，该噪声的感觉噪声级就是基准噪声的声压级。

感觉噪声级记为 L_{pN} ，单位记为 PNdB。实际的感觉噪声级计算十分麻烦，近年来通常采用声级计测出的 A 声级加 13dB 作为感觉噪声级的估计值，也可以用 D 声级加 7dB 来加以估计。

6.3.6　百分率声级

百分率声级可以体现测量时间内各声级所占总体比例的情况。经常用到的是 A 计权百分率声级。在取样时间内的声级超过某一声级所占总时间的百分率 x ，称这一被超过的最低声级为百分之 x 声级，记为 L_x 。例如 L_{10} =74dB(A)，表示在取样时间内有 10%的时间其噪声级超过 74dB。通常将百分率声级 L_{10} 作为取样时间内的“峰值”声级，L_{50} 作为中值声级(平均声级)，L_{90} 作为“本底”声级。

6.3.7　交通噪声指数

交通噪声的声级涨落很大，人们对交通噪声的烦恼程度不仅与百分率声级有关，而且与其涨落程度($L_{10}-L_{90}$)有关，定义交通噪声指数 TNI 为

$$\mathrm{TNI} = 4(L_{10}-L_{90}) + L_{90} - 30\ (\mathrm{dB(A)}) \tag{6.3.6}$$

交通噪声指数测量是在 24h 周期内进行大量的室外 A 计权声级取样，对这些取样进行统计得到的，它只适用于机动车辆噪声对环境干扰的评价，而且只限于车辆比较多的地段和时间内。

6.3.8　噪声污染级

噪声污染级综合噪声的能量平均值和起伏变化特性两者的影响而给出对噪声的评价数

值。记为 L_{NP}，单位为 dB，则有

$$L_{NP} = L_{eq} + K\sigma \tag{6.3.7}$$

式中，L_{eq} 为等效声级；K 为常数，一般 $K = 2.56$；σ 为 A 声级标准偏差，有

$$\sigma = \sqrt{\frac{1}{n-1}\sum_{i=1}^{n}(L_i - \bar{L})^2} \tag{6.3.8}$$

式中，L_i 为第 i 个声级值；$\bar{L}$ 为所测的 n 个声级算术平均值。在噪声级为正态分布条件下也可以用下式计算：

$$L_{NP} = L_{50} + (L_{10} - L_{90}) + \frac{(L_{10} - L_{90})^2}{60} \tag{6.3.9}$$

6.4 噪声标准和噪声法规

噪声标准即噪声容许标准。因为不论采用什么技术措施，噪声控制的结果，不可能做到把噪声完全消除，而且也没有必要，那么应当把噪声控制在什么范围内比较适宜呢？这就是噪声标准制定的基本出发点，即以“可以容忍”的条件出发，而不是按“理想”目标来制定标准，目的是把噪声降低到对人的脑力活动和休息不造成干扰、对机械设备不造成损伤的程度。根据各种噪声标准，才可以合理使用噪声控制技术对噪声环境进行治理和控制，同时才能使政府部门有依据来制定各种噪声控制法规。

要制定标准，首先要有评价指标，从 20 世纪 60 年代末期起，世界各国趋向于用 A 计权声级作为噪声评价的主要指标。1967 年，国际标准化组织（ISO）提出了新的 A 声级噪声标准，规定为了保护人的听力，每天工作 8h，允许的连续噪声的声级为 90dB(A)，如工作时间减半，允许噪声提高 3dB(A)，但在任何情况下，噪声不允许超过 150dB(A)。

我国先后制定和颁布了《工业企业噪声卫生标准》《城市区域环境噪声标准》《机动车辆允许噪声标准》和有关管理条例，特别是 1996 年颁布的《中华人民共和国环境噪声污染防治法》，更是将我国噪声的治理纳入法制轨道。根据国情和科技、经济发展水平的不同，各国的噪声标准不尽相同，但噪声标准基本上都按如下三大类来分别进行制定：一类是保护职工身体健康的劳动卫生标准，一类是环境噪声标准，另一类是产品噪声标准。噪声标准体系如图 6.4.1 所示。

由图 6.4.1 可以看到，有关噪声的标准相当多，不可能在这里一一加以详细介绍。表 6.4.1 至表 6.4.9 仅列出了一部分有关的噪声标准值。有关噪声法规，读者可查阅《中华人民共和国环境噪声污染防治法》。

表 6.4.1 生产车间和作业场所容许噪声标准 单位：dB(A)

每工作日接触噪声时间/h	8	4	2	1	1/2	1/4	1/8	1/16
新、扩、改建企业标准	85	88	91	94	97	100	103	106
现有企业标准	90	93	96	99	102	105	108	111
最高允许标准	不允许超过 115							

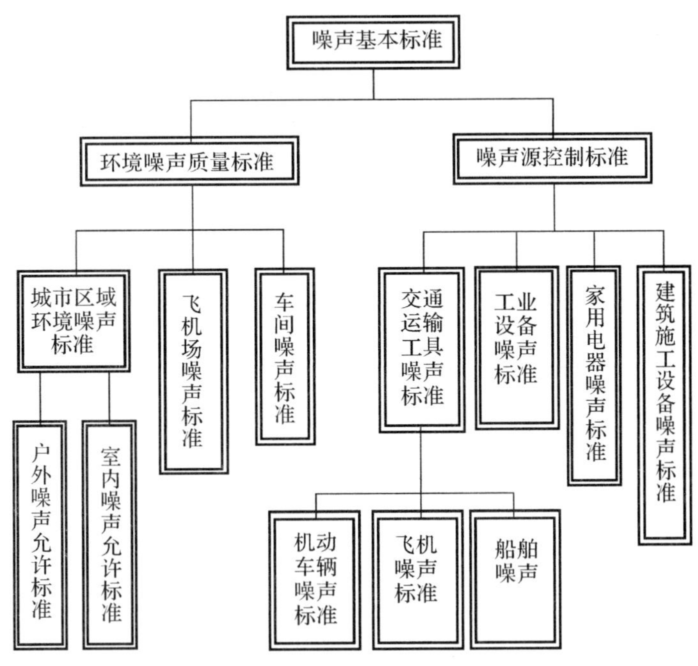

图 6.4.1　噪声标准体系

表 6.4.2　生产车间和工作地点噪声极限　　单位:dB(A)

地点类别		噪声极限
生产车间及作业场所(工人每天连续接触噪声 8h)		90(85)
高噪声车间设立的值班室、休息室、观察室(室内背景噪声)	无电话通信要求	75
	有电话通信要求	70
精密装配线、精密加工车间的工作地点		70
计算机房(正常工作状态)		70

表 6.4.3　一些国家的听力保护标准　　单位:dB(A)

国家	美国	英国	法国	德国	丹麦	瑞典	比利时
噪声级	90	90	90	90	90	85	94
限值	115	115	——	——	115	115	110
暴露时间	8h/天	8h/天	40h/周	8h/天	40h/周	40h/周	40h/周

表 6.4.4　城市各类区域环境噪声标准　　单位:dB(A)

适用区域	昼间	夜间
特殊住宅区(特别需要安静的住宅区)	50	40
居民、文化区(纯居民区和文教、机关区)	55	45

续表

适用区域	昼间	夜间
一类混合区(一般商业与住宅混合区)	60	50
二类混合区、商业中心区(商业集中繁华区)	60	50
工业集中区(明确规划的工业区)	65	55
交通干线道两侧(高峰期车流量在 100 辆/h 以上)	70	55

表 6.4.5　不同时间、不同地区环境噪声的声级修正值　　单位:dB(A)

时间	修正值	地点	修正值
白天	0	农村住宅、医疗地区	0
		郊区住宅、小马路	+5
晚上	−5	市区住宅	+10
		附近有工厂或沿主要大街	+15
深夜	−10～−15	城市中心	+20
		工业地区	+25

表 6.4.6　非住宅区室内噪声容许标准　　单位:dB(A)

场所	容许噪声级代表
办公室、会议室等	35
餐厅、体育馆	45
车间(根据不同用途)	45～75

表 6.4.7　各种房间的噪声评价数

房间种类	噪声评价数
寝室、病房、电视间、住宅、戏院、影院、演奏厅	20～30
办公室、阅览室、会议室	30～40
大办公室、商店、饭店	40～50
大打字室	50～60
工厂作业场所	60～70

表 6.4.8　噪声对谈话的影响

噪声评价数 NR	40	50	60	70	80	85
A 声级/dB(A)	45	55	65	75	85	90
普通交谈的距离/m	7	2.2	0.7	0.22	0.07	—
大声交谈的距离/m	14	4.5	1.4	0.45	0.14	0.08

表 6.4.9　汽车加速行驶车外噪声限值(2005 年 1 月 1 日后生产的汽车)　　单位:dB(A)

车辆种类		噪声限值
M_1		74
M_2(GVM≤3.5t)或 N_1(GVM≤3.5t)	GVM≤2t	76
	2t< GVM≤3.5t	77
M_2(3.5t< GVM≤5t)或 M_3(GVM >5t)	P<150kW	80
	P≥150kW	83
N_2(3.5t< GVM≤12t)或 N_3(GVM >12t)	P<75kW	81
	75kW≤P<150kW	83
	P≥150kW	94

注:GVM 表示最大总质量;P 表示发动机额定功率。

6.5　噪声测试方法简介

相比于振动测量,噪声测量相当于振动测量中的响应测量,使用的仪器设备也较为单一,主要包括传声器及信号采集与处理系统,其测试系统框图如图 6.5.1 所示。传声器是将噪声信号转换为电信号的电声换能器件,信号采集与处理系统是将传声器采集到的噪声信号进行处理以获得能描述噪声的相关度量。

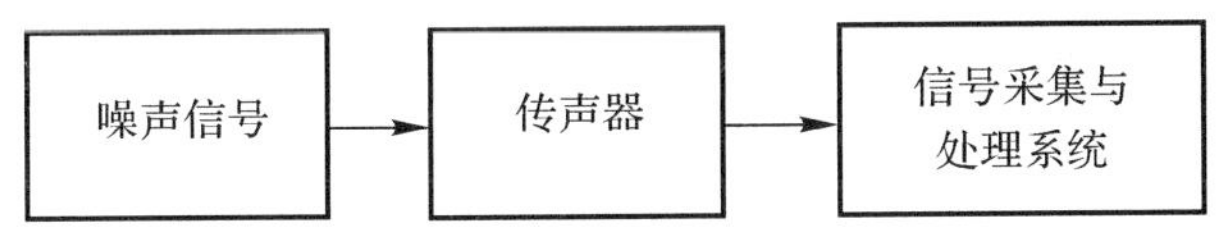

图 6.5.1　噪声测试系统框图

传声器是噪声测量的基础,传声器的分类方法很多,常见的分类方式有如下两种:①按换能原理,可分为电动式传声器(如动圈式传声器)、电容式传声器(如驻极体式传声器)、电磁式传声器、半导体式传声器和压电式传声器(如晶体传声器、陶瓷传声器、压电传声器)等;②按指向性,可分为无指向传声器(又称全指向传声器)、双向传声器和超指向传声器(又称单向传声器)等。目前使用最多的是动圈式传声器和电容式传声器,其在结构上尽管有所不同,但都可视为一个振动系统,该系统因声压作用而引起振动,产生出相应的电压或电容变化(如动圈式传声器就是属于电压变化,电容式传声器则属于电容变化),进而通过电压或电容的测量实现噪声信号的测量。在实际使用中,可根据具体情况,按照测试的频率范围、动态范围、灵敏度以及声场类型去选择合适的传声器。

将传声器和信号采集与处理系统集成起来,就组成了目前噪声测量领域最常用的仪器设备——声级计。声级计一般由电容式传声器、前置放大器、衰减器、放大器、频率计权网络以及有效值指示表头等组成,可满足多种噪声测试需求。声级计的工作原理是:由传声器将声音转换成电信号,再由前置放大器变换阻抗,使传声器与衰减器匹配;放大器将输出信号加到频率计权网络,对信号进行频率计权,然后再经衰减器及放大器将信号放大到一定的幅值,送到有效值检波器,在指示表头上给出噪声声级的数值。

噪声测量的具体方法及要求，目前已经形成了很多标准，可以直接按照相关标准进行测试。例如在航空领域有：ISO 1761 机场周围的噪声监测，ISO 5129 声学——飞机内部噪声测量，IEC 537 飞机噪声测量用频率计权，SAE ARP 1323A 巡航时飞机内部声压级测量，SEA ARP 1964 旋翼机内部声压级测量，GB 9661 机场周围飞机噪声测量方法，GJB 1357 飞机内的噪声级，FAR 36 部噪声标准飞机型号和适航合格审定，等等。

思考与练习题

1. 简述声压、声强、声功率以及声压级、声强级、声功率级的基本概念。

2. 假设有 5 个不同的声源，在 A 点产生的声压级分别为 30dB、35dB、40dB、45dB 以及 50dB，求 A 点的总声压级。

3. 推导声功率级与声压级的关系，并求解声压级降低 20dB 时声功率级的降低率。

4. 分别求中心频率为 50Hz 的 1/3、1/12、1/24 倍频程的上下限频率。

5. 简述噪声主观度量的意义。

6. 简述噪声主观度量的常见指标。

7. 搜集航空航天领域的相关噪声标准，并简述其主要内容。

8. 简述噪声测试所采用的仪器设备以及测试流程。

第 7 章　噪声源控制

在第 1 章已经提到，噪声控制最根本、最有效的途径之一就是控制噪声源。环境噪声绝大多数是由于生产加工过程中的各种设备和交通运输工具所造成的。不管噪声来自动力设备、加工设备或交通工具，如果能在设计制造之初就对噪声问题加以考虑，将会大大减少投入使用后对环境的噪声污染，降低噪声治理的费用。由于具体的噪声源来自不同的具体设备，所以本书不可能对各种具体的噪声源机器设备逐一进行介绍，只能从总体上对几种主要噪声源的控制原理和技术途径进行概略的介绍。

7.1　主要噪声源

噪声源可以分为四类：自然界噪声，如风雨雷声、波涛声和动物鸣叫声等；生活噪声，如建筑施工、高音量谈话、唱歌、演奏、家庭制冷取暖电器以及家庭装修和各种聚会造成的噪声等；工业噪声：如各类生产加工机械设备、动力设备和通风设备运转时产生的噪声等；交通运输噪声，如飞机、火车和汽车行驶时产生的噪声等。对于具体的交通工具，如飞机而言，其噪声又可归属于机械类噪声和气动噪声。不论是哪类噪声，只要考察的是它对生活生产环境的影响，都属于环境噪声源。从工程实践的意义上说，噪声控制主要是对工业噪声和交通运输噪声的治理。

从产生噪声的主体来讲，工业噪声和交通运输噪声具体又可以分为机械噪声、空气动力噪声、电磁噪声和燃烧噪声等，从产生噪声的机理来讲，大体上又可以分为两类：气动噪声和固体噪声或结构噪声。气动噪声是由于湍流和非定常流诱导的压力波动引起的；固体噪声是由于固体的振动而导致的辐射噪声。

工业中经常遇到的典型噪声源有冲床、锻锤冲压和锻打产生的噪声；传动机械的部件接触摩擦产生的噪声；压缩机、通风机运转时叶片与流体相互作用产生的噪声；旋转轴不平衡时激发振动产生的结构辐射噪声；管道内流体流动受限时产生的噪声；电机、变压器和机电设备交变电磁场引起的机械振动辐射的噪声等。要从噪声源上对噪声进行控制，除了要弄清噪声源外，还要弄清噪声类别和其产生的机理，才能够有针对性地采取控制措施来消除噪声源。

7.2 噪声源控制的方法

7.2.1 机械噪声源控制

机械噪声指机械部件在外力激发下振动产生的噪声，因此机械噪声与激励力的特性、机械部件的振动方式、部件的声辐射特性以及周围介质的声学特性都有关系。机械部件振动的方式有稳态振动和瞬态振动两种形式，这两种振动形式都可能引起严重的噪声辐射。

机械部件振动时，除了大部分振动能量被阻尼吸收转化为热能耗损掉外，另一部分振动能量转化为声能向周围辐射。这是由于部件表面的振动，相邻的空气也会产生相应的受迫振动，这种振动向外传播就使得部件的振动能量作为声能辐射出去。对于稳态振动的部件，外力在单位时间内对部件做的功除了维持部件的稳态振动状态外，一部分被阻尼消耗掉，其余部分转化为辐射声能。

要控制这种噪声，最根本的办法是消除或减小引起振动的激励力。如尽量保证转动部件的动平衡以消除不平衡引起的激励力，同时，要避免机械设备发生共振，以免产生大的振幅而增加声辐射量。

机械部件作稳态振动时，辐射的声功率可以表示为

$$W = \rho c \sigma S \bar{v}^2 \tag{7.2.1}$$

式中，ρ 为介质密度；c 为介质中的声速；σ 为声辐射比或声辐射效率，它表征振动体辐射噪声的能力，与部件的外形及几何尺寸、振动频率有关；$\bar{v}^2$ 为表面振动速度的时空平均值；S 为声辐射面积。

由此可见，降低振动体的振动速度和辐射面积、降低振动频率以及采用小声辐射系数材料、采用低密度和低声速介质都可以降低辐射噪声。此外，声辐射的边界条件也对声辐射的强弱有影响，特别是对低频噪声影响较明显。

许多机械噪声来自于机械部件间的相互碰撞。撞击产生的噪声峰值高、持续时间短，对人听觉系统的损害更严重。机械撞击噪声按其产生的机理可分为自鸣噪声和加速度噪声。所谓自鸣噪声是指机械部件受撞击力作用，被激发起逐渐衰减的自由振动所辐射的噪声。所谓加速度噪声是指物体在撞击的瞬间，受到一个很大的瞬态力作用，得到一个很大的加速度，由此引起物体表面的加速运动使空气媒质中产生压力扰动而产生的噪声。由于加速度噪声与振动无关，所以亦称为刚性辐射噪声。此外一些特殊的机械加工过程也会产生一些特殊的撞击噪声，如两个碰撞物体在接触之前，撞击面之间的空气被向外排斥，造成空气的压力扰动而产生所谓的空气排斥噪声。冲压加工时，工件产生突然变形时也会造成空气的压力扰动而产生噪声。

上述噪声中，自鸣噪声和加速度噪声是普遍存在的噪声。撞击噪声的频谱是连续的频谱，频谱宽度 Δf 与撞击持续时间 τ 成反比，即

$$\Delta f = \frac{1}{\tau} \tag{7.2.2}$$

统计表明，金属部件撞击的持续时间约为 10^{-4}s，频带宽约为 10 000Hz。频谱在中低频段几乎呈水平的直线，从频率 $f_0 = 0.45/\tau$ 处开始，声级每倍频程下降约 12dB，有

$$\Delta L = 40\lg \frac{f}{f_0} \tag{7.2.3}$$

如果撞击速度和撞击力分别由 v_1, F_1 降低到 v_2, F_2，撞击持续时间由 T_1 延长到 T_2，则噪声级降低量为

$$\Delta L = 20\lg \frac{v_1}{v_2} + 10\lg \frac{T_2}{T_1} = 10\lg \frac{F_1}{F_2} + 10\lg \frac{T_2}{T_1} \quad (f < f_0) \tag{7.2.4a}$$

$$\Delta L = 28\lg \frac{v_1}{v_2} + 10\lg \frac{T_2}{T_1} = 14\lg \frac{F_1}{F_2} + 10\lg \frac{T_2}{T_1} \quad (f > f_0) \tag{7.2.4b}$$

上述方法中，延长撞击持续时间是降低撞击噪声最有效的方法，这样不仅可以使噪声频谱压缩，同时可以使噪声能量主要集中到低频区。而延长撞击持续时间的有效方法就是降低两个撞击体的弹性模量比值，比如用非金属材料代替金属材料。

7.2.2　流体噪声源控制

流体噪声是由于流体在运动中非稳态压力的波动产生的，常见的流体噪声源有各种风机、压缩机和涡轮机等设备所产生的“风扇噪声”和向大气中排放高速高压蒸气时，喷管产生的“射流噪声”。

1. 风扇噪声控制

风扇噪声主要由旋转噪声和湍流噪声组成，旋转噪声由风机叶片周期性打击空气而产生，其频谱呈线状，主要频率为

$$f = \frac{nZ}{60} \tag{7.2.5}$$

式中，n 为风机转速；Z 为风机叶片数。旋转噪声在螺旋桨类飞机中尤为显著，属于典型的窄带噪声，其量级一般较大，会诱发飞机结构振动，在螺旋桨类飞机的振动环境试验中必须加以考虑，详见 GJB 150—2009 军用装备实验室环境试验方法 第16部分振动试验。

湍流噪声由高速气流在固体界面处形成的各种湍流产生，湍流噪声是一种连续频谱噪声。

减小风机噪声的有效措施是减小叶轮直径和叶片尖端的线速度。对离心式风机，线速度一般不要超过 15～20m/s，适当增加叶片数，可在不降低风机效率的情况下降低噪声。为降低离心风机的湍流噪声，可在叶轮进气边缘上安装湍流栅，减小湍流尺寸，使噪声向 8～10kHz 以上的高频移动。在排气边缘上安装湍流栅，可进一步降低噪声。采用合理的流线形叶片对降低噪声也有明显效果。

空调通风机的扩散器，在气流作用下的噪声声功率级与气流速度、扩散器结构等有关，其估算公式为

$$L_W = 10\lg S + 30\lg \zeta + 60\lg u + 10 \tag{7.2.6}$$

式中，S 为扩散器气流通道面积；$\zeta = \Delta P/0.5\rho u$ 为扩散器的阻力系数；ρ 为空气密度；ΔP 为扩散器压力降；u 为扩散器的平均气流速度。适当降低气流速度可以降低通风空调系统的噪声。

2. 射流噪声源控制

射流噪声是工业噪声中一个重要的污染源，它来源于锅炉排气管、冶金高炉放风口、其他工业企业中的高速排气管以及喷气式飞机尾喷口等，射流噪声源的特点是噪声级高、噪声影响的范围较大。

从管口喷射出来的高速气流称为“射流”，射流使邻近的大气一起运动而产生卷吸，沿着射

流方向逐渐扩散，流速随之降低。射流噪声的大小主要与射流速度和周围空气介质的相对剪切运动速度有关。射流噪声是连续宽带频谱噪声，其峰值频率为

$$f = S_A \frac{v}{D} \tag{7.2.7}$$

式中，S_A 为斯脱劳哈尔数；v 为排气口流速；D 为排气管口径。可见流速越大、管径越小，噪声峰值频率越向高频移动。

射流噪声还有明显的指向性。离管口的距离相同而方位不同，噪声的声压级也不同，最大声压级在与气流夹角为 15°的方向上。对于亚声速射流噪声，其总声功率级估算公式为

$$L_W = 10\lg S + 80\lg v - 45 \tag{7.2.8}$$

式中，v 为气流速度；S 为喷口面积。

由上述讨论可知，控制射流噪声的途径主要有以下几种。

(1)降低气流流速。这是一种最直接有效的方法。对高温排放气体采用水冷方法，可以使气体体积收缩而降低噪声。

(2)分散压降。声功率与压降的高次幂成正比，把压降分散到若干局部结构，保持总压降不变而分散为各局部结构的压降，从而降低噪声的声功率。

(3)改变噪声频谱特性。在噪声总声功率不变的情况下，如果将噪声频谱主要频段向高频移动，使峰值频率落在人耳感觉不敏感的声频范围或感觉不到的超声频率范围。移频的主要方法是在总排气面积不变的情况下，用许多小喷口来代替大喷口。

7.2.3 电磁噪声源控制

电磁噪声主要是由交替变化的电磁场激发金属零部件和空气隙周期性振动产生的。电动机由于电源不稳定也会激发定子振动而产生噪声。除电动机外，发电机、变压器也是产生电磁噪声的典型设备。电磁噪声主要在 1 000Hz 以上的高频域，由于电源不稳定产生的电磁噪声频率为电源频率的 2 倍。

电机产生噪声的原因有电磁的也有机械的。如由于定子和转子间电磁场的相互作用，转子不平衡、沟槽谐振、电机结构共振和空气腔谐振等引发的噪声，其噪声级和噪声频谱是电机转速、尺寸、结构和功率的函数。

降低电机电磁噪声的主要措施是:合理选择沟槽数和极数，在转子沟槽中填充一些环氧树脂材料，增加定子刚度，提高电源稳定度，提高制造和装配精度等。

变压器的噪声主要是由于铁芯叠片的磁致伸缩、接合处的磁通畸变等引起的铁芯振动辐射噪声。通常变压器的铁芯都浸在变压器油中，所以振动通过变压器油传到变压器箱壁，引起箱壁振动而向空气中辐射噪声。目前采用的冷轧硅钢片工作磁通量密度大幅度增加，使得磁致伸缩效应增大，变压器设计中的噪声问题更加突出。

降低变压器电磁噪声的主要措施是:减少磁力线密度，选择低磁性硅钢材料，合理选择铁芯结构，铁芯间隙充填树脂性材料、硅钢片间采用树脂材料黏结等。

7.2.4 通过噪声源结构的减振来控制噪声源

从上述的介绍看到，对于机械设备，噪声的产生大多数都是与机械结构的振动密切联系的。因此控制噪声源的一个有效途径就是减小噪声源结构的振动。实际上，在大多数机械设备的噪声控制中，减振措施与降噪措施经常是同时采用的。工程实际中经常讲到的减振降噪

和噪声综合治理，都包含了通过减振来达到降噪的途径，即通过减小物体振动的幅值来降低辐射噪声。

对噪声源进行振动抑制的原理和途径与第 3～5 章中介绍减振方法完全相同，这里不赘述。

思考与练习题

1. 简述噪声源的种类以及工程实践中噪声控制的主要对象。
2. 飞行器中的噪声源主要包含哪些，分别属于哪类噪声？
3. 简述降低航空发动机噪声的一般处理方式。
4. 搜集降低电磁噪声的相关工程实例，并说明其工作原理。

第 8 章　吸声、消声与隔声

8.1　吸声的概念、原理与设计

8.1.1　吸声的定义与吸声原理

当声波入射到物体表面时，总有一部分入射声能被物体吸收而转化为其他能量，这种现象叫作吸声。理论上讲，物体都有吸声作用，但在噪声控制工程的实践中，只有某些有较强吸声能力的材料和结构才可以称为工程意义上的吸声材料或吸声结构。吸声措施主要用于室内噪声控制，它也是控制室内噪声最基本、最常用的技术措施。吸声的基本原理是通过吸收噪声声波，减少直达声与反射声的混响。实践证明，如果吸声措施得当，可以降低混响声级 5～10dB 或更多。如果吸声材料或吸声结构布置合理，还可以兼顾到室内的美化装饰，获得一举两得的效果。

按吸声机理的不同，吸声体可以分为多孔性吸声材料和共振吸声结构。多孔性吸声材料在噪声控制工程中应用最为广泛。常用的多孔材料有纤维类、泡沫类和颗粒类三种。纤维类材料中，超细玻璃棉、矿渣棉、化纤棉、木丝板和甘蔗板是常用的几种。泡沫类材料中，泡沫塑料、海绵乳胶和泡沫橡胶使用较多。颗粒类材料中则以膨胀珍珠岩、多孔陶土砖和蛭石混凝土居多。共振吸声结构主要是薄板共振吸声结构、单腔共振吸声器和薄板穿孔共振吸声结构。

从吸声性能来考察，多孔吸声材料吸收中高频噪声效果较好，且其吸声频带较宽，而共振吸声结构对低频噪声吸收较好，其吸声频带较窄。为了定量评价一个吸声体的吸声性能，工程上采用所谓的吸声系数来作为评价参数。吸声系数 α 是指某种材料或结构的吸声能力大小，它等于被材料吸收的声能(包括透射声能在内)与入射到材料的总声能之比，即

$$\alpha = \frac{E_a + E_t}{E} = \frac{E - E_r}{E} = 1 - r \tag{8.1.1}$$

式中，E 表示入射到材料的总声能；E_a 表示材料吸收的声能；E_t 表示透过材料的声能；E_r 表示被材料反射的声能，这里声能的单位均为 J；$r = E_r/E$ 表示反射系数。吸声系数是表示吸声材料或吸声结构性能的量，不同材料具有不同的吸声能力。当 $\alpha = 0$ 时，表示声能全反射，材料不吸声；当 $\alpha = 1$ 时，表示材料吸收了全部声能，没有反射。一般材料的吸声系数在 0～1 之间，吸声系数 α 越大，表明材料的吸声性能越好。

声波入射角度对吸声系数有较大影响，工程设计中常用的吸声系数有：

(1)无规入射吸声系数 α_T(混响室法测量)。测试较复杂，对仪器设备要求高，且数值往往偏差较大，但比较接近实际情况，在吸声减噪设计中被广泛采用。

(2)垂直入射吸声系数 α_O(驻波管法测量)。测量方法简便、精确,但与实际情况有较大出入,多用于材料的性质鉴定,在消声器设计中采用。

材料的吸声系数常使用驻波管法测量,然后根据两种吸声系数的关系,由垂直入射吸声系数 α_O 换算出无规入射吸声系数 α_T 。

除声波入射角度外,各种材料的吸声系数是频率的函数,对于不同的频率,同一材料具有不同的吸声系数。为表示方便,在工程上通常采用 125Hz,250Hz,500Hz,1 000Hz,2 000Hz,4 000Hz六个频率上的吸声系数的算术平均值 $\bar{\alpha}$ 表示某一种材料的平均吸声系数,并将 $\bar{\alpha}>0.2$ 的材料称为吸声材料,而 $\bar{\alpha}>0.5$ 的材料则是理想的吸声材料。

表 8.1.1～表 8.1.3 给出了常用吸声材料和结构的平均吸声系数,可作为吸声设计的参考。

表 8.1.1　泡沫颗粒类吸声材料的吸声系数(驻波管值)

序号	材料名称	厚度	密度	频率/Hz					
		cm	kg/m³	125	250	500	1000	2000	4000
1	聚氨脂泡沫塑料	5	45	0.15	0.35	0.84	0.68	0.82	0.82
2	氨基甲酸泡沫塑料	5	36	0.21	0.31	0.86	0.71	0.86	0.82
3	泡沫玻璃	6.5	150	0.10	0.33	0.29	0.41	0.39	0.48
4	泡沫水泥	5	—	0.32	0.39	0.48	0.49	0.47	0.54
5	加气微孔砖	3.5	620	0.20	0.40	0.60	0.52	0.65	0.62
6	水玻璃膨胀珍珠岩制品	10	250	0.44	0.73	0.50	0.36	0.53	—
7	水泥膨胀珍珠岩制品	6	300	0.18	0.43	0.48	0.53	0.33	0.51
8	石英砂吸声砖	6.5	1500	0.08	0.24	0.78	0.43	0.40	0.40
9	水泥蛭石粉砌块	3	—	0.07	0.07	0.16	0.47	0.43	—
10	石棉制式板	3.4	420	0.22	0.30	0.39	0.41	0.50	0.50

表 8.1.2　纤维类多孔吸声材料的吸声系数(驻波管值)

序号	材料名称	厚度	密度	频率/Hz					
		cm	kg/m³	125	250	500	1 000	2 000	4 000
1	多孔玻璃棉 (棉径 18μm)	6	20	0.39	0.67	0.65	0.70	0.69	0.57
2	超细玻璃棉 (棉径 4μm)	2.5	15	0.02	0.07	0.22	0.59	0.94	0.94
		10	15	0.11	0.85	0.88	0.83	0.93	0.97
3	酚醛玻璃棉毡	3	80		0.12	0.26	0.57	0.85	0.94
4	玻璃纤维保温板 (棉径 16～20μm)	5	120	0.17	0.39	0.70	0.96	0.95	0.98
5	矿渣棉	5	175	0.25	0.33	0.70	0.76	0.89	0.97
6	矿棉板 (表面压纹打孔)	1.5	400	0.06	0.15	0.46	0.83	0.82	0.78

续表

序号	材料名称		厚度 cm	密度 kg/m³	频率/Hz					
					125	250	500	1 000	2 000	4 000
7	稻草纤维板		2.3	340	0.25	0.39	0.60	0.26	0.33	0.72
9	半穿孔甘蔗纤维板，表面刷白粉，孔径 5mm	孔距 25mm 孔深 15mm	2	220	0.13	0.28	0.38	0.49	0.41	0.49
		孔距 15mm 孔深 6mm	1.3	220	0.12	0.15	0.27	0.44	0.42	0.47
10	麻纤维，玻璃布覆面		5	50	0.08	0.23	0.65	0.98	0.82	0.91
11	工业毛毡		3	370	0.10	0.28	0.55	0.60	0.60	0.59
12	软质木纤维		2.1	320	0.10	0.35	0.70	0.75	0.65	0.50
13	水泥木丝板		2.5	470	0.06	0.13	0.28	0.49	0.72	0.85

表 8.1.3 常用建筑材料的吸声系数(混响室值)

序号	材料名称		频率/Hz					
			125	250	500	1 000	2 000	4 000
1	清水面		0.02	0.03	0.04	0.04	0.05	0.07
	砖墙、普通抹灰		0.02	0.02	0.02	0.03	0.04	0.04
	拉毛水泥		0.04	0.04	0.05	0.06	0.07	0.05
2	混凝土、水磨石		0.01	0.01	0.01	0.02	0.02	0.02
3	石棉水泥板(腔厚 10cm)		0.08	0.02	0.03	0.05	0.03	0.03
4	板条抹灰		0.15	0.10	0.06	0.06	0.04	0.04
5	木格栅地板		0.15	0.11	0.10	0.07	0.06	0.07
6	铺实木地板		0.04	0.04	0.07	0.06	0.06	0.07
7	玻璃窗关闭		0.35	0.25	0.18	0.12	0.07	0.04
8	木板(腔厚 2.5cm)		0.30	0.30	0.15	0.10	0.10	0.10
9	硬质纤维板	腔厚 10cm	0.25	0.14	0.14	0.08	0.06	0.04
		腔厚 5cm	0.20	0.15	0.15	0.09	0.04	0.04
10	胶合板，腔厚 5cm		0.11	0.26	0.15	0.14	0.04	0.04

8.1.2 吸声设计方法

1. 共振吸声结构

共振吸声结构是根据共振原理制成的吸声装置，主要结构形式有薄板共振吸声结构、单腔共振吸声器和穿孔薄板共振吸声结构等。

(1)薄板共振吸声结构。薄板共振吸声结构的构成非常简单。将薄板(如胶合板、薄木板、纤维板、油布和漆布等板状物)固定在距墙面或屋顶一定距离的地方，通常薄板固定在一个框架上，框架牢牢地固定在墙壁上，就构成一个典型的薄板共振吸声结构，如图 8.1.1 所示。

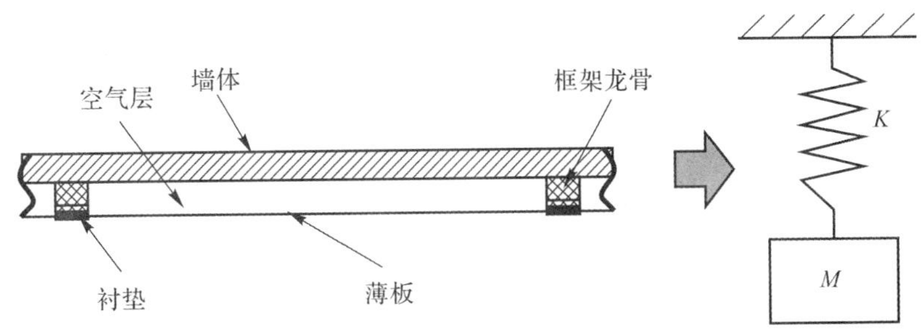

图 8.1.1　共振吸声结构

如果薄板本身的刚度远大于板后面空气层的刚度，则可认为板只起质量的作用。如果空气层厚度为 D，则空气层的刚度为 $K=\rho c^2/D$，系统的固有频率为

$$f_0=\frac{1}{2\pi}\sqrt{\frac{K}{M}}=\frac{c}{2\pi}\sqrt{\frac{\rho}{MD}}\approx\frac{600}{\sqrt{MD}} \tag{8.1.2}$$

式中，M 为薄板面密度，$\mathrm{kg/m^2}$；D 为空气层厚度，m；ρ 为空气密度，$\mathrm{kg/m^3}$；c 为声速，m/s。

由式(8.1.2)知，改变 M 或 D，均可以使 f_0 变化，当然也可根据 f_0 设计 M 或 D，达到吸声的目的。工程实践中采用的薄板厚度一般为 3～6mm，空气层厚度为 3～10 cm，薄板共振吸声结构在共振频率处吸声系数可达 0.5 以上。如果在空气层中充填多孔吸声材料、在薄板与框架龙骨处衬垫阻尼材料，都可以使吸声频带加宽，还可以增加吸声量。

(2)单腔共振吸声器。单腔共振吸声器又叫亥姆霍兹共振器，它由腔体 V 和颈口(颈长为 l_0，直径为 d)组成，如图 8.1.2 所示。当入射声波的波长远大于腔体和颈口尺寸时，其对低频噪声的吸声机理与薄板共振吸声结构一样，可以简化为一个单自由度振动系统：颈口空气柱因颈很短，刚度较大，可视为整体运动的质量(声质量)，腔内空气对声质量起弹簧的作用。

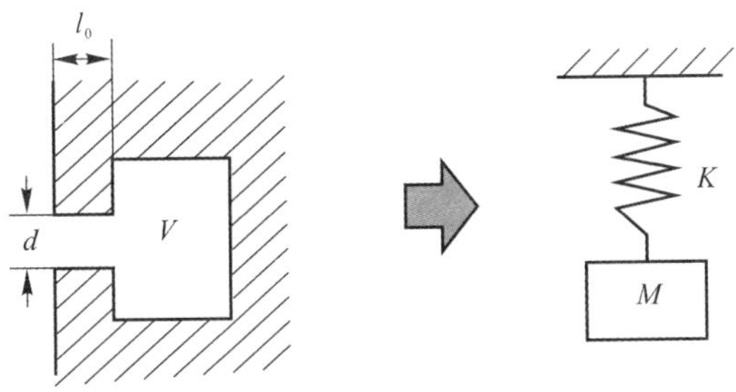

图 8.1.2　单腔共振吸声器

当声波作用于声质量时，由于波长远大于颈口长度，颈部空气的声质量块就像活塞一样往复运动。颈壁的摩擦阻尼使部分声能转化成热能而消耗。当系统固有振动频率接近声波频率时，系统发生共振，声能消耗最多。共振器的固有频率计算公式为

$$f_0=\frac{c}{2\pi}\sqrt{\frac{S}{V\,l_e}} \tag{8.1.3}$$

式中，l_e 为颈的有效长度，对于圆孔，$l_e=l_0+\pi d/4$；$S=\pi d^2/4$ 为颈口面积；d 为孔径；V 为腔体体积。

由式(8.1.3)可见，单腔共振吸声器的共振频率与腔体形状无关，只要改变孔径和腔体体积，就可以得到不同的共振频率。颈口蒙上一层透声织物，如尼龙纱、玻璃纱或在腔内放入适量的多孔吸声材料，可以增大吸声频带的带宽。

(3)穿孔薄板共振吸声结构。穿孔薄板安装在距墙面或屋顶一定距离处，实际上就构成了许多并联的单腔共振吸声器结构。它是噪声控制工程中应用较广泛的一种吸声装置。如图8.1.3所示，如果小孔大小相同且分布均匀，则每一小孔所占的腔体空间 V 相同，穿孔薄板的共振频率就是单个共振吸声器的频率。设 S 为每一小孔的面积，A 为每一共振器单元所占的薄板面积，D 为空气层厚度，p 为穿孔率，当用作室内吸声墙面板时，其共振频率计算公式为

$$f_0 = \frac{c}{2\pi}\sqrt{\frac{S}{AD\,l_e}} = \frac{c}{2\pi}\sqrt{\frac{p}{D\,l_e}} \tag{8.1.4}$$

当用作室内吸声吊顶时，板后的空气层厚度可达50～100cm，这时共振频率计算公式为

$$f_0 = \frac{c}{2\pi}\sqrt{\frac{p}{D\,l_e + \frac{pD^2}{3}}} \tag{8.1.5}$$

显然，p 越大，f_0 越高，D 越大或板越厚，则 f_0 越低。可以选择适当的参数，来得到所需的 f_0。

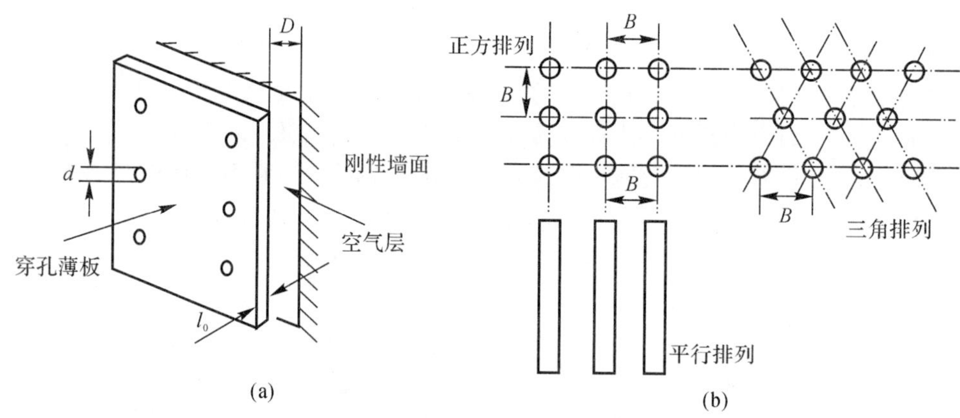

图8.1.3 穿孔薄板吸声结构

(a)结构示意图；(b)常用开孔方式

对于这种基本形式的穿孔薄板，其共振吸声频率选择性很强，只是在 f_0 附近，吸声量最大，频率偏离 f_0，吸声量很低。要扩大其吸声频率范围，可以采用组合式共振吸声器结构，即把共振吸声器串联起来，例如采用双层穿孔板吸声结构。图8.1.3(b)还画出了几种常用的穿孔方式。

例1 一穿孔薄板厚度4mm，板后空气层厚10cm，穿孔孔径8mm，孔中心距20cm并作正方排列，穿孔板的共振频率是多少？

解 由题义知：

$l_0=4\text{mm}$，$D=10\text{cm}$，$d=8\text{mm}$，$A=20\times20\text{cm}^2$，$l_e=l_0+\pi d/4=10.28\text{mm}$，$S=\pi d^2/4=50.24\text{mm}^2$。故根据共振频率计算公式(8.1.3)，可得

$$f_0 = \frac{c}{2\pi}\sqrt{\frac{S}{ADl_e}} = \frac{340}{2\pi}\sqrt{\frac{50.24\times10^{-6}}{4\times10^{-2}\times10\times10^{-2}\times10.28\times10^{-3}}} = 59.8\,(\text{Hz})$$

2. 多孔吸声材料

多孔吸声材料的吸声原理是:多孔材料内部有大量微细通道,当声波在微细通道中传播时,声波与纤维经络或颗粒间发生摩擦,由于空气的黏滞性及通道壁面的热传导效应,声能转化为热能消耗掉,所以,要保证吸声材料有良好的吸声性能,材料应该有良好的"透气性",即表面和内部的空隙应相互贯通。

(1)吸声材料层的吸声特性。当平面声波垂直入射到吸声材料层上时,吸声系数的大小一般与声波频率有关。典型的吸声频谱特性曲线如图 8.1.4 所示。

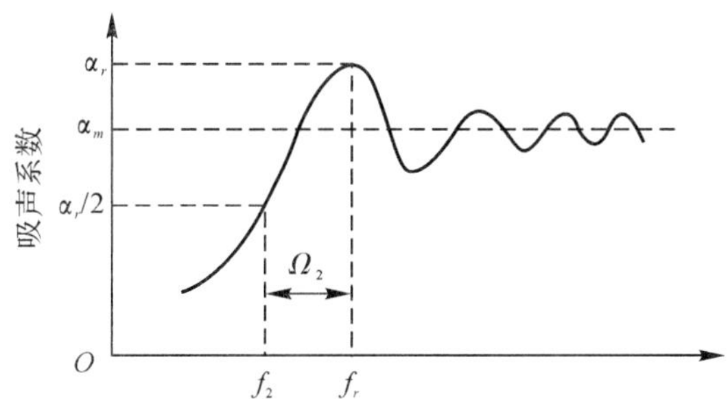

图 8.1.4　吸声材料层的频谱特性曲线

从图中可以看出,吸声材料的频谱曲线具有多个峰值,在低频端,一般吸声系数较低,随声波频率提高,吸声系数相应增大,随后呈起伏变化的趋势,第一个吸声系数峰值的频率 f_r 叫第一共振频率,相应的吸声系数记为 α_r 。在频率低于 f_r 时,与共振吸声结构的频谱特性一致,一般取吸声系数降至 $\alpha_r/2$ 时的频率 f_2 为吸声下限频率,频率超过 f_r 后,吸声系数起伏变化,但随频率继续增大,起伏变化的幅度逐渐减小,趋于一个随频率变化不敏感的数值 α_m 。由于吸声材料层没有频率上限,它与共振吸声结构相比,具有优越的高频吸声性能。通常用第一共振频率 f_r 、吸声系数 α_r 、高频端吸声系数 α_m 和下限频带宽 Ω_2 4 个参数来描述吸声材料的吸声特性。

(2)影响吸声材料吸声特性的主要因素。多孔吸声材料的低频吸声系数一般较低,随厚度增加,吸声最佳频率将向低频方向移动,对同一种材料,厚度增加一倍,吸声系数最大的频率向低频方向移动一个倍频程。厚度对高频段吸声系数影响较小。

一定厚度的吸声材料,当容重增加时,材料的有效密度增加,声速的绝对值相应降低,吸声系数的最大值向低频方向移动。

为改善吸声材料的低频吸声性能,可在吸声材料层与刚性壁面间留出一定厚度的空腔,相当于增加了材料层的有效厚度,具有较好的经济性。当空气层厚度接近 1/4 入射声波波长时,对该声波的吸声系数最大。当空气层厚度接近 1/2 入射声波波长时,对该声波的吸声系数最小。考虑到实用性,工程实践中,对墙面吸声材料层后面一般留 5～10cm 空气层,对屋顶,则可视实际情况适当加大空气层厚。

工程实际中,除了一部分加工成板状的吸声材料外,大多数吸声材料整体强度较差,表面疏松,即易受外界侵蚀,又不能直接固定用于室内墙面,影响美观,因此吸声材料在使用时通常要在表面覆盖一层护面材料。护面材料对吸声材料的吸声性能有一定影响。常用护面材料有如下几种。

1)护面穿孔板,如金属薄板、硬质纤维板、胶合板和塑料薄板等。穿孔率一般应大于20%,在不影响强度的前提下,应该尽量加大穿孔率。穿孔率越大,对中高频吸声性能越好。

2)织物和纱网。通常使用织物和纱网来防止多孔材料从小孔中钻出。常用的织物和纱网材料为玻璃纤维布、纱布、塑料纱网和金属丝网等。由于护面材料的自然穿孔率极高,所以对吸声性能几乎没有影响。

(3)空间吸声体。将吸声材料或吸声结构制成一定的几何体悬挂在室内,可以充分发挥吸声材料和吸声结构的性能。这种吸声几何体称为空间吸声体。由于空间吸声体吸声方向基本上不受限制,所以吸声体的表面积得到充分利用,其吸声效率较高。目前空间吸声体已经成为噪声控制工程中广泛采用的一种技术途径。空间吸声体可以设计成各种几何形状,一般分为两类:一类是大面积的平板体,其吸声量较大;一类是离散的个体,如立方体、圆锥体、球体、圆柱体和四面体等。平板体便于大量制造和安装,单个离散吸声体吸声量较小但吸声效率较高。后者一般作为辅助性吸声措施,外形美观,可与室内装饰措施统一考虑,如图 8.1.5 所示。

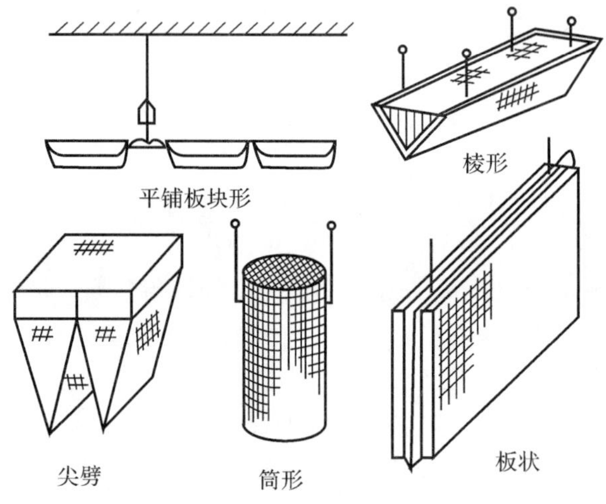

图 8.1.5　常用空间吸声体结构

3.吸声减噪的计算与设计

(1)室内声场。由于吸声减噪主要是用于室内降噪,所以在介绍吸声减噪计算之前,需要对室内声场中声波传播的一些传播特性和规律作一简要介绍。

室内声场是指在住房、办公室、车间和车厢等封闭的有限空间内声波传播所形成的声场。由于室内声场中,既有直达声,又有经过不同形状和吸声特性壁面的一次或多次反射的声波,其叠加后形成的声场非常复杂。为便于分析,通常把室内声场分解为两部分:由声源直接传播到接收点的直达声场;由壁面一次或多次反射达到接收点的反射声所形成的混响声场。按定义,直达声场只有从声源向四周辐射出去的声波,是自由声场。而通常情况下,直达声波经过不规则壁面和房间内其他物体反射、散射后相互交织混杂,以相同的概率沿各个方向传播,因此混响声场可以看成是完全扩散声场。由于混响声场中,声的传播方向并不一致,声强并不能简单相加,而要考虑声波传播的方向。

1)平均吸声系数。当声波在室内碰到壁面时,如果壁面不是声学刚性的,它就会具有一定吸声能力,一部分入射声波要被壁面吸收,被壁面所吸收的能量与入射能量的比值称为壁面吸

声系数 α 。设对应某一吸声表面积 S_i 的吸声系数为 α_i ，则对室内所有吸声表面的吸声系数进行加权平均，可得到室内平均吸声系数，有

$$\bar{\alpha}=\frac{\sum_i \alpha_i S_i}{\sum_i S_i} \tag{8.1.6}$$

可见 $\bar{\alpha}$ 实际是房间壁面单位面积的平均吸声量。如果室内除壁面外，还有其他物体，则要将这些物体的吸声量 $\sum_j \alpha_j S_j$ 加到式(8.1.6)分子中，但分母的房间总壁面积不变。

2)室内混响。从房间内声源发出的声波，在传播过程中被壁面不断吸收而逐渐衰减，这种声波在各个方向来回反射而又逐渐衰减的现象称为室内混响。注意混响与回声是两个不同的概念。相继到达的两个反射声时差在 50ms 以上，并能明显分辨出两个声音，则这种延迟的反射声就叫回声。回声会破坏室内听音效果，而一定的混响对室内听音却是有益的。描述室内混响声场特性的一个重要参数是混响时间，它定义为：在扩散声场中，声源停止后，从初始的声压级降低 60dB(相当于平均声能密度降为 $1/10^6$)所需的时间，记为 T_{60} ，有

$$T_{60}=0.161\frac{V}{-S\ln(1-\bar{\alpha})} \tag{8.1.7}$$

如果 $\bar{\alpha}<0.2$ ，则近似有

$$T_{60}\approx 0.161\frac{V}{S\bar{\alpha}} \tag{8.1.8}$$

这就是著名的赛宾(美国声学家)公式。其中 V 为房间体积；S 为墙面总反射面积。混响时间是描述室内音质的重要参量，也是目前音质设计中唯一能定量估计的参量。不同场所对混响时间的要求是不同的。如录音室的最佳混响时间为 0.5s 或更短一些，演讲的礼堂和电影院，最佳混响时间为 1s 左右，而音乐厅和剧院一般要求在 1.5s 左右为佳。

当考虑到媒质对声波的吸收后，修正的赛宾公式为

$$T_{60}\approx 0.161\frac{V}{S\bar{\alpha}+4mV}=0.161\frac{V}{S\bar{\alpha}^*} \tag{8.1.9}$$

式中，m 为空气的声强吸声系数；$\bar{\alpha}^*$ 称为等效平均吸声系数，$\bar{\alpha}^*=(\bar{\alpha}+4mV/S)$。

当室内声源开始稳定地辐射声波时，直达声能的一部分被壁面和媒质吸收，另一部分不断增加室内混响声场的平均能量密度，当声源每秒钟提供给混响声场的能量正好补偿被壁面和媒质吸收的能量时，室内混响声平均能量密度达到动态平衡，称为稳态混响平均声能密度 $\bar{\varepsilon}_R$ 。设声源平均辐射功率为 $\overline{W}$ ，则声源提供给混响声场的能量为 $\overline{W}(1-\bar{\alpha}^*)$ ，每秒种被壁面和媒质吸收的混响平均声能密度为 $\bar{\varepsilon}_R V\bar{\alpha}^* cS/4V$ 。由动态平衡条件，有

$$\bar{\varepsilon}_R=\frac{4\overline{W}}{Rc} \tag{8.1.10}$$

式中

$$R=\frac{S\bar{\alpha}^*}{1-\bar{\alpha}^*} \tag{8.1.11}$$

称为房间常数，单位为 m^2 。显然 $\bar{\alpha}^*$ 越大，R 值越大。根据房间常数可以确定房间的混响半径

$$r_c=\frac{1}{4}\sqrt{\frac{R}{\pi}} \tag{8.1.12}$$

在距声源 r_c 处，直达声与混响声大小相等，小于此距离，直达声起主要作用。大于此距离

混响声起主要作用。由此可见，如果房间常数大，则室内大部分空间是直达声场，反之，如果房间常数小，室内大部分空间是混响声场。上面的公式还没有考虑到声源的指向性，引入声源指向性参数 Q 后，相应的混响半径公式为

$$r_c = \frac{1}{4}\sqrt{\frac{QR}{\pi}} \tag{8.1.13}$$

Q 值可以大于 1 或小于 1。几种理想的情况是，当点声源放在房间中心，$Q=1$；如果点声源放在一刚性壁面中心，声源能量集中在半空间内辐射，$Q=2$；点声源放在两壁面边线中心，声源集中在 1/4 空间辐射，$Q=4$；点声源放在房间一角，声源集中在 1/8 空间辐射，$Q=8$。

对于室内混响声场，在正常大气压下，声压级与声功率级的关系式为

$$L_p = L_W + 10\lg\left(\frac{Q}{4\pi r^2}+\frac{4}{R}\right) \tag{8.1.14}$$

式中，r 为接收点距声源的距离。

(2)吸声减噪量计算。对于有噪声源的封闭室内，不仅有噪声源的直达声，还有经房间壁面多次反射后形成的混响声，混响声使得室内的实际噪声级提高，提高量有时高达十几分贝。为了解决这个问题，通常采用在房间墙面、屋顶铺设吸声材料、安装吸声结构或悬挂一些吸声体来吸收一部分噪声，以减少反射声从而降低混响噪声级。借助吸声处理达到减小噪声目的的噪声控制方法称为吸声减噪。它是噪声控制工程中、特别是室内噪声治理中重要的方法之一。

吸声减噪的效果通常用减噪量来衡量。减噪量定义为吸声处理前、后相应噪声级的降低量。值得注意的是，吸声处理只能减弱室内墙面的反射声，降低室内混响，一般对直达声没有作用。因此只有在室内混响占主要地位时，吸声处理才有减噪效果。

1)房间内任意点减噪量计算。设吸声处理前，房间常数为

$$R_1 = \frac{S\bar{\alpha}_1^*}{1-\bar{\alpha}_1^*} \tag{8.1.15}$$

吸声处理后，房间常数为

$$R_2 = \frac{S\bar{\alpha}_2^*}{1-\bar{\alpha}_2^*} \tag{8.1.16}$$

由式(8.1.13)，吸声处理前后房间内距噪声源声学中心 r 处的总声场声压级分别为

$$L_{p1} = L_W + 10\lg\left(\frac{Q}{4\pi r^2}+\frac{4}{R_1}\right) \tag{8.1.17}$$

$$L_{p2} = L_W + 10\lg\left(\frac{Q}{4\pi r^2}+\frac{4}{R_2}\right) \tag{8.1.18}$$

从而吸声减噪量为

$$D = L_{p1} - L_{p2} = 10\lg\left[\left(\frac{Q}{4\pi r^2}+\frac{4}{R_1}\right)\Big/\left(\frac{Q}{4\pi r^2}+\frac{4}{R_2}\right)\right] \tag{8.1.19}$$

式(8.1.19)是计算减噪量的基本公式。

在声源附近，直达声占主要地位，$Q/4\pi r^2 \gg 4/R$，相应的减噪量为

$$D_0 \approx 10\lg\left(\frac{Q}{4\pi r^2}\Big/\frac{Q}{4\pi r^2}\right) = 0 \tag{8.1.20}$$

这也证明了上面“吸声对直达声没有作用”的论述。

在距声源足够远处，混响声占主要地位，$Q/4\pi r^2 \ll 4/R$，相应的减噪量为

$$D_m \approx 10\lg\left(\frac{R_2}{R_1}\right) = 10\lg\frac{\bar{\alpha}_2(1-\bar{\alpha}_1)}{\bar{\alpha}_1(1-\bar{\alpha}_2)} \tag{8.1.21}$$

这时减噪量达到最大值，一般，减噪量随测点距离在 0 与 D_m 的范围内变化。

2)房间平均减噪量计算。通常，人们更关注的是吸声处理后，整个房间的减噪量，即整个房间内噪声级降低的平均效果。

设房间噪声源发出的直达声在房间内各处产生的平均声能密度为 $\bar{\varepsilon}_D$，壁面的平均吸声系数为 $\bar{\alpha}$，经壁面多次反射后，房间内的声能密度累加为

$$\bar{\varepsilon} = \bar{\varepsilon}_D + (1-\bar{\alpha})\,\bar{\varepsilon}_D + (1-\bar{\alpha})^2\,\bar{\varepsilon}_D + \cdots = \frac{\bar{\varepsilon}_D}{\bar{\alpha}} \tag{8.1.22}$$

从而

$$\frac{\bar{\varepsilon}}{\bar{\varepsilon}_D} = \frac{1}{\bar{\alpha}} \tag{8.1.23}$$

设噪声源直达声产生的平均声压级为 L_{pD}，壁面多次反射后声压级增大为 L_p，则

$$\bar{L}_p - \bar{L}_{pD} = 10\lg\left(\frac{\bar{\varepsilon}}{\bar{\varepsilon}_D}\right) = 10\lg\left(\frac{1}{\bar{\alpha}}\right) \tag{8.1.24}$$

记吸声处理前后壁面平均吸声系数分别为 $\bar{\alpha}_1$，$\bar{\alpha}_2$，相应的声压级为 L_{p1} 和 L_{p2}，则吸声处理后房间的平均吸声减噪量为

$$\bar{D} = \bar{L}_{p1} - \bar{L}_{p2} = 10\lg(\frac{\bar{\alpha}_2}{\bar{\alpha}_1}) \tag{8.1.25}$$

因为 $\bar{\alpha}_2 > \bar{\alpha}_1$，故 $D < D_m$，显然这是容易理解的。

3)吸声减噪设计。在进行吸声减噪设计时，第一，要了解噪声源的声学特性，弄清噪声源的倍频程功率级和总声功率级以及噪声源指向以确定 Q 的取值。第二，要了解房间的几何性质，即房间的容积和壁面的总面积，房间内物体的体积和表面积不必计算在内。第三，了解吸声处理前房间声学特性，特别是掌握房间壁面无规入射吸声系数的大小，必要时进行实测。确定特定噪声控制处或整个房间的倍频程声压级和 A 声级的数值。第四，根据噪声容许标准，确定吸声处理后期望达到的倍频程声压级和 A 声级，得到吸声处理应达到的吸声减噪量。第五，求出房间吸声处理后相应的各倍频程房间常数和壁面平均吸声系数，由此并根据具体条件选择适当的吸声设计。

在进行吸声设计时，应该注意到，吸声处理只对混响声场有效，无论采用什么吸声措施，吸声减噪量不会超过壁面反射造成的房间声压级提高量。如果原来房间壁面平均吸声系数越小，吸声处理的减振效果越明显。如果房间混响声并不突出或原有的吸声量已经较大，这时再采用吸声处理就会增加成本或没有明显效果，就要考虑用其他噪声控制方法。实际上，噪声控制是一个综合治理的技术，需要“双管齐下”甚至“多管齐下”，才能获得预期的降噪效果。

8.2 消声的概念、原理与设计

8.2.1 消声的定义与消声效果度量

对于空气动力噪声，如各种风机、空压机、有排气管的汽油机、柴油机以及各种输气管道的气流噪声的控制，必须借助于消声技术。吸声主要针对室内噪声，消声则主要针对气流噪声。消声器技术在工业气动噪声控制中得到了广泛的应用。

消声就是利用声波的吸收、反射和干涉等现象来达到消除噪声的目的。消声器就是利用上述声学原理设计出的一种装置。

消声器一般安装在风机进出风口和排气管道口，它既允许气流通过，又能阻止或减弱声波的传播，是降低空气动力噪声的主要技术手段。目前使用的消声器种类繁多，形状各异，根据消声原理，消声器分为阻性消声器、抗性消声器和阻抗复合式消声器。近年来，随着技术的进步和消声降噪要求的不断提高，又发展出了各种新型消声器，如自适应有源消声器、微穿孔板消声器等。用消声器进行消声后的降噪效果也叫作消声效果，根据不同的条件和检测手段，可以有不同的表示方法，常用的四种消声效果表示指标有如下几种。

1. 传声损失

传声损失用入射到消声器一端的声能 E_i 与经过消声器后的透射声能 E_t 的比值的对数值来表示

$$L_{TL} = 10\lg\frac{E_i}{E_t} \tag{8.2.1}$$

它只考虑了消声器本身的声学特性而未考虑环境因素，适合于理论上计算消声器的特性。

2. 插入损失

在声源和测量点间设置消声器前后，声场中某一点(或某几点处取平均值)处的声压级 L_1,L_2(或声功率级)的差值为

$$IL = L_1 - L_2 \tag{8.2.2}$$

由于声压级测量简单，所以使用插入损失比较方便，但现场测量会受到环境噪声的干扰。

3. 衰减量

通常意义上的衰减量是指声学系统中任意两个截面之间声功率降低的分贝数。在消声管道中，衰减量是指消声器通道内沿轴向的声级变化，用单位长度的声衰减量来表示，适用于声学材料在较长管道内连续均匀分布的直通管道消声器。

4. 降噪量

降噪量又叫声压级差，常指消声器输入端与输出端声压级的差值。当在管道内部测量NR值时，为防止风噪声的影响，可以使用防风鼻锥或在管道壁上开孔放置传声器后再在外部密封的方法测量。

表示消声器消声效果的各个量之间的关系比较复杂，没有固定的关系。插入损失、传声损失和降噪量不仅与消声器的物理特性有关，还与它两端的声阻抗有关。由于消声器两端声阻抗失配所引起的能量损失或反射称为终端效应。噪声控制中，常用的消声效果量是插入损失，传声损失不易测量，但在分析中使用较多。

由于消声器是安装在某种机械设备的气流通道上进行工作的，所以在实际设计消声器时，不仅要考虑其声学性能，而且要考虑其空气动力学特性、机械性能以及经济性。当然，对一个消声器，首先必须要有足够的消声量和较宽的消声频率范围，同时应该具有良好的空气动力性能，不能因为消声器的安装，明显影响空气动力设备的空气动力性能而降低设备效率。消声器的空气动力性能一般用阻力损失(阻损)来描述，阻损是由于消声器内壁面的摩擦、弯头、穿孔屏和管道截面突变等因素引起的。一个性能优良的消声器要求阻损越小越好，基本上不降低风量，不影响气流畅通。在消声器的机械性能方面，要求其结构简单、安装方便，易于维修，工作稳定，具有较长的工作寿命。此外，消声器的经济成本也是评价消声器的一个指标。要求制造和维护成本越低越好。消声器外型的美观、尺寸的小巧也都是评价其设计成功与否的一个方面。

8.2.2　阻性消声器与抗性消声器

1. 阻性消声器的消声原理

阻性消声器是指消声器内部用各种方式装上某种多孔吸声材料的消声器。当气流和噪声通过时，噪声被材料吸收，而气流自由通过，达到消声的目的。

阻性消声器消声频带宽，消声量大，制造简单且性能稳定，多年来一直是消声器中最主要的类型，目前国内外定型的产品绝大多数是这一种类型。阻性消声器广泛用于各种风机和空压机的进、排气消声，但对低频噪声消声效果较差，在高温、高湿、油污、粉尘环境不宜使用。图 8.2.1 所示为管式阻性消声器结构示意图，它实际上是在一个均匀直管内部壁面上加一层均匀的吸声管衬，其消声量可用下式估算：

$$L_{TL} = \varphi(\alpha)\frac{P}{S}L \tag{8.2.3}$$

式中，P 为气流通道截面的周长，m；S 为气流通道的截面积，m^2；L 为消声器的长度，m；$\varphi(\alpha)$ 是与吸声材料垂直入射吸声系数有关的量，称为消声系数。其取值见表 8.2.1。

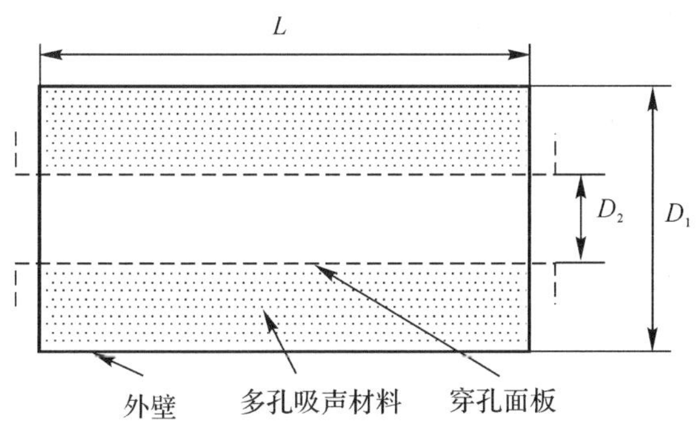

图 8.2.1　阻性消声器结构示意图

表 8.2.1　消声系数与吸声系数的关系

α	0.1	0.2	0.3	0.4	0.5	0.6	0.7	0.8	0.9	1.0
$\varphi(\alpha)$	0.1	0.3	0.4	0.55	0.7	0.9	1.0	1.2	1.5	1.5

显然，消声器消声系数越大、气流通道周长与通道面积之比越大，传声损失就越大。从几何学知识可知，要获得大的 P/S 值，管道截面形状以长方形为最佳，方形次之，圆形最小。根据这个结论，常在截面积较大的管道内沿纵向插入几片消声片，将它分隔成多个通道，以增加周长和减小截面积，提高消声量。

实际上，阻性消声器消声量的精确计算是非常困难的，即使式(8.2.3)的估算也是对低频噪声较合适。当噪声频率高到一定程度时，声波以声束的形式直接通过管道而不与吸声表面接触，消声量开始明显减小。这个频率称为上限失效频率 f'，一般用下式估算，有

$$f' \approx 1.8\,\frac{c}{D} \tag{8.2.4}$$

式中，D 为通道直径。为了提高上限失效频率，一般在不影响气流速度的前提下，可采用并联通道的办法，如采用片式或蜂窝式，使声学通道宽度变窄。

2. 各种阻性消声器设计

除了上述直管式消声器外，根据阻性消声原理和消声要求，阻性消声器还有其他的设计形式。常用的有片式、蜂窝式、折板式、声流线式、室式、迷宫式、盘式和消声弯头。下面对它们的结构形式和消声性能分别作简要介绍。

(1)片式消声器。为了使消声器周长与截面积之比增加，同时满足气流量大的要求，在直管内插入若干板状吸声片，就构成了片式消声器，如图 8.2.2 所示。

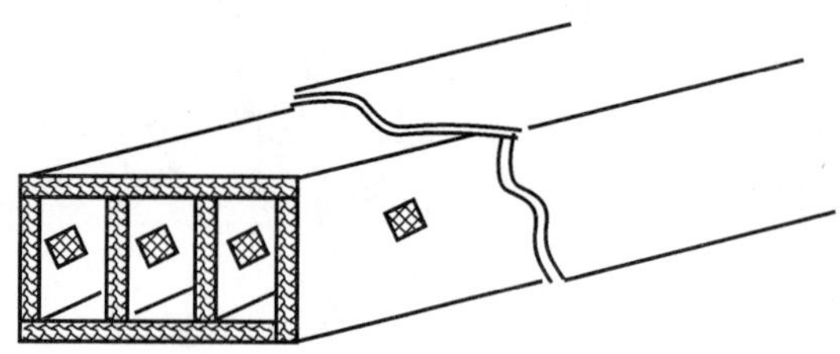

图 8.2.2　片式消声器结构示意图

片式消声器通道形状为长方形，制作也较简单，适合于大风量的消声场合。消声计算上可等效为多个消声管道并联，通常吸声片厚度在 50～120mm，片距为 100～1 250mm。

(2)折板式消声器。为了增加高频消声效果，将片式消声器的直管通道改为曲折通道，就成为折板式消声器。它可以增加声波在管道内传播路程，使吸声材料更多接触声波，特别是对中高频声波，能增加传播中的反射次数，改善中高频消声性能。折板的折角一般小于 20°，以尽量减小气流的阻力损失。风速过高的管道不宜采用这种消声器，图 8.2.3 所示为折板式消声器结构示意图。

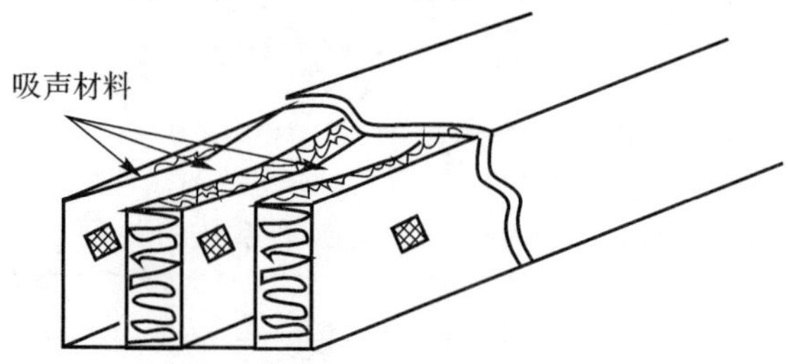

图 8.2.3　折板式消声器结构示意图

(3)声流线式消声器。为了减少气流流动的阻力损失，并具有较好的宽频消声性能，使折板式消声器的折角变得平滑，就成为声流线式消声器(见图 8.2.4)。设计时曲折度以两端刚好不透光为宜。声流线式消声器由于截面宽度起伏较大，所以不仅具有折板式消声器的优点，而且能增大低频噪声的吸收，但缺点是结构较复杂，造价较高。

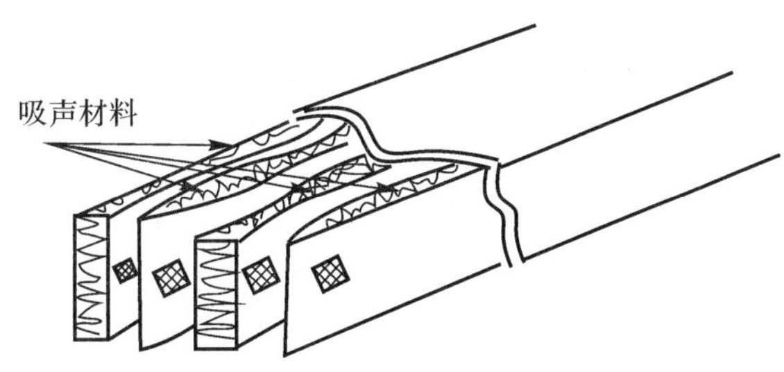

图 8.2.4　声流线式消声器

(4)蜂窝式消声器。蜂窝式消声器由若干个小型直管消声器并联而成，因形似蜂窝而得名。结构如图 8.2.5 所示。显然这种消声器的周长与截面积之比较大，其消声量较高。因每一小管的尺寸很小，故其失效频率较高，改善了高频消声特性。缺点是气流阻力损失较大，构造复杂。蜂窝式消声器常用于风量较大的低流速情况下的消声。

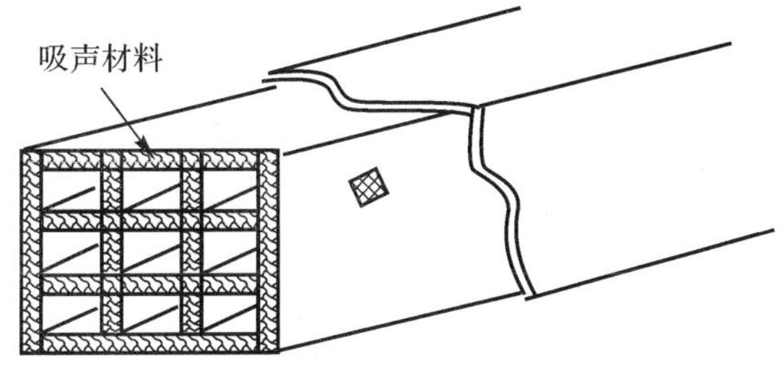

图 8.2.5　蜂窝式消声器结构示意图

(5)室式消声器。室式消声器实际是在壁面均匀贴有吸声材料的小消声室，室的两对角设有进出风管，声波进入消声室后在室内多次反射而被吸收，如图 8.2.6 所示。由于进风管—消声室—出风管的两次截面突变，消声室还兼具抗性消声器的作用。其优点是消声频带较宽，消声量大。缺点是流体阻力损失较大，消声器体积也较大。室式消声器适用于低速进排气消声。

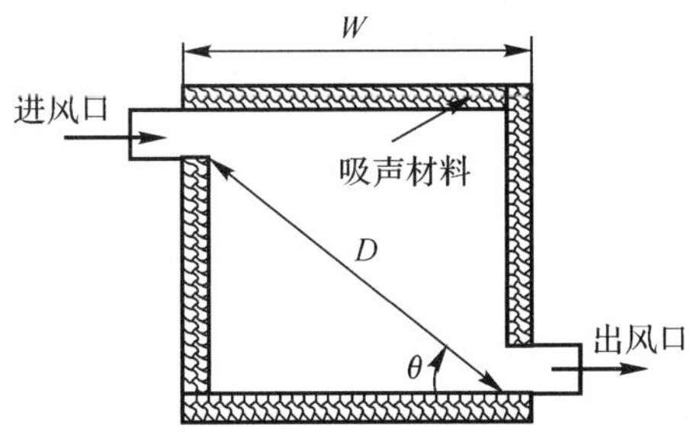

图 8.2.6　室式消声器结构示意图

室式消声器的消声量可按下式估算：

$$L_{TL} = -\lg\left[S\left(\frac{\cos\theta}{2\pi D^2} + \frac{1-\bar{\alpha}}{S_m \bar{\alpha}}\right)\right] \tag{8.2.5}$$

式中，S 为进出风口面积；S_m 为小室内吸声衬贴表面积；$\bar{\alpha}$ 为材料平均吸声系数；$\cos\theta = W/D$；D 为进出风口的距离。

如果将若干个单室串联起来，就是所谓的迷宫式消声器，如图 8.2.7 所示，其特点是消声频带宽，消声量大，但阻力损失也较大，适合于低风速情况。

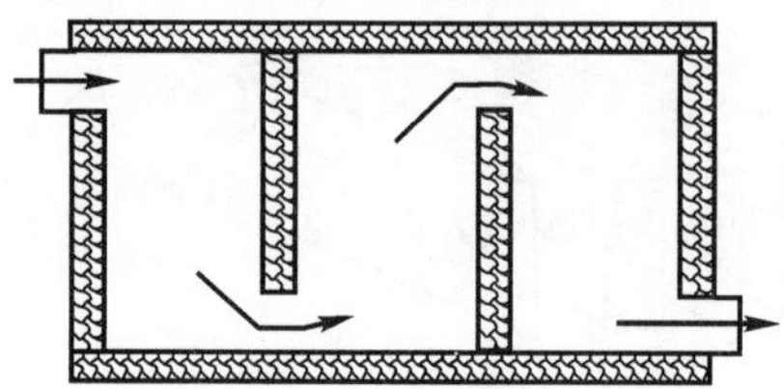

图 8.2.7　迷宫式消声器结构示意图

(6)盘式消声器。为了解决空间尺寸限制的问题，人们设计了如图 8.2.8 所示的盘式消声器，其外形呈圆盘形，使消声器的长度和体积大大缩小，且消声通道截面逐渐变化，气流速度也逐渐变化，故阻损较小。进气出气口相互垂直，使声波传播路径弯折，提高了中高频消声效果。这类消声器的轴向长度一般不超过 50cm，插入损失在 10～15dB(A)之间，适用于风速不大于 16m/s 的情况。

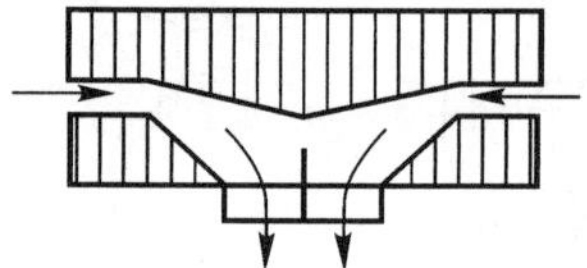

图 8.2.8　盘式消声器

(7)消声弯头。在弯管的壁面上衬贴吸声材料，衬贴长度为截面线度尺寸(对圆管为直径)的 2～4 倍，就制成一个具有明显消声作用的消声弯头。消声弯头使气流改变了方向，其插入损失大致与弯折角度成正比，如 30°折角的插入损失仅为 90°的 1/3，如图 8.2.9 所示。

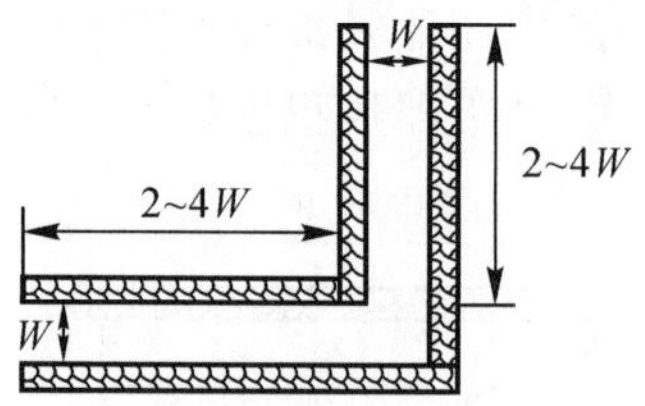

图 8.2.9　消声弯头

在进行消声器设计的构型选取时，要考虑如下一些经验因素：在气流通道直径小于 300mm 时，可选取直管式消声器，当管径大于 500mm 时，就要考虑采用片式、声流线式或蜂窝式。消声器长度一般根据现场条件和声源的声功率大小来确定，一般风机的消声器长度在 1～1.2m，特殊情况下，最长可达 3m，为避免高频失效，直管式消声器管径不宜大于 30cm。在设计中，还要选择合适的吸声材料，并对吸声材料采取护面措施，以免吸声材料层被气流破损而导致消声效率降低。

通过消声器的气流速度也要合理选取，对于通风空调消声器的气流速度，一般取 5～10m/s，工业用风机消声器取 10～20m/s，最大不超过 30m/s。如果气流速度偏大，随之而来的压力损失加大，会使消声量变小。

3. 抗性消声器消声原理

抗性消声器的消声原理与阻性消声器完全不同，它内部不装任何吸声材料，仅仅依靠管道截面积的改变、使用共振腔或旁路管等，在声波传播过程中引起阻抗的改变而产生声能的反射与消耗。它不影响气流的通过。从声学意义上讲，它是一个声滤波器，由管和室组成不同的声质量与声顺（相当于弹簧作用）的组合，通过适当参数的调配，就可以消除（滤掉）某些频率成分的噪声。

抗性消声器的优点是：具有消除中、低频噪声的性能，能在高温、高速或脉冲气流下工作，适用于空压机、柴油机和汽车发动机等的进排气管道消声。抗性消声器的消声性能与管道结构形状有关，而且由于其声滤波器特点而使得选择性较强。常用的抗性消声器有扩张室式、共振腔式和干涉式。

4. 抗性消声器设计

（1）扩张室式消声器。扩张室式消声器是最常用的抗性消声器结构形式，又称为膨胀式消声器。它由管和室组成[见图 8.2.10(a)]，当声波通过消声器时，由于管道截面的突然扩张（收缩）而造成通道的声阻抗突变，某些频率的声波就不能通过消声器而被反射回声源，类似光在界面上的反射。这部分声波没有通过消声器，从而达到消声的目的。扩张室式消声器的消声量计算公式为

$$L_{TL} = 10\lg\left[1 + \frac{1}{4}\left(m - \frac{1}{m}\right)^2 \sin^2 kl\right] \tag{8.2.6}$$

式中，$m = S_2/S_1$ 为扩张室面积与气流通道截面积之比，称为扩张比；$k = 2\pi/\lambda$ 为波数，λ 为管中声波的波长；l 为扩张室长度。显然，当扩张室长度为 1/4 波长的奇数倍时，消声量有极大值，当扩张室长度为 1/2 波长的倍数时，消声量为零。这是因为当 $l = \lambda/4$ 或其奇数倍时，$\sin kl = 1$，扩张室中反射波与透射波反相，扩张室入口声阻抗非常大，进气管的声波几乎全被反射。而在 $l = \lambda/2$ 或其倍数时，$\sin kl = 0$，反射波与透射波同相，声能全部通过扩张室，故消声量为零。当扩张室长度 l 一定时，使 $\sin kl = 0$ 的声波的频率称为通过频率。为了消除通过频率附近消声量的低谷，通常在扩张室的两端各插入长为 $l/2$ 和 $l/4$ 的管[见图 8.2.10(b)]，来消除消声器频率特性曲线通过频率附近的低谷.

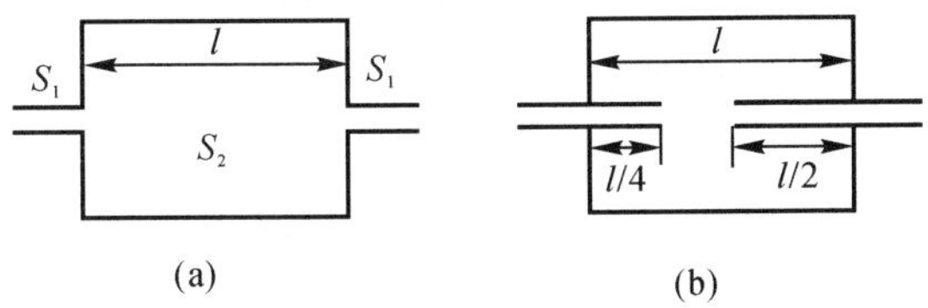

图 8.2.10　扩张室式消声器

(a) 类型一；(b) 类型二

在设计时，也可根据实际情况，采用几节互不等长的扩张室串联起来，使它们的通过频率

相互错开，或使前一节最大消声量的频率正是后一节的通过频率，从而获得较宽的消声频带。对单个消声器来讲，其消声量大小取决于扩张比 m 的大小。所以设计中在条件允许的前提下，应尽量采用较大的扩张比，但考虑到高频声束、压力损失和消声器体积等因素，扩张比也不能过大，一般取 $9 < m < 16$ 。特殊情况下，最大不宜超过 20，最小不小于 5。

(2)共振腔消声器。共振腔消声器是利用亥姆霍兹共振器的声学性能来进行消声的一种抗性消声装置。它利用共振结构的阻抗引起声能的反射和消耗而进行消声。其结构是在一段气流通道管壁上开若干小孔，并与外面密闭的空腔相通，小孔与密闭空腔就组成共振式消声器。具体形式有旁路式[见图 8.2.11(a)]和同心式[见图 8.2.11(b)]两种。

共振消声器具有结构简单、消声量大和阻力损失小等优点，适用于消除窄带的中低频噪声。缺点是体积较大，对噪声频率选择性较强。对于单个的共振消声器的共振频率公式在式(8.1.3)已经给出，将其改写为

$$f_0 = \frac{c}{2\pi}\sqrt{\frac{G}{V}} \tag{8.2.7}$$

式中

$$G = \frac{S}{(l_0 + \pi d/4)} \tag{8.2.8}$$

称为声传导率，其余参数意义与式(8.2.3)相同。

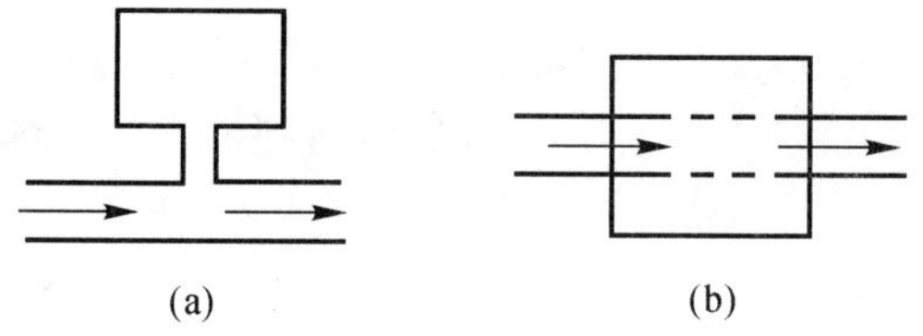

图 8.2.11 共振腔式消声器

(a)旁路式；(b)同心式

为了增大消声量和扩大消声频率范围，工程上采用将多个共振消声器并联使用的设计方法。如图 8.2.11(b)所示，这种共振消声器是在管壁上开若干个小孔，孔与外面密闭的空腔相通。对这种共振消声器，在声波波长大于共振腔长、宽和高最大尺寸的 3 倍时，其声传导率为

$$G = \frac{nS}{t + \pi d/4} \tag{8.2.9}$$

式中，n 为穿孔数；t 为穿孔板厚度。

共振腔消声器的具体消声原理是：当入射声波频率与共振腔的共振频率相同时，整个系统产生共振，此时声阻抗最大，从而使声波反射回声源而达到消声目的。同时由于此时振幅值最大，孔中空气振动速度也最大，空气与孔壁摩擦使声能转化成热能耗散，也起一定的消声作用。因此，共振腔式消声器在共振频率及其附近的消声量最大。在不考虑声阻的情况下，共振腔式消声器对频率为 f 的噪声的消声量计算公式为

$$L_{TL} = 10\lg\left\{1 + \left[\frac{\sqrt{GV}}{2S(f/f_0 - f_0/f)}\right]^2\right\} \tag{8.2.10}$$

当计算某 1 倍频带的消声量时，计算公式如下：

倍频带消声量为

$$L_{TL} = 10\lg(1 + 2K) \tag{8.2.11}$$

1/3 倍频带消声量为

$$L_{TL} = 10\lg(1 + 19K) \tag{8.2.12}$$

$$K = \frac{\sqrt{GV}}{2S} \tag{8.2.13}$$

(3)干涉式消声器。干涉式消声器是根据声波相互干涉而减弱的原理，即利用声程差来达到消声目的。其结构是在主管道上安装一个旁通管，使一部分声能进入该管，如图 8.2.12 所示。旁通管长度 l_1 比主通道长度 l 大一个值，当这个值等于被消除声波波长的一半(或半波长奇数倍)时，即

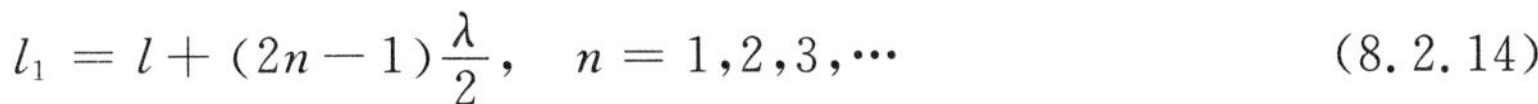

$$l_1 = l + (2n - 1)\frac{\lambda}{2}, \quad n = 1,2,3,\cdots \tag{8.2.14}$$

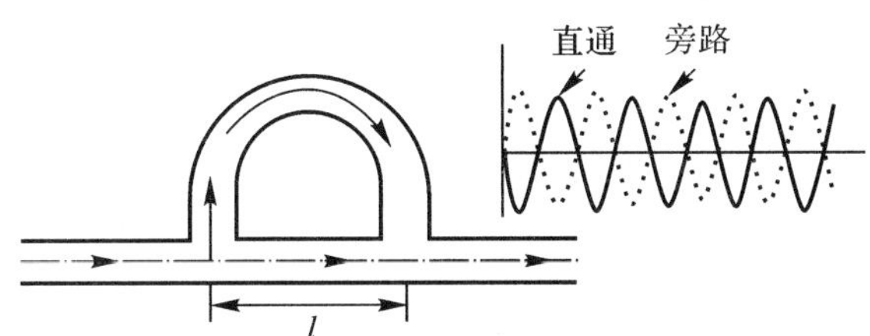

图 8.2.12　干涉式消声器原理结构示意图

两段声波相遇后，由于相位相反，所以叠加后的声能大大降低。

干涉式消声器的特点是适用于窄带噪声，且只有在噪声频率稳定不变时，才能达到较好的消声效果。其体积一般较庞大，目前工程中应用较少。

从上面介绍的三类消声器消声特性可以看到，阻性消声器对中、高频噪声消声效果好，而抗性消声器适合消除低、中频噪声，所以为了利用这两种消声器各自的优点，工程实际采用适当的结构形式将两种消声器复合为一体的设计方法，设计出所谓的阻抗复合式消声器。这里不做详细介绍，只是在设计阻抗复合式消声器时，应该注意将抗性消声器部分放在前面(气流入口端)，阻性消声器部分放在后面。

除此之外，目前在噪声控制工程中使用的还有各类新型消声器，如微穿孔板消声器、小孔扩散消声器、放空排气消声器和喷雾消声器等。它们都各自有其独特的优点和相应的适用场合。有关的具体内容可参阅相关参考资料。

8.3　隔声的概念、原理与设计

8.3.1　隔声的定义与隔声效果度量

在噪声控制工程中，隔声是指在噪声的传播路径中，使用阻挡体如墙、门、窗、板、隔声罩和隔声屏等固体物，使噪声大部分被阻挡反射而不能通过，只有少量或极少量噪声透射穿过阻挡物，从而降低阻挡物另一侧的噪声级的方法。

声波的传播途径有两条：一是由空气传播，另一条途径是通过固体传播。噪声源发出的噪声，一方面激发空气振动而发出声波，以空气声波的形式向四面八方辐射，称为“空气传声”，简

称空气声。另一方面，一部分声波激发起楼板、墙面、设备壳体或机体部件等固体结构的振动，并以弹性波的形式在固体物中传播，称为“固体传声”，简称固体声或结构声。实际上，固体表面的振动也会诱发起附近空气的振动，再激起空气声波。

因此，工程实例中的噪声传播途径是错综复杂的，任何位置处的噪声都是两种途径传声的结果。一般说来，对于空气声，可以采用重而密实的隔声构件隔离或采用前面所讲的吸声、消声等措施加以治理。但对于结构声，则需要对结构本身采用隔振、减振等振动控制措施，从根本上消除结构声源。振动控制的相关理论和技术在第 3～5 章中已经有较系统的介绍。这里不再讨论。

既然噪声传播途径有空气和固体两个途径，因而对其隔声效果的度量也不一样。

1. 隔声量

隔声量又叫传声损失，定义为入射到隔声结构上的声强 I_i 与透射过去的声强 I_t 之比的常用对数乘以 10。由于声强比与声功率比相同，所以隔声量与隔声构件面积无关，则有

$$L_{TL} = 10\lg(I_i/I_t) = 10\lg\frac{1}{\tau_I} \tag{8.3.1}$$

式中，τ_I 为透射系数。由于固体隔声结构特性阻抗 $\rho_2 c_2$ 远大于空气的特性阻抗 $\rho_1 c_1$，透射系数可表示为

$$\tau_I = \frac{1}{1+\left(\frac{\omega M}{2\rho_1 c_1}\right)^2} \tag{8.3.2}$$

式中，ω 为声波圆频率；M 为固体隔声结构面密度。透射系数越大，透射声能越多或透射损失越小。对一般重隔墙，$\frac{\omega M}{2\rho_1 c_1} \gg 1$，故

$$L_{TL} = 20\lg f + 20\lg M - 42 \tag{8.3.3}$$

即 M 或 f 每增加一倍，隔声量都增加 6dB，这在隔声中称为“质量定律”。实际应用中，由于噪声是无规入射的，计算实际隔声量的经验公式为

$$L_{TL} = 14.5\lg f + 14.5\lg M - 26 \tag{8.3.4}$$

对单层匀质实体墙，在 100～3 150Hz 范围内的隔声量估算公式为

$$L_{TL} = 14.5\lg M + 10 \tag{8.3.5}$$

2. 噪声降低量

噪声降低量，也称降噪量，用来表示两个房间之间的隔声效果，定义为两个房间的声压级之差，即

$$\mathrm{NR} = L_{p1} - L_{p2} \tag{8.3.6}$$

如图 8.3.1 所示相邻的两间房，左侧为发声室，右侧为受声室。受声室内的声场由两部分组成：由隔墙透射的直达声和由右室内壁反射后形成的混响声。由室内声学理论可推导出隔墙的降噪量和隔声量关系为

$$\mathrm{NR} = L_{p1} - L_{p2} = L_{TL} - 10\lg\left(\frac{1}{4}+\frac{S_W}{R_2}\right) \tag{8.3.7}$$

其中，R_2 为受声室的房间常数，S_W 为隔墙的面积。

可见，降噪量和隔声量是不相同的，读者要注意两者的区别。后者由隔声构件本身性质决定，前者则与隔声构件及接受噪声的房间吸声特性有关。

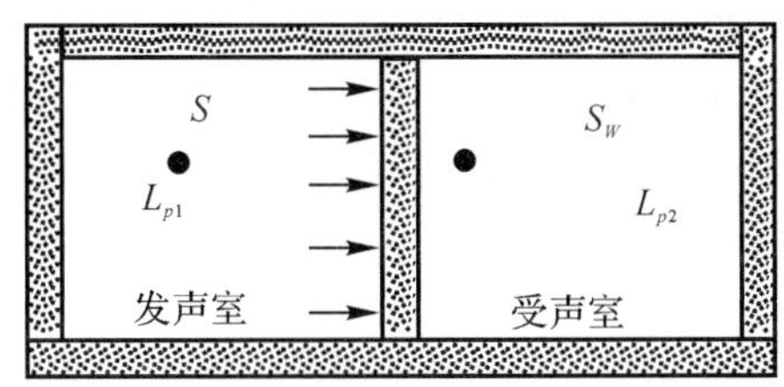

图 8.3.1　发声室与受声室

3. 插入损失

插入损失 IL 定义为离声源一定距离处测得的无隔墙时的声压级 L_0 和有隔墙时的声压级 L 之差，即

$$\mathrm{IL} = L_0 - L \tag{8.3.8}$$

8.3.2　隔声设计

本节主要介绍空气隔声的设计问题。空气隔声就是研究构件接受一侧的空气声激发后经过固体传播向另一侧辐射的问题，即声波透射问题。在弹性媒质中有两类声波，即压缩波和切变波。在空气中声波只有压缩波，而在结构中两者同样重要。因为在构件中这两种波所辐射的空气声虽然微不足道，可是两种波组合而成的弯曲波却是构件有较大的横向位移，容易和周围空气的压缩波耦合，提高了声能的辐射，而且空气中的声波也易于激起构件中的弯曲波。弯曲波的波长比其他波的波长要短，即使在低频时仍可短于构件的线度。它的速度随频率而变化，波长反比于频率的二次方根，因此不同频率的弯曲波是以不同速度传播的，从而会出现传声中重要的“吻合现象”。综上所述，构件中波的传播取决于 3 个物理量：单位面积质量、刚度和阻尼。在各种不同条件中可能某一因素起主要作用，而出现某种隔声性能上的特点。

1. 单层均质隔墙

一个单层均质隔墙的隔声量随频率而变的情况大致如图 8.3.2 所示。由图可见，整个曲线可分为 3 个区：刚度阻尼控制区、质量控制区、吻合效应和质量定律延伸区。

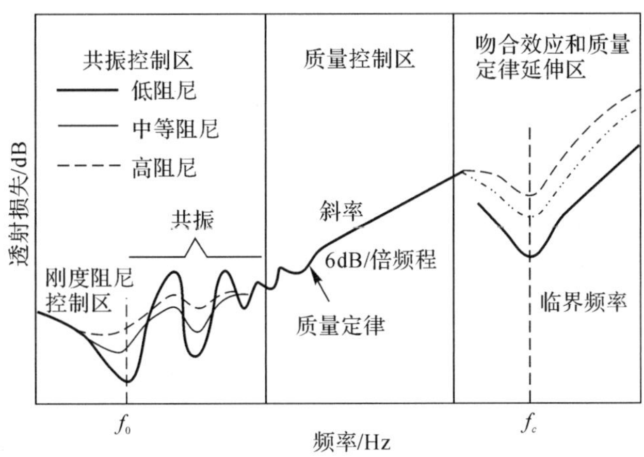

图 8.3.2　单层均质隔声墙的隔声量与频率的关系

在很低的频率范围内，即低于墙板的固有频率时，隔声量主要由刚度所控制。这时墙板受

声波激发后，等效于一单位面积、刚度均匀的活塞。在此频段，墙板的刚性越大，声波的频率越高，隔声量就越高。随频率增高，隔声曲线进入由墙板各种共振频率控制的频段，这时墙板阻尼起作用。阻尼越大，对共振的抑制越大，共振频率与板的大小和厚度有关，也与墙板材料的弯曲刚度、面密度、弹性模量、泊松比及边界条件有关。在共振区，入射声波在这些频率下由于激发出了很大的振幅而产生显著的声透射效应，形成隔声曲线中的若干波峰和波谷。

在共振区之后，为质量控制区，此时质量（密度）越大或声波频率越高，隔声越好，理论上每倍频程（密度增加一倍）透射损失增加 6dB。从隔声角度看，这一区域越宽越好，这就是隔声质量定律。隔声量由式(8.3.3)或式(8.3.4)计算。

随频率的继续增大，当某一频率的声波以某一角度投射到构件上正好与其所激发的构件弯曲振动产生吻合时，构件的弯曲振动及向另一面的声辐射都达到极大，相应的隔声量极小，这一现象称为“吻合效应”。相应的频率称为“吻合频率”。此时质量效应与弯曲刚度效应相互抵消，结果阻抗极小，隔声量曲线出现低谷。在此频段内，隔声量在很大程度上由吻合效应控制。增加墙板的阻尼会减弱吻合效应区的透射声能。

出现吻合效应的最低频率称为临界频率 f_c，临界频率计算公式为

$$f_c = \frac{c^2}{1.8D}\sqrt{\frac{\rho}{E}} \tag{8.3.9}$$

式中，ρ 为墙板的密度，kg/m^3；E 为弹性模量，N/m^2；D 为墙板厚度，m；c 为声速，m/s。例如，对于 1.5cm 厚的胶合板，临界频率约为 3 000Hz，而同等厚度的玻璃，临界频率却在 1 300Hz 左右。

2. 双层隔墙

在两层隔墙板中间夹有一层空气的双层分离墙板可以使隔声量大大提高甚至超过质量定律。在轻质结构隔声时这种构造形式特别有用。如用两层 1.25mm 铝板制成的飞机舱壁，中间留 10cm 的空腔并放置玻璃棉后的隔声量在 4 000Hz 时可达 65dB，是质量定律的 1.7 倍。一个隔声量为 36dB 的单层隔墙，如果减薄一半（质量也减半），它的隔声量将降为 30dB。将这样两层薄墙板分离安装，中间夹一足够厚空气层，并且没有声桥作用，则其最大隔声量可达两单层墙隔声量总和，大致为 60dB。当然，空气层不可能很大，作为实用的双层墙，其空气隔层一般在几厘米到数十厘米。隔声量大致能使隔声量增加 8～12dB。如果要达到与单层墙一样的隔声量，则双层墙的总质量只有单层墙的 1/3 左右。由此可见采用双层隔声墙设计的优势。

实际中的双层墙不可能是完全分离的，它的四周具有刚性连接，即不可避免地要出现声桥。声桥主要影响高频隔声。双层隔墙的空气层相当于一个弹簧，使墙体相当于一个质量-弹簧-质量组成的振动系统，使系统具有一个所谓的基本共振频率 f_0，当声波频率在接近该频率时隔声量几乎下降为零。在频率超过 $\sqrt{2}f_0$ 时，隔声量开始超过质量定律。双层隔声墙也有与单层隔墙一样的吻合效应，同时由于空腔的空气驻波而形成高阶共振。各高阶共振频率为

$$f_n = \frac{nc}{2d}, \quad n = 1,2,3,\cdots \tag{8.3.10}$$

式中，d 为板间距离。f_n 一般最低也在 1 000Hz 以上。上述特性都可由图 8.3.3 加以说明。

对于双层隔声墙，其隔声量的精确计算比较困难。在 100～3 150Hz 范围内，可以用以下公式估算平均隔声量 $\overline{L}_{TL}$：

$$\overline{L}_{TL} = 20\lg(Md) - 26 \tag{8.3.11}$$

式中，d 为空气层厚度，mm；M 为隔声墙面密度，kg/m^2。须注意的是，如果双层墙为厚度相同的材料，则临界频率与单层墙相同，吻合效应会使隔声量显著下降。为避免吻合效应在隔声量曲线上产生的低谷，在设计时，可采用两层厚度不同的单墙，使各层的临界吻合频率互相错开，如图8.3.3所示。

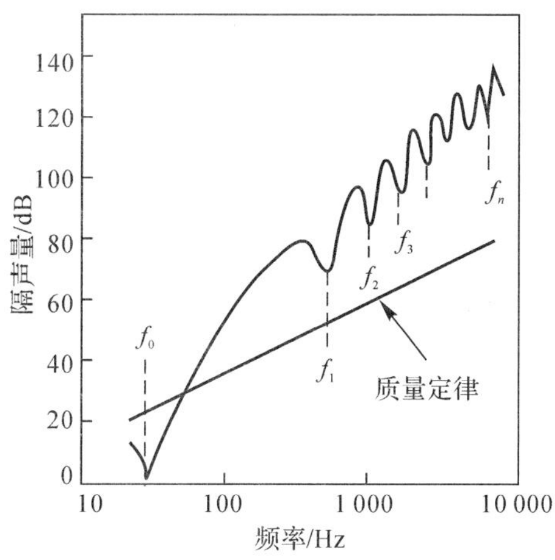

图8.3.3　理想双层隔声墙的频率特性曲线

3.复合隔声墙

复合隔声墙技术就是在单层隔声墙的基础上，或者利用阻尼材料引起的衰减，减少墙板的振动和声辐射，或者利用不连续界面上的阻抗不匹配引起的反射，或利用临界频率很高的材料来消除原来的隔声低谷区等，这类隔声构件统称为复合隔声墙。常用的隔声效果较好的复合墙有附加弹性面层复合墙、多层复合板和轻质复合结构。

(1)附加弹性面层复合墙。对比较重的隔声墙可以用附加一层弹性面层的方法来提高隔声量，其隔声效果取决于附加层面与原隔声墙的隔振连接程度。实践证明，隔振越好，隔声量越高。要获得最佳隔声效果，附加面层必须是柔和不透气的，而且必须用弹性支撑与原来墙面连接，腔内用吸声材料。

(2)多层复合板。多层复合板指用分层材料构成的复合板。其原理是利用层间材料的阻抗不匹配，在分层界面上产生声能的反射。所以，阻抗比要选得足够大才会显著提高隔声量。此外，还可在两层较密实的面板间夹一层疏松层或阻尼材料层，形成所谓的“夹芯复合板”，来减弱共振和吻合频率区的声能透射。

(3)轻质复合结构。轻质复合结构指由几层轻薄以及密度不同的材料组成的隔声构件。这种构件因质量轻，隔声效果良好而广泛应用在工业特别是交通运输业的噪声控制工程中。通常其面板是金属或非金属的坚实薄板，中间为吸声材料、阻尼层或空气层。多层复合板实际也是这一类型的隔声结构。

4.隔声罩

把噪声源封闭起来，使噪声局限在一个小的空间中的隔声结构，统称为隔声罩。在工业噪声控制中，如果压缩机、电机和风机等噪声源的体积不是太大，或体积虽大，但条件许可，都可以用隔声罩来降低它们的噪声影响。隔声罩有全封闭式、活动式和局部封闭式隔声罩等。隔声效果用插入损失来评价，但具体计算很困难，通常以现场实测结果为准。

隔声罩的优点是，技术简单，经济性好。容易达到所需的隔声效果。隔声罩的罩体(罩壁)一般由罩板、阻尼涂层和吸声层构成。罩板一般用 1～3mm 的涂有阻尼层的钢板或高密度木质纤维板。理论上隔声罩的材料应该厚、重、实。阻尼材料的涂覆厚度一般应为罩板厚度的 2～3倍。隔声罩内表面一定要衬垫吸声材料，以吸收罩内混响声。为了设备通风散热，需要在隔声罩上开孔或开缝时，将开孔和开缝做成开缝式消声器，进气孔口一般做成矩形开缝式消声器，排气孔口一般做成狭窄的同心环式消声器。在隔声罩材料选取上，也要考虑散热性好、强度高、耐热、耐腐蚀、不燃烧、易清洁和价格低等因素。

5. 隔声间

隔声罩是把噪声源与外界隔绝的噪声控制方法，而在许多车间里，噪声源多且复杂，如果对每个噪声源进行治理则有工作量大、技术难度大和成本高等问题，这种情况下，建造隔声间是一个简单易行的途径。

隔声间，即隔离噪声的房间，它是把人与周围噪声环境隔离开来的一个装置，即人在隔声间里面，不让噪声传进来，如在噪声较大的车间中修建的保护操作人员的控制室、操纵间等。

修建隔声间时，实际上要采用隔声、吸声、消声以及阻尼减振等综合措施，来获得一个相对安静的小环境。在具体设计和建造中，应注意的一些影响隔声效果的因素，如门、窗、孔洞、缝隙的密封，在墙体、门窗的设计时采用“等透射原则”以保证经济合理，同时应兼顾到房间的通风透气和采光要求。

6. 隔声屏

隔声屏兼具隔声和吸声功能。它是指像屏风形式的一种具有一定隔声平面面积的隔声装置。通常设置在噪声源与要控制噪声的区域之间，对直达声起隔声作用。隔声屏是在开放噪声源的条件下实现噪声控制的一个技术手段，具有使用灵活方便，制造简单、经济实用的优点，在一些特殊场合下，可以获得很好的降噪效果。

隔声屏可以用于室内，也可以用于室外，目前在市区高架桥、轻轨和高速公路等交通道路两侧，通常都采用隔声屏来减少交通噪声对环境的影响。

对于如图 8.3.4 所示理想无限长隔声屏，当 $d \gg r \gg H$ 时，忽略两边的衍射，并假定 $10H^2/r \gg 3\lambda$，则其插入损失计算公式为

$$L_{TL} = 10\lg\frac{H^2}{r} + 10\lg f - 12 \tag{8.3.12}$$

当噪声源不是点声源时，用上式算出的结果要比实际高 5～10dB。隔声屏的高度要大于声波波长。为了形成有效的声影区，隔声屏本身的隔声量比声影区所需的声级衰减至少大 10dB，才能保证排除透射声的影响。

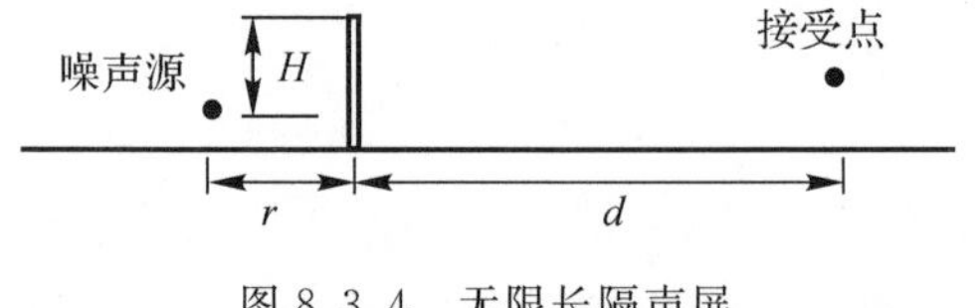

图 8.3.4　无限长隔声屏

8.4　结构声与减振降噪

8.4.1　撞击噪声隔离

结构声分为撞击激发下的结构噪声和稳态激发下的结构噪声两类。它们都是结构受激励产生振动，振动能量从结构中辐射出来而形成的空气声。

在环境噪声控制工程中，撞击噪声是指楼板受到撞击时，所产生的固体声通过楼板或其他构件以弹性波形式传至其他房间。由于撞击噪声的特殊性，用撞击声压级 L_N 来表示楼板对撞击噪声的隔声效果，撞击声压级越高表明隔声越差。撞击声压级定义为

$$L_N = L_p + 10\lg\frac{A}{A_0} \tag{8.4.1}$$

式中，L_p 是用标准撞击器在测试楼板上撞击，楼下接受室测得的声压级；A 为接受室的等效吸声面积；A_0 为参考等效面积(国际标准为 10m^2)。

所谓撞击，是指作用时间极短，而且足以引起结构明显振动的力。楼板受撞击激励时，进入楼板的能量中只有极小一部分辐射出来而成为空气声，但即使这样小的辐射功率也会产生出很高的噪声级。例如一个机器撞击楼板的机械功率可能只有 10W，由于楼板振动而辐射至室内的声功率为 0.1W，却已经可以产生高达 75dB 的声压级。

楼板撞击声与它所受的撞击力大小有关，而且与楼板本身的性能有关。同样质量的坚硬物体从同样高度落下，如果落到硬地板上则声谱中高频成分较多，如果落到弹性地面上，则只产生沉闷的低频声。

用标准撞击器在一块匀质实心混凝土楼板上撞击时，不考虑边界条件影响，楼下室内的倍频带撞击声功率估算公式为

$$L_{W_{\text{oct}}} \approx 10\lg\left(\frac{\rho c\sigma}{5.1\,\rho_p c_L \eta_p t^3}\right) + 120 \tag{8.4.2}$$

式中，η_p 为楼板的损耗因子；c_L 为楼板中纵波速度；ρ_p 为楼板密度；t 为楼板厚度；σ 为楼板声辐射效率。从式(8.4.2)可以看出，增加楼板厚度对改善楼板隔声性能最明显，厚度增加 1 倍，$L_{W_{\text{oct}}}$ 下降 9dB。但用增加楼板厚度的方法来降低撞击声压级显然既不经济，也不现实。控制楼下室内撞击噪声的方法有如下三种途径，可以在设计实践中根据实际情况采用。

(1)弹性面层，即在楼板结构表面铺设弹性材料吸收楼板受撞击的大部分能量，减弱楼板的振动。

(2)浮筑地板，即在承重楼板和地板之间加一弹性垫层，把上下两层完全隔开，设计时地板不能与任何基层结构(楼板、墙体)有刚性连接。

(3)弹性吊顶，即在楼板下面做一个弹性悬挂的吊顶，吊顶应该用密实的材料，不能有孔洞。弹性吊顶不但可以隔离固体声，也可以隔离空气声。如果在楼板与吊顶间充填吸声材料，隔声效果更好，如图 8.4.1 所示。

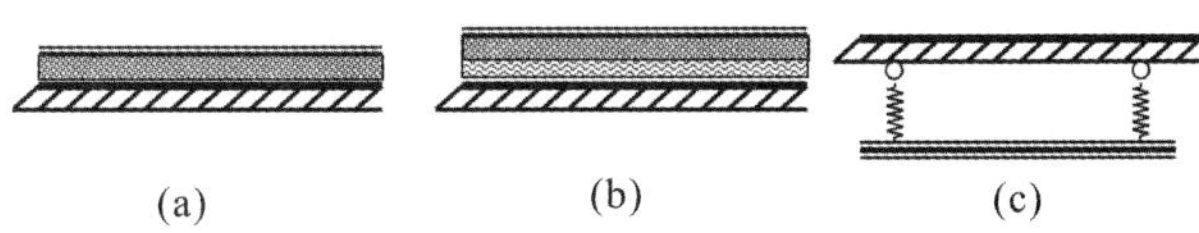

图 8.4.1　楼板固体隔声途径

(a)弹性面层；(b) 浮筑地板；(c) 弹性吊顶

8.4.2 结构噪声控制

这里的结构噪声是指除了固体撞击噪声外，结构件(如壁板、侧墙、框架、梁和柱等)在稳态激励下发生强迫振动时向外辐射的噪声。这些结构所受的激励除了声波激励外，也可能来自机械动力设备如发动机等。结构噪声是由于结构振动引起的，振动辐射的噪声声压级与结构振动速度的平方成正比关系。在很多场合下，振动结构就是噪声源，因此，对结构采取减振措施，通过控制结构振动来控制噪声源，是控制结构噪声的一个根本措施。在许多工程领域(如飞机工程、船舶工程)中，减振降噪是紧密地联系在一起，“降噪”问题实际上是一个减振问题，即对振动的弹性波传播的控制问题。实际上也已经成为结构强度设计人员的工作任务之一。

由上述看到，控制结构噪声的有效途径是结构减振，而结构的减振措施在第 3～5 章中都有详细的论述。这里以飞机结构噪声控制为例，强调一下针对“降噪”的典型减振措施。

1. 刚度处理

对于以低频噪声源为主的螺旋桨飞机，特别是轻型螺旋桨飞机，其蒙皮较薄、加筋跨度较大、蒙皮壁板刚度相对较弱，中、低频隔声能力很差。对于定型飞机，一般不能用增加蒙皮厚度、减小加筋跨度等改变结构设计的方法，通常采用附加刚度的处理技术，如在蒙皮上用高强度胶附加蜂窝结构，在增重很小的情况下使蒙皮刚度显著增加，使蒙皮壁板结构的共振频率向高频方向移动。这样的处理降低了蒙皮壁板振动水平，使蒙皮壁板振动所辐射的中、低频噪声大大减小。

2. 阻尼处理

采用附加阻尼减振技术，就是在蒙皮内壁或其他振动较强的结构元件上黏贴吸振阻尼材料，形成吸振面层，这也是航空结构工程广泛采用的技术。从声学角度讲，阻尼处理可以减小振动结构的声辐射，使壁板共振区内隔声曲线的波动减弱。以降噪为目的的阻尼减振处理多采用黏弹性阻尼材料，黏贴在振动响应最强的区域，对飞机这种特殊的结构，在确定阻尼材料覆盖率时要考虑到增重因素。

3. 隔振处理

在振动的固体传声过程中采取隔振措施，可以减弱固体声的传递，如飞机发动机是飞机上的主要振源，采用隔振阻尼器对发动机进行减振安装，可以隔离发动机对机体结构的振动激励，降低机体结构在机舱内的噪声辐射强度。对其他工业设备采取隔振安装，同样可以隔离设备对其相连结构的振动激励或隔离其他振源传给设备的振动，由此降低结构振动的辐射噪声。

4. 吸振处理

在一些特殊的振动结构部件上安装动力吸振器可以在不改变原有结构设计的情况下有效地减小结构的振动，降低结构噪声辐射。在飞机特别是螺旋桨飞机客舱降噪中不乏这样的成功事例。通过吸振处理来降低飞机客舱噪声，是在机体的框桁结构上及内层板背面安装动力吸振器，通过其吸振作用减小框桁及内层板振动，从而抑制辐射噪声。动力吸振器可以明显改善飞机结构的动态特性和传声性能，在 DC－9，F－27 以及运 12 飞机上都得到了成功应用。动力吸振器有各种形式，在飞机降噪实践中一般都采用梁板式弹簧片构成的弹簧质量系统。图 8.4.2 所示为我国运 12 飞机的动力吸振器结构示意图。在动力吸振器设计中，应该使其共振频率与螺旋桨通过频率或其谐波频率一致，并采取高阻尼处理以获得较宽的吸振频带。

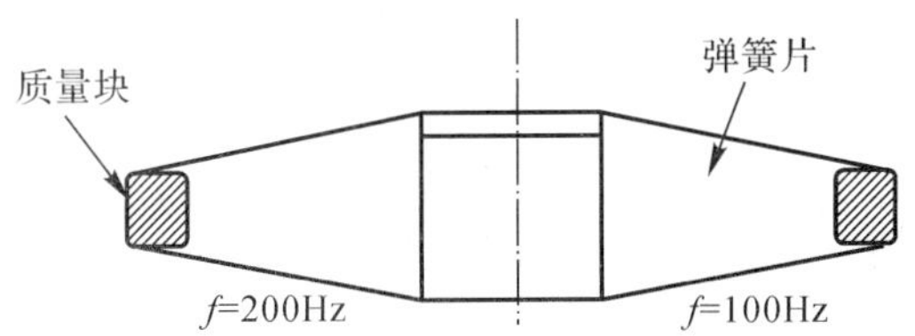

图 8.4.2　运 12 飞机的动力吸振器结构示意图

在这里要特别强调的是,噪声控制是一个综合治理的过程。除了要有系统扎实的声学与噪声控制理论的基础和结构振动分析与控制理论的基础外,还要有丰富的减振降噪工程经验以及相应工业行业或工程领域的专业知识,才能在噪声控制设计和降噪措施的实施中,避免生搬硬套,灵活运用各种知识,完成高效、适用、经济的噪声综合治理工作。

思考与练习题

1. 简述吸声的基本概念,并说明吸声与吸振的异同。
2. 什么是吸声材料,工程中如何定义吸声系数?
3. 简述共振吸声结构的吸声原理及常见构型。
4. 简述多孔吸声材料的吸声原理及影响吸声特性的因素。
5. 搜集吸声技术在航空航天领域的工程实例,并说明其工作原理。
6. 简述常用消声指标及其一般用途。
7. 简述阻性消声器的消声原理,并搜集相关工程应用。
8. 简述抗性消声器的消声原理,并搜集相关工程应用。
9. 简述隔声的概念与原理,并搜集相关工程应用。
10. 简述撞击噪声的隔离措施。
11. 简述结构噪声的几种控制措施及其原理。

第 9 章　主动噪声控制

在噪声控制工程中，低频噪声的控制是一项技术难度大、成本花费高的工作。一般吸声材料的低频吸声系数很小，而共振型低频吸声装置体积大，且吸声频带很窄。各种构件的低频隔声量也很低。因此，低频噪声的控制采用吸声、隔声和消声等方法，其效率都不高。

主动噪声控制或噪声主动控制技术，是在指定的区域内人为地产生一个次级声信号，有目的地控制原始声场的方法。根据两列声波的干涉原理，如果次级声源产生一个与初级（原始）声源的声波大小相等、相位相反的声波，就可以与该区域内的原始声场相互抵消，即原始噪声的能量被次级声源吸收。主动噪声控制技术主要用于解决噪声控制工程中采用吸声或隔声等降噪技术最困难的低频降噪问题。

主动噪声控制技术采用现代控制理论、数字信号处理技术和大规模集成电路技术，针对各类特殊的噪声提供有效的控制。它涉及的内容非常广泛，包含声学、振动理论、检测和换能技术、数字信号处理、自动控制理论及计算机技术等领域。20 世纪 90 年代世界各国都把它列为高新技术，投入大量人力和财力开展研究。主动噪声控制技术一直是非常活跃的一个研究领域，在吸声、隔声、消声以及听力保护等方面都引入了主动控制技术。与振动主动控制技术一样，这项先进技术目前仅在某些方面取得了实际应用。本章仅仅就目前正在研究的主动噪声控制技术做简要的介绍。

9.1　主动噪声控制的基本原理

9.1.1　主动噪声控制机理

如前所述，主动噪声控制，是指人为的、有目的地产生次级声信号去控制原有噪声的方法，也称为有源降噪、有源噪声衰减或反声技术。而有源降噪中，原有噪声的能量被次级声源吸收并转化为热能的特别情况，又称为有源消声或有源吸声。

主动噪声控制的基本思想是 P. Lueg 在他的一个专利中最先提出的，主要利用了声场的空间和时间相干性。从声场的线性叠加原理知道，频率相同、同向传播的两列声波，会在空间中产生相加或者相消的干涉现象，干涉的结果究竟是能量的增加还是减少，完全取决于两列波的相位和幅值关系。

设入射声波（初级声信号）的声压可以写为

$$p_p = A\cos(\omega t - kx) \tag{9.1.1}$$

则有平均入射声能密度

$$\varepsilon_p = \frac{\overline{p_p^2}}{2\rho c^2} = \frac{A^2}{4\rho c^2} \tag{9.1.2}$$

现在人为地加上一个满足上述相干条件的声波(次级声信号)

$$p_1 = \beta A\cos(\omega t - kx + \alpha) \tag{9.1.3}$$

则叠加后总的声场平均能量密度为

$$\varepsilon_{ps} = \frac{\overline{(p_p + p_1)^2}}{2\rho c^2} = \frac{A^2}{4\rho c^2}(1 + 2\beta\cos\alpha + \beta^2) \tag{9.1.4}$$

于是在声场空间中,任一点在次级声波作用前后的声级差为

$$\Delta L_p = 10\lg\frac{\varepsilon_p}{\varepsilon_{ps}} = -10\lg(1 + 2\beta\cos\alpha + \beta^2) \tag{9.1.5}$$

显然,当 β 接近 1(振幅相等),α 接近 π(相位相反)时,对初级声而言,就可以在一定的空间区域得到很大的声衰减。例如,当 $|\beta - 1| < 0.1$,$|\alpha - \pi| < 0.1\text{rad}$ 时,就有 $\Delta L_p > 17$ dB。

从 20 世纪 60 年代末起,以 Jessel、Mangiante 和 Canevet 为代表的一大批研究人员,从惠更斯原理和 kirchhoff 衍射理论出发,重新讨论了有源降噪中的能量流向问题,提出了能量转移和能量吸收两种不同的降噪机制,即所谓的 JMC 理论:任意一个声源的噪声辐射,均可以用一个闭合曲面上分布的三极子次级声源予以控制,并定量地给出了能量吸收型次级声源所应该具有的三极子辐射特性。注意这里所谓的闭合曲面可以包围初级声源,但也可以将它排除在外;前者可以控制闭合曲面外的无限空间声场,而后者则只能控制闭合曲面内的有限区域(当包括无穷远处在内时,在理论上这两者是完全相同的情况)。

主动噪声控制系统可以使指定区域内的声能降低。声场中一个区域内的声能量的流向可以用三种基本的机理来解释,即能量反射、能量吸收和能量储存。在主动噪声控制问题中,声能的反射和吸收与次级声源的空间辐射特性有关,而声能的储存与初、次级声源的距离有关。

声场中的能量反射可以用声的干涉原理来解释。声的干涉现象使声能在声场空间重新分布,使声能从相消干涉区移到相长干涉区。

声能吸收机理可以用 JMC 理论来解释。在 JMC 理论提出之前,次级声源均使用点声源,这时空间部分区域的噪声降低必然引起另外的某些区域噪声升高,降噪的机制是将声能量从一个区域转移到另外的区域。例如将管道下游的能量反射回上游,并且在管道的上游形成驻波场。所以当把这种点声源方法用到三维空间时,就只能得到局部区域的降噪效果。JMC 理论利用惠更斯原理解决了这一困难。惠更斯原理指出,一个声源向任意封闭曲面外辐射的声场都可以用该曲面上分布声源的辐射等价表示。它使次级声源变成了一个个具有一定吸收截面的"能量陷阱",从而使传播到其周围一定区域内的声能量变成抗性的不传播能量,并逐渐转化为热能。这样,不但其他空间区域的声能不会改变,而且初次级声源之间的能量交换理论上也是单向的,不存在次级源辐射的回输作用问题。

声能储存机理是把初、次级声源看作一个组合的多极子声源来解释,降噪机理是由于初、次级声源之间的互相作用抑制了它们作为一个整体向外面辐射声功率。能量在初、次级声源之间反复交换而逐步转换成热能消耗掉。

9.1.2　自适应滤波技术和计算机仿真

自适应主动降噪是主动噪声控制中的新技术。主动噪声控制系统设计时的理论模型和实

际系统的状态差别以及声环境和电声系统的时变特性,使主动降噪系统不能在最佳条件下工作。而采用自适应滤波对系统参数进行识别并跟踪系统参数的变化的所谓自适应控制技术,使得主动噪声控制系统的适用范围更广,降噪效果更好。

自适应滤波器是自适应主动噪声控制系统的核心,它由可编程滤波器和自适应算法组成,它的参数是可变的。根据上游检测传声器的信号以及下游误差传声器接受的残余信号,滤波器自动调节本身的滤波参数,自动调节激励扬声器的输入信号,使残余噪声信号达到最小值,因此它可以用于对时变噪声的控制并保持最佳的降噪效果。采用自适应滤波器的主动噪声控制系统是一个求最小均方估计的问题。由于通常的噪声信号可以近似看作随机信号,所以一个简便的方法是使参与信号在每个频率的功率谱密度为最小。误差准则不同,采用的算法也不一样。常用的自适应滤波算法有最小均方差准则(Least Mean Square,LMS)、最小二乘法准则和最小信噪比准则,实际中采用最多的是归一化的最小二乘法准则(Normalized Least Mean Square,NLMS)。

在编制了自适应算法程序后,为了调试程序和验证算法的可用性,通常要对自适应主动噪声控制系统进行计算机仿真,通过仿真了解自适应滤波器的稳定性、算法的收敛性、收敛速度以及噪声控制系统的消声效果。为了进一步提高主动降噪系统的降噪效果,可以在系统中引入误差通道滤波器,即加入辨识误差传声器和传声器间传输通道的环节,进行实际声学环境下的计算机在线实时仿真。

9.2 典型噪声的主动控制

9.2.1 管道噪声的主动控制

管道噪声的主动控制系统由四部分组成,分别为初级传声器、控制器、次级声源和检测传声器。由这四部分组成的闭环控制系统如图 9.2.1 所示。

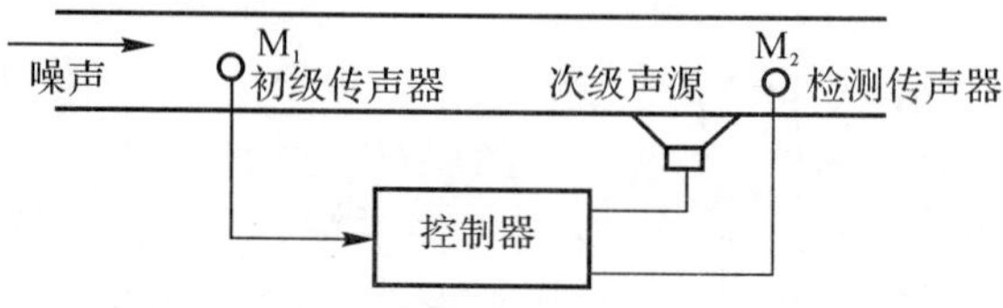

图 9.2.1 管道噪声主动控制系统

管道内低频噪声的主动降噪是主动噪声控制中比较简单的一种情况。在管道传播截止频率以内,管道内只有平面波传播。为了消除原始声波,只需要在管道内产生一个幅度相等、相位相反的平面声波。根据上游初级传声器检测到的原始噪声信号和下游误差检测传声器的残余噪声信号,控制器自动调节次级声源的输出声信号,并使残余噪声信号达到最小。

实际应用中的管道噪声自适应主动控制系统方框图如图 9.2.2 所示。它不但对声反馈进行电路补偿,而且也对误差通道的声延迟进行电路补偿。自适应滤波器采用 LMS 算法或 NLMS 算法。管道主动噪声控制技术主要应用于控制空调、通风管路的排气噪声。

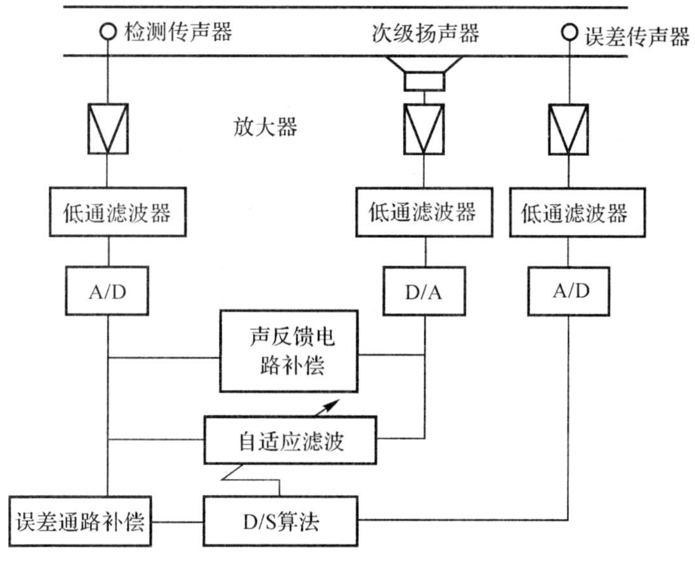

图 9.2.2　管道噪声自适应主动控制系统框图

9.2.2　耳罩内噪声的主动控制

由于各种原因，仍然有许多采用第 8 章中介绍的噪声控制方法所不能解决的噪声问题，如飞机制造厂铆接车间的强噪声。这种情况下，为了保护工人的听力，常采用佩带护耳器的方法。护耳器分耳塞和耳罩两种。一般市售的成品耳罩都是被动式隔声耳罩(称为无源耳罩)。其主要缺点是在低频(500Hz 以下)时的声衰减特性迅速变坏，佩带时必须夹紧两耳，令人感到不舒服。将主动噪声控制技术用到耳罩上，制成主动降噪耳罩，可以在很宽的声频范围内获得良好的声衰减特性，并可使佩带时的夹紧力减小，增加佩带的舒适性。

主动降噪耳罩(简称有源耳罩)的工作原理分为反馈控制型和前馈控制型。图 9.2.3 所示为一种国产反馈控制型有源耳罩。反馈控制型耳罩是利用声干涉相消的原理，用一只小型传声器检测耳罩内的噪声信号，经控制器处理后，由耳罩内的微型扬声器在耳罩内产生一个与原始信号幅值相同、相位相反的次级信号以降低耳罩内的声压级，如图 9.2.4(a)所示。其传声器放置在耳罩内靠近耳入口处，通过声反馈形成闭合回路，适应性较强且声反馈引起的不稳定可以通过控制电路来校正，以获得良好的性能。前馈控制式耳罩是利用主动控制技术有选择地改变耳罩的声学特性，使它满足一定的声学要求，来提高耳罩的低频隔声能力。它是一种开环控制，它的传声器放置在耳罩外面，拾取接近于外场的噪声信号后，通过控制器模拟进入耳罩内的噪声，并经过校正、放大后传送到耳罩内的微型扬声器。前馈控制型耳罩对由佩带方式和头部转动引起的声漏无法补偿，故在使用过程中的声衰减不稳定，适应性较差。

目前实际使用的有源耳罩成本及价格均远高于普通无源耳罩，主要用于飞机、舰船等的驾驶员及火炮、导弹发射人员，在保护听力的同时，能保证良好的通话清晰度。世界上研制比较成功的主动噪声控制耳罩是 1987 年美国空军与 Boss 公司研制的一种军机飞行员用的主动降噪耳罩，它在 32～1 000Hz 范围内大约降噪 25dB，比无源耳罩降低 10～18dB。这种耳罩先后在 F－15A、C－130E、CH－46 等各型飞机上得到使用。随着技术的发展，有源耳罩的性能将进一步提高，价格也将降低到适合的水平，广泛应用于一般噪声场所工作人员的听力保护。

图 9.2.3　一种国产反馈控制型有源消声耳罩

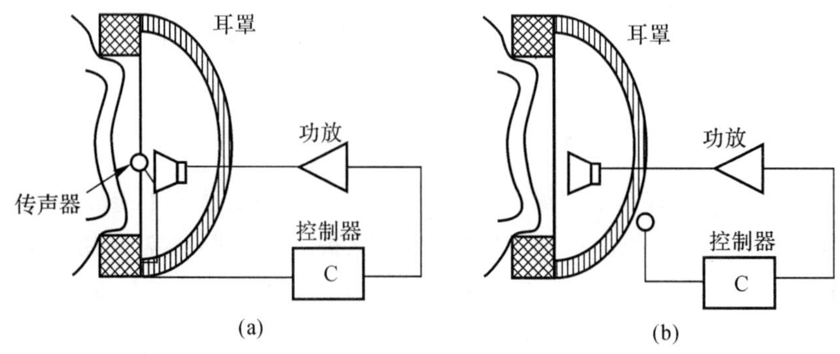

图 9.2.4　主动噪声控制耳罩原理图
(a) 反馈控制型；(b) 前馈控制型

9.2.3　飞机舱室的主动噪声控制

1. 封闭空间声场

飞机舱室的噪声场是一个封闭的三维声场。三维空间的主动噪声控制要比管道噪声的主动控制困难得多。封闭空间的噪声场既可能由内部噪声源产生，也可能由外部噪声通过弹性壁透射或是由于弹性壁振动辐射的结构声产生。小型封闭噪声场是工程实际中常见的一种噪声场，如飞机座舱、船舶客舱和汽车座舱等。对这些噪声场进行主动噪声控制是一个具有广泛现实意义的工作。

封闭空间的主动噪声控制主要有两种途径：一是采用自适应控制方法，在建立室内声场传递函数模型的基础上，采用次级声源的最佳布置和多个误差传声器的自适应主动噪声控制；另一个途径是将室内声场分成自由声场和混响声场。对于混响声场，从闭室简正振动理论出发进行控制，用装置在房间墙角处的次级扬声器抑制整个混响声场。

当封闭空间内直达波与反向传播的反射波相互干涉形成驻波分布时，这种声场称为驻波场，这时次级声源的声场也应形成适当的驻波，才能实现两者的抵消。(飞机、船舶、车辆)舱室内声场在不太高的频率范围内属于驻波声场，对这种声场的降噪，适合用空间声能量最小的原则来实现声波简正振动方式的抵消，从而降低空间内的噪声级。

闭室内主动噪声控制的总降噪效应可用闭室内总声能来评价。它正比于各个简正振动方式(即基本振动模式)振幅的均方和。实际应用中，简化为只用有限个放置在对各个简正振动方式都有影响的位置上的传声器输出的二次方作为主动噪声控制系统的降噪指标。

2.封闭空间的主动噪声控制

封闭空间的主动噪声控制也主要有两种技术途径：反馈型主动控制系统和前馈型主动控制系统。反馈型主动噪声控制的系统框图如图 9.2.5 所示。

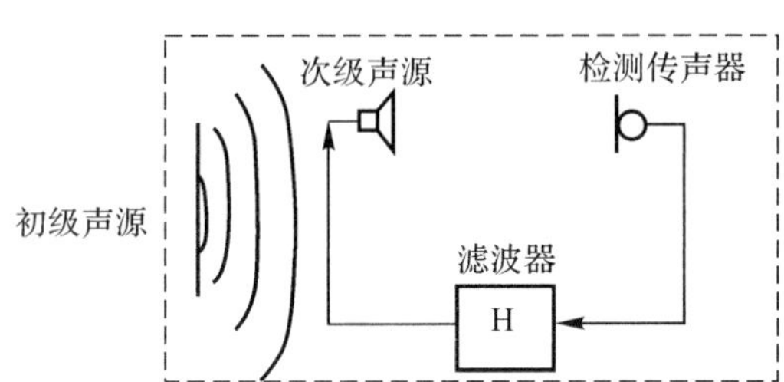

图 9.2.5　封闭空间反馈型主动噪声控制的系统框图

对三维空间内主动噪声控制，用单个次级声源和单个误差传声器只能在有限的区域内取得有限的降噪量，要扩大降噪空间，增加降噪量，途径之一是采用多通路的自适应主动降噪系统。它包含多个次级声源和多个误差传声器。显然，对特定的待消声的噪声场，有一个次级声源和误差传声器的最优布局问题。

由此看到，对于封闭空间的主动噪声控制措施有两种选择：舱室内全空间消声和局部空间消声。前者能够使舱室内整个空间达到噪声抵消；后者则只需要对有限个局部空间(如乘客座位附近区域)用小功率扬声器进行降噪并可以使用标准的组合件。当然，全空间消声对舱内工作环境的改善尤其重要，却会增加附加设备重量和布线的困难，成本也较高。

3.飞机座舱内全空间主动噪声控制

螺旋桨飞机的噪声有两类：推进器系统噪声和空气动力噪声。推进器噪声是由于叶片在空气中转动产生的起伏压力和旋涡引起的一种含有低频周期分量的无规则噪声。空气动力噪声是飞机在飞行状态下，频率在 600Hz 以上噪声的主要来源。

飞机舱内噪声既有空气传播的空气声，也有舱壁结构振动时辐射的结构声。1980 年以来，国外对螺旋桨飞机客舱的主动降噪问题非常重视。舱内噪声主动控制是通过放置在一些区域的传声器拾取噪声信号，经过计算机处理后，产生所需要的次级声辐射的抵消声波。

飞机座舱主动噪声控制系统的主要缺点是体积大，质量大。例如据报道，在多尼尔-228 飞机上的主动降噪试验，所采用的主动噪声控制系统包括 17 个传声器组，每组 25 个传声器、78 个加速度计和 54 个次级声源扬声器。再加上放大器和控制器，则总质量是很大的。因此对于飞机的舱内噪声控制应用来说，主动噪声控制系统要达到实际应用的程度，除了提高降噪效率和增加系统稳定性、可靠性外，还要设法减低整个控制系统的附加质量。

4.飞机座舱内局部主动噪声控制

对于喷气式飞机，其产生的噪声频带很宽，几乎没有纯音分量，对它的主动控制更为复杂。因此在权衡考虑成本和技术实现的难度后，有人建议采用 H. F. Olsen 早在 1953 年就提出的局部区域内主动降噪的方法，即飞机舱内采用人耳附近局部区域主动降噪系统，只需用1只扬声器和2只传声器，或者2只扬声器和4只传声器，控制系统采用自适应滤波器。

5.结构噪声的主动控制

如果对结构辐射的噪声也采用上述的主动噪声控制技术，往往需要很多次级声源扬声器，而且这样也没有抓住结构噪声来源的特点。主动结构声控制（Active Structural Acoustic Control，ASAC）概念，则是注意到结构振动而辐射噪声这一特点，提出用控制结构振动的间接途径来控制结构辐射的低、中频噪声。在主动结构声控制中，不需要次级声源，而是直接将控制施加于结构上，使结构的振动得到控制而使辐射声能量最小。这种方法的特点是用较少的控制器和激励器就能实现有效结构声控制，是一种很有发展前途的方法。目前这项技术与新兴的压电智能材料结构技术相结合，正在向工程应用方向发展。

对飞机座舱这种封闭空间的全空间消声，采用主动噪声控制比较困难，但如果舱内噪声是结构声占主要地位，则通过主动结构声控制技术，采用控制噪声辐射体振动的方法来降低结构辐射的声功率，同样可以达到全空间消声的目的。特别是，用主动振动控制方法控制弹性壁板振动，可以有效减少结构声的辐射。例如，曾有人用主动结构声控制方法，用4只激励器和6只传感器，对一个全尺寸飞机舱段的噪声进行主动噪声控制，得到了8～15dB的内部噪声衰减。

正如前面所说的，工程结构中的减振问题与降噪问题通常是同时提出的，因此主动结构声控制是值得深入研究的一项技术。

思考与练习题

1.简述主动噪声控制的基本概念及原理。

2.针对某种主动降噪耳机或耳罩，介绍其设计理念及工作原理。

3.搜集飞机舱内主动噪声控制的研究现状及其工作原理。

参考文献

[1] 中国力学学会. 中国力学科学史[M]. 北京:中国科学技术出版社，2012.

[2] Rao S S. Mechnical Vibrations[M]. 6th ed. USA:Pearson，2017.

[3] 刘延柱，陈立群，陈文良. 振动力学[M]. 北京：高等教育出版社，2011.

[4] Fahy F，Thompson D. Fundamentals of Sound and Vibration[M]. 2nd ed. USA：CRC Press，2015.

[5] 程耀东,李培玉. 机械振动学(线性系统)[M]. 2 版. 杭州:浙江大学出版社，2018.

[6] 方同，薛璞. 振动理论及应用[M]. 西安:西北工业大学出版社，2000.

[7] 盛美萍，王敏庆，马建刚. 噪声与振动控制技术基础[M]. 3 版. 北京:科学出版社，2017.

[8] 张阿舟，诸德超，姚起杭，等. 实用振动工程——振动控制与设计[M]. 北京:航空工业出版社,1997.

[9] 王栋. 结构优化设计——探索与进展[M]. 2 版. 北京：国防工业出版社，2018.

[10] 荣见华，郑建龙，徐飞鸿. 结构动力修改及优化设计[M]. 北京：人民交通出版社，2002.

[11] 杜建镔. 结构优化及其在振动和声学设计中的应用[M]. 北京：清华大学出版社，2015.

[12] 包子阳，余继周，杨杉. 智能优化算法及其在 MATLAB 实例[M]. 2 版. 北京：电子工业出版社，2018.

[13] 顾仲权，马扣根，陈卫东. 振动主动控制[M]. 北京:国防工业出版社，1997.

[14] 马建敏. 环境噪声控制[M]. 西安:西安地图出版社，2000.

[15] 姚起杭. 飞机噪声工程[M]. 西安:西北工业大学出版社，1998.

[16] 邵宗安. 现代声学噪声测量技术[M]. 西安:西安交通大学出版社，1994.